离散数学题解

（第六版）

耿素云　屈婉玲　张立昂 / 编著

清華大学出版社
北　京

内 容 简 介

本书是《离散数学(第六版)》(耿素云、屈婉玲、张立昂编著,清华大学出版社出版)一书的配套题解。

全书包括数理逻辑、集合论、图论、组合分析初步、代数结构以及形式语言与自动机初步6部分。每部分均包含内容提要、与本部分配套的习题、习题解答3方面内容。对每道题都做了较详细的解答与分析,对某些题还给出了不同的解法或指出容易犯的错误及犯错误的原因。

本书可作为与《离散数学(第六版)》配套的辅助教材,也可作为其他离散数学教材的参考书。

图书在版编目(CIP)数据

离散数学题解/耿素云,屈婉玲,张立昂编著. —6版. —北京:清华大学出版社,2021.11(2025.3重印)

ISBN 978-7-302-59320-1

Ⅰ.①离… Ⅱ.①耿… ②屈… ③张… Ⅲ.①离散数学-高等学校-题解 Ⅳ.①O158-44

中国版本图书馆CIP数据核字(2021)第200938号

责任编辑: 白立军 杨 帆
封面设计: 刘 乾
责任校对: 焦丽丽
责任印制: 杨 艳

出版发行: 清华大学出版社
网　　址: https://www.tup.com.cn,https://www.wqxuetang.com
地　　址: 北京清华大学学研大厦A座　　**邮　　编:** 100084
社 总 机: 010-83470000　　**邮　　购:** 010-62786544
投稿与读者服务: 010-62776969,c-service@tup.tsinghua.edu.cn
质量反馈: 010-62772015,zhiliang@tup.tsinghua.edu.cn
课件下载: https://www.tup.com.cn,010-83470236
印 装 者: 河北鹏润印刷有限公司
经　　销: 全国新华书店
开　　本: 185mm×260mm　　**印　　张:** 11.75　　**字　　数:** 285千字
版　　次: 1999年9月第1版　　2021年12月第6版　　**印　　次:** 2025年3月第7次印刷
定　　价: 39.00元

产品编号:090975-01

前　言

随着《离散数学(第六版)》的出版，本书作为其配套教学用书也做了相应的修订。根据主教材的更新，本次修订主要对第10章做了较大的改动，删除了部分题目，添加了一些新题，内容提要也做了相应的修改。其他几章仅对个别名词做了订正。

本书对《离散数学(第六版)》中的每道习题给出详细的解答，解答中还常常包含解题的思路和需要注意的事项。这些对加深理解和掌握教材中的内容无疑都是很有益的。本书是《离散数学(第六版)》的配套教学用书，也可以作为使用其他教材学习离散数学的参考书。

作　者

2021年8月

目　录

第1章 命题逻辑

内容提要

1. 命题符号化及联结词

命题与真值　不是真就是假的陈述句称为命题。命题的判断结果称为命题的真值。真值只取两个值：真和假。真值为真的命题称为真命题，真值为假的命题称为假命题。由简单陈述句构成的命题称为简单命题或原子命题。命题符号化是用字母或带下角标的字母 $p,q,r,\cdots,p_i,q_i,r_i,\cdots$ 表示命题，用数字 1 表示真，用 0 表示假。由简单命题用联结词联结而成的命题称为复合命题。常用的联结词(逻辑联结词)及相关的复合命题有以下 5 种。

否定式　设 p 为一个命题，复合命题“非 p”(或“p 的否定”)称为 p 的否定式，记作 $\neg p$。$\neg$ 为否定联结词。$\neg p$ 为真当且仅当 p 为假。

合取式　设 p、q 为两个命题，复合命题“p 并且 q”(或“p 和 q”)称为 p 与 q 的合取式，记作 $p\wedge q$。$\wedge$ 称为合取联结词。$p\wedge q$ 为真当且仅当 p 与 q 同时为真。

析取式　设 p、q 为两个命题，复合命题“p 或 q”称为 p 与 q 的析取式，记作 $p\vee q$。$\vee$ 称为析取联结词。$p\vee q$ 为假当且仅当 p 与 q 同时为假。

蕴涵式　设 p、q 为两个命题，复合命题“如果 p，则 q”为 p 与 q 的蕴涵式，记作 $p\rightarrow q$，称 p 为蕴涵式的前件，q 为蕴涵式的后件。$\rightarrow$ 为蕴涵联结词。$p\rightarrow q$ 为假当且仅当 p 为真、q 为假。

等价式　设 p、q 为两个命题，复合命题“p 当且仅当 q”为 p 与 q 的等价式，记作 $p\leftrightarrow q$。$\leftrightarrow$ 为等价联结词。$p\leftrightarrow q$ 为真当且仅当 p 与 q 的真值相同。

2. 命题公式及分类

命题常项及命题变项　若用 $p,q,r,\cdots$ 表示确定的简单命题，则称 $p,q,r,\cdots$ 为命题常项，命题常项的真值是确定不变的。若用 $p,q,r,\cdots$ 表示真值可以变化的简单陈述句，则称 $p,q,r,\cdots$ 为命题变项，此时 $p,q,r,\cdots$ 是变量，它们的取值为 1 或 0。

合式公式

(1) 单个的命题变项是合式公式。

(2) 若 A 是合式公式，则 $(\neg A)$ 也是合式公式。

(3) 若 A、B 是合式公式，则 $(A\wedge B)$、$(A\vee B)$、$(A\rightarrow B)$、$(A\leftrightarrow B)$ 也是合式公式。

(4) 只有有限次地应用(1)～(3)形成的符号串才是合式公式。合式公式也称命题公式，简称公式。

对以上定义的说明如下。

(1) 定义中的字母 $A,B,\cdots$ 代表任意的公式。

(2) 联结词的优先顺序：$\neg$，$\wedge$，$\vee$，$\rightarrow$，$\leftrightarrow$。若有圆括号，先进行圆括号内的运算。相同的联结词按从左至右的顺序演算。

(3) 公式的最外层圆括号有时可以省去，不改变运算顺序的圆括号也可省去。

公式的层次

(1) 若 A 是单个的命题变项，则称 A 为 0 层公式。

(2) 称 A 是 $n+1(n\geqslant 0)$ 层公式是指下列诸情况之一。

① $A=\neg B$，B 为 n 层公式。

② $A=B\wedge C$，其中，B、C 分别为 i 层和 j 层公式，且 $n=\max(i,j)$。

③ $A=B\vee C$，其中，B、C 的层次同②。

④ $A=B\rightarrow C$，其中，B、C 的层次同②。

⑤ $A=B\leftrightarrow C$，其中，B、C 的层次同②。

(3) 若 A 的层次为 k，则称 A 为 k 层公式。

赋值或解释　设 A 为一个公式，$p_1,p_2,\cdots,p_n$ 是出现在 A 中的全部命题变项，给 p_1，$p_2,\cdots,p_n$ 各指定一个真值(0 或 1)称为对 A 的一个赋值或解释。若赋值使 A 的真值为 1，则称该赋值为 A 的成真赋值；若赋值使 A 的真值为 0，则称该赋值为 A 的成假赋值。

若命题公式 A 中含命题变项 $p_1,p_2,\cdots,p_n$，将赋值 $p_1=\alpha_1,p_2=\alpha_2,\cdots,p_n=\alpha_n$，记作 $\alpha_1\alpha_2\cdots\alpha_n$，其中，$\alpha_i$ 为 0 或 1。若命题变项为 $p,q,r,\cdots$，则赋值 $\alpha_1\alpha_2\cdots$ 按字典顺序给它们赋值，即 $p=\alpha_1,q=\alpha_2,r=\alpha_3,\cdots$。

真值表　设公式 A 含 $n(n\geqslant 1)$ 个命题变项，将 A 在 2^n 个赋值下的取值情况列成表，称为 A 的真值表。

公式的分类　设 A 为一个公式。

(1) 若 A 无成假赋值，则称 A 为重言式或永真式。

(2) 若 A 无成真赋值，则称 A 为矛盾式或永假式。

(3) 若 A 至少有一个成真赋值，则称 A 为可满足式。

(4) 若 A 至少有一个成真赋值，又至少有一个成假赋值，则称 A 为非重言式的可满足式。

3. 等值演算

等值式　若等价式 $A\leftrightarrow B$ 是重言式，则称 A 与 B 等值，记作 $A\Leftrightarrow B$。

基本的等值式

(1) $A\Leftrightarrow\neg\neg A$。　　双重否定律

(2) $A\Leftrightarrow A\vee A$。
(3) $A\Leftrightarrow A\wedge A$。　　} 幂等律

(4) $A\vee B\Leftrightarrow B\vee A$。
(5) $A\wedge B\Leftrightarrow B\wedge A$。　　} 交换律

(6) $(A\vee B)\vee C\Leftrightarrow A\vee(B\vee C)$。
(7) $(A\wedge B)\wedge C\Leftrightarrow A\wedge(B\wedge C)$。　　} 结合律

(8) $A \vee (B \wedge C) \Leftrightarrow (A \vee B) \wedge (A \vee C)$。
(9) $A \wedge (B \vee C) \Leftrightarrow (A \wedge B) \vee (A \wedge C)$。 } 分配律

(10) $\neg(A \vee B) \Leftrightarrow \neg A \wedge \neg B$。
(11) $\neg(A \wedge B) \Leftrightarrow \neg A \vee \neg B$。 } 德摩根律

(12) $A \vee (A \wedge B) \Leftrightarrow A$。
(13) $A \wedge (A \vee B) \Leftrightarrow A$。 } 吸收律

(14) $A \vee 1 \Leftrightarrow 1$。
(15) $A \wedge 0 \Leftrightarrow 0$。 } 零律

(16) $A \vee 0 \Leftrightarrow A$。
(17) $A \wedge 1 \Leftrightarrow A$。 } 同一律

(18) $A \vee \neg A \Leftrightarrow 1$。　排中律

(19) $A \wedge \neg A \Leftrightarrow 0$。　矛盾律

(20) $A \rightarrow B \Leftrightarrow \neg A \vee B$。　蕴涵等值式

(21) $A \leftrightarrow B \Leftrightarrow (A \rightarrow B) \wedge (B \rightarrow A)$。　等价等值式

(22) $A \rightarrow B \Leftrightarrow \neg B \rightarrow \neg A$。　假言易位

(23) $A \leftrightarrow B \Leftrightarrow \neg A \leftrightarrow \neg B$。　等价否定等值式

(24) $(A \rightarrow B) \wedge (A \rightarrow \neg B) \Leftrightarrow \neg A$。　归谬论

等值演算　由已知等值式推演出与给定公式等值的公式的过程称为等值演算。

置换规则　设 $\Phi(A)$是含公式 A 的公式,$\Phi(B)$是用 B 置换 $\Phi(A)$中的 A 之后得到的公式,若 $A \Leftrightarrow B$,则 $\Phi(A) \Leftrightarrow \Phi(B)$。

4. 范式

文字　命题变项及其否定统称为文字。

简单析取式　由有限个文字组成的析取式称为简单析取式。

简单合取式　由有限个文字组成的合取式称为简单合取式。

极小项　设有 n 个命题变项,若在简单合取式中每个命题变项以文字的形式出现且仅出现一次,则称这样的简单合取式为极小项。n 个命题变项共可产生 2^n 个不同的极小项,分别记为 $m_0, m_1, \cdots, m_{2^n-1}$,其中,$i(0 \leqslant i \leqslant 2^n-1)$的二进制表示即为 m_i 的成真赋值。

极大项　设有 n 个命题变项,若在简单析取式中每个命题变项以文字的形式出现且仅出现一次,称这样的简单析取式为极大项。n 个命题变项共可产生 2^n 个不同的极大项,分别记为 $M_0, M_1, \cdots, M_{2^n-1}$,其中,$i(0 \leqslant i \leqslant 2^n-1)$的二进制表示即为 M_i 的成假赋值。

在极小项和极大项中,文字通常按下角标或字典顺序排列。

析取范式　由有限个简单合取式组成的析取式称为析取范式。

主析取范式　由有限个极小项组成的析取范式称为主析取范式。

合取范式　由有限个简单析取式组成的合取式称为合取范式。

主合取范式　由有限个极大项组成的合取范式称为主合取范式。

主要定理

定理 1.1　任一命题公式都存在与其等值的析取范式和合取范式。

定理 1.2　任一命题公式都存在唯一的与其等值的主析取范式和主合取范式。

5. 联结词全功能集

真值函数　记$\{0,1\}^n=\{0\cdots00,0\cdots01,\cdots,1\cdots11\}$,即所有长为 n 的 0、1 符号串的集合。称定义域为$\{0,1\}^n$,值域为$\{0,1\}$的函数为 n 元真值函数。有 2^{2^n} 个不同的 n 元真值函数。

联结词全功能集　设 S 为一个联结词集合,若任意真值函数都可以用仅含 S 中的联结词的公式表示,则称 S 为联结词全功能集。

与非式　设 p、q 为两个命题,复合命题"p 与 q 的否定"称为 p 与 q 的与非式,记作 $p\uparrow q$,即 $p\uparrow q=\neg(p\wedge q)$。$\uparrow$ 为与非联结词。$p\uparrow q$ 为假当且仅当 p 与 q 同时为真。

或非式　设 p、q 为两个命题,复合命题"p 或 q 的否定"称为 p 与 q 的或非式,记作 $p\downarrow q$,即 $p\downarrow q=\neg(p\vee q)$。$\downarrow$ 为或非联结词。$p\downarrow q$ 为真当且仅当 p 与 q 同时为假。

$\{\neg,\wedge,\vee,\rightarrow,\leftrightarrow\}$、$\{\neg,\wedge,\vee\}$、$\{\neg,\wedge\}$、$\{\neg,\vee\}$、$\{\uparrow\}$、$\{\downarrow\}$、$\{\neg,\rightarrow\}$等都是联结词全功能集。

6. 组合电路

设计组合电路的一般步骤如下。

(1) 写出问题的输入-输出表,即问题的真值函数。

(2) 根据真值函数写出它的主析取范式。

(3) 将主析取范式化简成最简展开式,可采用奎因-莫可拉斯基方法化简。

7. 推理理论

推理的形式结构　设 $A_1,A_2,\cdots,A_k,B$ 为命题公式,称

$$(A_1\wedge A_2\wedge\cdots\wedge A_k)\rightarrow B \tag{$*$}$$

为推理的形式结构。$A_1,A_2,\cdots,A_k$ 为推理的前提,B 为推理的结论。若($*$)为重言式,则称推理正确,此时称 B 是 $A_1,A_2,\cdots,A_k$ 的逻辑结论或有效结论,记为

$$(A_1\wedge A_2\wedge\cdots\wedge A_k)\Rightarrow B$$

推理定律　称重言蕴涵式为推理定律。主要的推理定律如下。

(1) $A\Rightarrow(A\vee B)$。　附加

(2) $(A\wedge B)\Rightarrow A$。　化简

(3) $((A\rightarrow B)\wedge A)\Rightarrow B$。　假言推理

(4) $((A\rightarrow B)\wedge\neg B)\Rightarrow\neg A$。　拒取式

(5) $((A\vee B)\wedge\neg A)\Rightarrow B$。　析取三段论

(6) $((A\rightarrow B)\wedge(B\rightarrow C))\Rightarrow(A\rightarrow C)$。　假言三段论

(7) $((A \leftrightarrow B) \land (B \leftrightarrow C)) \Rightarrow (A \leftrightarrow C)$。　等价三段论

(8) $(A \rightarrow B) \land (C \rightarrow D) \land (A \lor C) \Rightarrow (B \lor D)$。　构造性二难

判断推理是否正确的方法　判断推理是否正确，就是判断推理的形式结构(*)是否为重言式。其主要方法如下。

(1) 真值表法。

(2) 等值演算法。

(3) 主析取(主合取)范式法。

构造证明法

证明　证明是一个描述推理过程的命题公式序列，其中的每个命题公式或者为已知的前提，或者是由前面的公式应用推理规则得到的结论(中间结论)。

推理规则

(1) 前提引入规则。

(2) 结论引用规则。

(3) 置换规则。

以下推理规则用图式给出，每个图式横线上面为前提，横线下面为结论。

(4) 假言推理规则。

$$\frac{\begin{array}{c} A \rightarrow B \\ A \end{array}}{B}$$

(5) 附加规则。

$$\frac{A}{A \lor B}$$

(6) 化简规则。

$$\frac{A \land B}{A} \quad \text{或} \quad \frac{A \land B}{B}$$

(7) 拒取式规则。

$$\frac{\begin{array}{c} A \rightarrow B \\ \neg B \end{array}}{\neg A}$$

(8) 假言三段论规则。

$$\frac{\begin{array}{c} A \rightarrow B \\ B \rightarrow C \end{array}}{A \rightarrow C}$$

(9) 析取三段论规则。

$$\frac{\begin{array}{c} A \lor B \\ \neg A \end{array}}{B} \quad \text{或} \quad \frac{\begin{array}{c} A \lor B \\ \neg B \end{array}}{A}$$

(10) 构造性二难规则。

$$\begin{array}{c} A \rightarrow B \\ C \rightarrow D \\ A \vee C \\ \hline B \vee D \end{array}$$

(11) 合取引入规则。

$$\begin{array}{c} A \\ B \\ \hline A \wedge B \end{array}$$

附加前提证明法 设推理的结论是蕴涵式 $A \rightarrow B$,把结论中的前件 A 作为前提,称为附加前提,证明结论中的后件 B 为有效结论。

归谬法 把推理的结论 B 的否定 $\neg B$ 作为前提,推出矛盾,即证明 0 为有效结论。

8. 小结

学习第 1 章(命题逻辑)要注意以下 7 点。

(1) 要弄清命题与陈述句的关系。命题都是陈述句,但陈述句不都是命题。只有陈述句所表达的判断结果是唯一确定的(正确的或错误的),它才是命题。

(2) 弄清由 5 种基本联结词联结的复合命题的逻辑关系及其真值。特别是要弄清蕴涵式 $p \rightarrow q$ 的逻辑关系及其真值。这里,q 是 p 的必要条件。无论蕴涵关系如何表述,都要仔细地区分出蕴涵式的前件和后件,否则会将必要条件当成充分条件,当然就有可能将假命题变成真命题,或将真命题变成假命题。

(3) 记住 24 个基本等值式,这是学好命题逻辑的关键。因为在等值演算过程中,在求主析取范式和主合取范式过程中,在将公式化成等值的某个全功能联结词集中公式的过程中都离不开基本等值式。

(4) 要会准确地求出给定公式的主析取范式和主合取范式。掌握主析取范式与真值表及成真赋值的关系,主合取范式与真值表及成假赋值的关系,主析取范式与主合取范式的关系。弄清不同类型公式的主析取范式与主合取范式的特点。特别是要知道,重言式的主析取范式含 2^n(n 为公式中含的命题变项数)个极小项,主合取范式为 1;而矛盾式的主析取范式为 0,主合取范式含 2^n 个极大项。

(5) 会用多种方法(如真值表法、等值演算法、主析取范式法等)判断公式的类型及判断两个公式是否等值。

(6) 会用等值演算法将一个联结词集上的公式等值地化为另一个联结词全功能集上的公式。

(7) 要弄清楚推理的形式结构,掌握判断推理是否正确的方法,对某些正确的推理会构造它的证明。

习　题

1.1 判断下列语句是否为命题,若是命题请指出是简单命题还是复合命题。

(1) $\sqrt{2}$ 是无理数。

(2) 5 能被 2 整除。

(3) 现在开会吗?

(4) $x+5>0$。

(5) 这朵花真好看呀!

(6) 2 是素数当且仅当三角形有 3 条边。

(7) 雪是黑色的当且仅当太阳从东方升起。

(8) 2080 年 10 月 1 日天气晴好。

(9) 太阳系以外的星球上有生物。

(10) 小李在宿舍里。

(11) 全体起立!

(12) 4 是 2 的倍数或是 3 的倍数。

(13) 4 是偶数且是奇数。

(14) 李明与王华是同学。

(15) 蓝色和黄色可以调配成绿色。

1.2　将题 1.1 中的命题符号化,并讨论它们的真值。

1.3　判断下列各命题的真值。

(1) 若 $2+2=4$,则 $3+3=6$。

(2) 若 $2+2=4$,则 $3+3\neq 6$。

(3) 若 $2+2\neq 4$,则 $3+3=6$。

(4) 若 $2+2\neq 4$,则 $3+3\neq 6$。

(5) $2+2=4$ 当且仅当 $3+3=6$。

(6) $2+2=4$ 当且仅当 $3+3\neq 6$。

(7) $2+2\neq 4$ 当且仅当 $3+3=6$。

(8) $2+2\neq 4$ 当且仅当 $3+3\neq 6$。

1.4　将下列命题符号化,并讨论其真值。

(1) 如果今天是 1 号,则明天是 2 号。

(2) 如果今天是 1 号,则明天是 3 号。

1.5　将下列命题符号化。

(1) 2 是偶数又是素数。

(2) 小王不但聪明而且用功。

(3) 虽然天气很冷,老王还是来了。

(4) 他一边吃饭,一边看电视。

(5) 如果下大雨,他就乘公共汽车上班。

(6) 只有下大雨,他才乘公共汽车上班。

(7) 除非下大雨,否则他不乘公共汽车上班。

(8) 不经一事,不长一智。

1.6　设 p、q 的真值为 0;r、s 的真值为 1,求下列各命题公式的真值。

(1) $p\vee(q\wedge r)$。

(2) $(p \leftrightarrow r) \wedge (\neg q \vee s)$。

(3) $(p \wedge (q \vee r)) \to ((p \vee q) \wedge (r \wedge s))$。

(4) $\neg(p \vee (q \to (r \wedge \neg p))) \to (r \vee \neg s)$。

1.7 判断下列命题公式的类型,方法不限。

(1) $p \to (p \vee q \vee r)$。

(2) $(p \to \neg p) \to \neg p$。

(3) $\neg(p \to q) \wedge q$。

(4) $(p \to q) \to (\neg q \to \neg p)$。

(5) $(\neg p \to q) \to (q \to \neg p)$。

(6) $(p \wedge \neg p) \leftrightarrow q$。

(7) $(p \vee \neg p) \to ((q \wedge \neg q) \wedge \neg r)$。

(8) $(p \leftrightarrow q) \to \neg(p \vee q)$。

(9) $((p \to q) \wedge (q \to r)) \to (p \to r)$。

(10) $((p \vee q) \to r) \leftrightarrow s$。

1.8 用等值演算法证明下列等值式。

(1) $(p \wedge q) \vee (p \wedge \neg q) \Leftrightarrow p$。

(2) $((p \to q) \wedge (p \to r)) \Leftrightarrow (p \to (q \wedge r))$。

(3) $\neg(p \leftrightarrow q) \Leftrightarrow ((p \vee q) \wedge \neg(p \wedge q))$。

1.9 用等值演算法判断下列公式的类型。

(1) $\neg((p \wedge q) \to p)$。

(2) $((p \to q) \wedge (q \to p)) \leftrightarrow (p \leftrightarrow q)$。

(3) $(\neg p \to q) \to (q \to \neg p)$。

1.10 已知真值函数 F、G、H、R 的真值表如表 1-1 所示。分别给出用下列联结词集合中的联结词表示的与 F、G、H、R 等值的一个命题公式。

(1) $\{\neg, \to\}$; (2) $\{\neg, \wedge\}$; (3) $\{\neg, \vee\}$; (4) $\{\uparrow\}$;(5) $\{\downarrow\}$。

表 1-1

p	q	F	G	H	R
0	0	0	0	1	1
0	1	0	1	0	1
1	0	1	0	1	1
1	1	0	1	0	0

1.11 设 A、B、C 为任意的命题公式。

(1) 已知 $A \vee C \Leftrightarrow B \vee C$, $A \Leftrightarrow B$ 吗?

(2) 已知 $A \wedge C \Leftrightarrow B \wedge C$, $A \Leftrightarrow B$ 吗?

(3) 已知 $\neg A \Leftrightarrow \neg B$, $A \Leftrightarrow B$ 吗?

1.12 求下列命题公式的主析取范式、主合取范式、成真赋值、成假赋值。

(1) $(p \vee (q \wedge r)) \rightarrow (p \wedge q \wedge r)$。

(2) $(\neg p \rightarrow q) \rightarrow (\neg q \vee p)$。

(3) $\neg(p \rightarrow q) \wedge q \wedge r$。

1.13　通过求主析取范式判断下列各组命题公式是否等值。

(1) $p \rightarrow (q \rightarrow r)$；$q \rightarrow (p \rightarrow r)$。

(2) $p \uparrow q$；$p \downarrow q$。

1.14　一个排队线路，输入为 A、B、C，其输出分别为 F_A、F_B、F_C。在同一时间只能有一个信号通过。如果同时有两个或两个以上信号通过时，则按 A、B、C 的顺序输出。例如，A、B、C 同时输入时，只能 F_A 有输出。写出 F_A、F_B、F_C 的逻辑表达式，并化成全功能集 $\{\downarrow\}$中的表达式。

1.15　某勘探队有 3 名队员。有一天取得一块矿样，3 人的判断如下。

甲说：这不是铁，也不是铜。

乙说：这不是铁，是锡。

丙说：这不是锡，是铁。

经实验室鉴定后发现，其中一人两个判断都正确，一人判断对一半，一人全判断错了。根据以上情况判断矿样的种类，并指出谁的判断全对？谁的判断对一半？谁的判断全错？

1.16　有一盏灯由 3 个开关控制，要求按任何一个开关都能使灯由亮变黑或由黑变亮。试设计一个这样的组合电路。

1.17　输入输出的关系如表 1-2 和表 1-3 所示，试写出实现它们的组合电路的合式公式，并用奎因-莫可拉斯基方法化简。

表　1-2

x	y	z	F
0	0	0	0
0	0	1	1
0	1	0	1
0	1	1	1
1	0	0	1
1	0	1	1
1	1	0	0
1	1	1	0

表　1-3

x_1	x_2	x_3	x_4	F	x_1	x_2	x_3	x_4	F
0	0	0	0	1	1	0	0	0	1
0	0	0	1	0	1	0	0	1	0
0	0	1	0	0	1	0	1	0	1
0	0	1	1	0	1	0	1	1	1
0	1	0	0	1	1	1	0	0	1
0	1	0	1	0	1	1	0	1	0
0	1	1	0	0	1	1	1	0	0
0	1	1	1	0	1	1	1	1	0

1.18　判断下列推理是否正确。先将命题符号化，再写出前提和结论，然后进行判断。

(1) 如果今天是 1 号，则明天是 5 号。今天是 1 号。所以明天是 5 号。

(2) 如果今天是 1 号，则明天是 5 号。明天是 5 号。所以今天是 1 号。

(3) 如果今天是 1 号，则明天是 5 号。明天不是 5 号。所以今天不是 1 号。

(4) 如果今天是1号,则明天是5号。今天不是1号。所以明天不是5号。

1.19 构造下面推理的证明。

(1) 前提:$\neg(p \wedge \neg q)$,$\neg q \vee r$,$\neg r$。

结论:$\neg p$。

(2) 前提:$p \rightarrow (q \rightarrow s)$,$q$,$p \vee \neg r$。

结论:$r \rightarrow s$。

(3) 前提:$p \rightarrow q$。

结论:$p \rightarrow (p \wedge q)$。

(4) 前提:$q \rightarrow p$,$q \leftrightarrow s$,$s \leftrightarrow t$,$t \wedge r$。

结论:$p \wedge q \wedge s \wedge r$。

(5) 前提:$(p \wedge q) \rightarrow r$,$\neg r \vee s$,$\neg s$,$p$。

结论:$\neg q$。

1.20 判断下述推理是否正确,并证明你的结论。如果他是理科学生,他必学好数学。如果他不是文科学生,他必是理科学生。他没学好数学。所以他是文科学生。

以下各题是选择题。题目要求从供选择的答案中选出应填入叙述中的方框□内的正确答案。

1.21 给定命题公式如下:

$$p \vee (q \wedge \neg r)$$

上述公式的成真赋值为[A],成假赋值为[B],公式的类型为[C]。

供选择的答案

A:① 无; ② 全体赋值; ③ 010,100,101,111; ④ 010,100,101,110,111。

B:① 无; ② 全体赋值; ③ 000,001,011; ④ 000,010,110。

C:① 重言式; ② 矛盾式; ③ 可满足式。

1.22 给定命题公式如下:

$$\neg(p \wedge q) \rightarrow r$$

上述公式的主析取范式中含极小项的个数为[A],主合取范式中含极大项的个数为[B],成真赋值为[C]。

供选择的答案

A:① 2; ② 3; ③ 5; ④ 0; ⑤ 8。

B:① 0; ② 8; ③ 5; ④ 3。

C:① 000,001,110; ② 001,011,101,110,111; ③ 全体赋值; ④ 无。

1.23 给定下列3组前提。

(1) $\neg(p \wedge \neg q)$,$\neg q \vee r$,$\neg r$;

(2) $(p \wedge q) \rightarrow r$,$\neg r \vee s$,$\neg s$;

(3) $\neg p \vee q$,$\neg q \vee r$,$r \rightarrow s$。

上述各前提中,(1)的逻辑结论(有效结论)为[A],(2)的逻辑结论为[B],(3)的逻辑结论为[C]。

供选择的答案

A、B、C：① r；　② q；　③ $\neg p$；　④ s；　⑤ $\neg p \vee \neg q$；　⑥ $p \rightarrow s$；　⑦ $p \wedge q$。

习题解答

1.1　除(3)、(4)、(5)、(11)外全是命题。其中，(1)、(2)、(8)、(9)、(10)、(14)、(15)是简单命题，(6)、(7)、(12)、(13)是复合命题。

分析　首先应该注意到，命题是陈述句，因而不是陈述句的句子都不是命题。本题中，(3)为疑问句，(5)为感叹句，(11)为祈使句，它们都不是陈述句，所以它们都不是命题。

其次，(4)这个句子是陈述句，但它表示的判断结果是不确定的，也就是说，它可真(如取 x 为 2)，它也可能为假(如取 $x=-10$)，于是(4)不是命题。

其余的句子都是有确定判断结果的陈述句，因而它们都是命题。其中(8)，虽然现在还不知道它是真是假，这要到 2080 年 10 月 1 日才能知道。但是，它不是真就是假，这是肯定无疑的，因而它是命题。作为命题，只要求陈述句有确定的真假值，而不管是否知道。(9)也与此类似。

因为(1)、(2)、(8)、(9)、(10)、(14)、(15)都是简单的陈述句，因而作为命题，它们都是简单命题。(6)和(7)各为由联结词"当且仅当"联结起来的复合命题，(12)是由联结词"或"联结的复合命题，而(13)是由联结词"且"联结起来的复合命题。这里的"且"为"合取"联结词。在日常生活中，合取联结词有许多表述法，例如，"虽然……但是……""不仅……而且……""一面……一面……""……和……""……与……"等。但要注意，有时"和"或"与"联结的是两个名词，构成简单命题。例如，(14)、(15)中的"与""和"就是联结两个名词，这两个命题均为简单命题，而不是复合命题。希望读者在遇到"和"或"与"出现的命题时，要根据命题所陈述的含义加以区分。

1.2　(1) p：$\sqrt{2}$是无理数。p 为真命题。

(2) p：5 能被 2 整除。p 为假命题。

(6) $p \leftrightarrow q$。其中，p：2 是素数，q：三角形有 3 条边。由于 p 与 q 都是真命题，所以，$p \leftrightarrow q$ 为真命题。

(7) $p \leftrightarrow q$。其中，p：雪是黑色的，q：太阳从东方升起。由于 p 为假命题，q 为真命题，因而 $p \leftrightarrow q$ 为假命题。

(8) p：2080 年 10 月 1 日天气晴好。现在我们还不知道 p 的真假，但 p 的真值是确定的(客观存在的)，要到 2080 年 10 月 1 日才能知道。

(9) p：太阳系以外的星球上有生物。它的真值情况类似于(8)。

(10) p：小李在宿舍里。p 的真值由具体情况而定，是确定的。

(12) $p \vee q$。其中，p：4 是 2 的倍数，q：4 是 3 的倍数。由于 p 为真命题，q 为假命题，所以，$p \vee q$ 为真命题。

(13) $p \wedge q$。其中，p：4 是偶数，q：4 是奇数。由于 q 是假命题，所以，$p \wedge q$ 为假命题。

(14) p：李明与王华是同学。真值由具体情况而定，是确定的。

(15) p：蓝色和黄色可以调配成绿色。这是真命题。

分析　命题的真值是唯一确定的。有些命题的真值是已知的,有些则不能马上知道,但它们是确定的,是客观存在的。

1.3　令 p:$2+2=4$,q:$3+3=6$,则以下命题分别符号化为如下。

(1) $p \to q$。

(2) $p \to \neg q$。

(3) $\neg p \to q$。

(4) $\neg p \to \neg q$。

(5) $p \leftrightarrow q$。

(6) $p \leftrightarrow \neg q$。

(7) $\neg p \leftrightarrow q$。

(8) $\neg p \leftrightarrow \neg q$。

以上命题中,(1)、(3)、(4)、(5)、(8)为真命题,其余均为假命题。

分析　本题要求读者记住 $p \to q$ 及 $p \leftrightarrow q$ 的真值情况。$p \to q$ 为假当且仅当 p 为真,q 为假;而 $p \leftrightarrow q$ 为真当且仅当 p 与 q 真值相同。由于 p 与 q 都是真命题,在 4 个蕴涵式中,只有(2)中前件为真,后件为假,因而(2)为假命题;其余的情况分别为前件与后件均为真,或前件为假的情况,因而都是真命题。

在 4 个等价式中,(5)中等价式两边均为真,而(8)中等价式两边均为假,即两边的真值相同,因而都是真命题;而(6)、(7)中,等价式两边的真值均为一真一假,所以复合命题为假。

1.4　(1) $p \to q$。其中,p:今天是 1 号,q:明天是 2 号。

在这里,p 的真值未知,但若 p 为真,则 q 也为真,因而 $p \to q$ 中不会出现前件为真,后件为假的情况,于是 $p \to q$ 为真。

(2) $p \to r$。其中,p 同(1),r:明天是 3 号。

在这里,当 p 为真时,r 一定为假,从而 $p \to r$ 为假。当 p 为假时,无论 r 为真还是为假,$p \to r$ 为真。

1.5　(1) $p \wedge q$。其中,p:2 是偶数,q:2 是素数。

(2) $p \wedge q$。其中,p:小王聪明,q:小王用功。

(3) $p \wedge q$。其中,p:天气冷,q:老王来了。

(4) $p \wedge q$。其中,p:他吃饭,q:他看电视。

(5) $p \to q$。其中,p:下大雨,q:他乘公共汽车上班。

(6) $q \to p$。其中,p、q 的含义同(5)。

(7) $q \to p$。其中,p、q 的含义同(5)。

(8) $\neg p \to \neg q$。其中,p:经一事,q:长一智。

分析　1° 在前 4 个复合命题中,都使用了合取联结词,都符号化为合取式。这说明合取联结词在使用时是很灵活的。在符号化时,应该注意,不要将联结词部分放入简单命题中。例如,在(2)中,不能这样写简单命题:p:小王不但聪明,q:小王而且用功。在(4)中不能这样写:p:他一边吃饭,q:他一边看电视。

2° 后 4 个复合命题中,都使用了蕴涵联结词,符号化为蕴涵式。在这里,关键问题是要分清蕴涵式的前件和后件。

$p \rightarrow q$ 所表达的基本逻辑关系为，p 是 q 的充分条件，q 是 p 的必要条件。这种逻辑关系在叙述上也很灵活。例如，“因为 p，所以 q”“只要 p，就 q”“p 仅当 q”“只有 q 才 p”“除非 q，否则 $\neg p$”“没有 q，就没有 p”等都表达了 q 是 p 的必要条件，因而都符号化为 $p \rightarrow q$ 或 $\neg q \rightarrow \neg p$。

在(5)中，p 为 q 的充分条件，因而符号化为 $p \rightarrow q$。而在(6)、(7)中，p 成了 q 的必要条件，因而符号化为 $q \rightarrow p$。

在(8)中，虽然没有出现联结词，但由两个命题的因果关系可知，应该符号化为蕴涵式。

1.6 (1)、(2)的真值为0，(3)、(4)的真值为1。

分析 把 $p=0, q=0, r=1$ 和 $s=1$ 代入各式，不难计算出所需结果。

1.7 (1)、(2)、(4)、(9)均为重言式，(3)、(7)为矛盾式，(5)、(6)、(8)、(10)为非重言式的可满足式。

一般说来，可用真值表法、等值演算法、主析取(主合取)范式法等判断公式的类型。

(1) 用两种方法。

真值表法 表1-4给出了(1)中公式的真值表。由于真值表的最后一列全为1，所以，(1)为重言式。

表 1-4

p	q	r	$p \vee q \vee r$	$p \rightarrow (p \vee q \vee r)$
0	0	0	0	1
0	0	1	1	1
0	1	0	1	1
0	1	1	1	1
1	0	0	1	1
1	0	1	1	1
1	1	0	1	1
1	1	1	1	1

等值演算法

$$\begin{aligned}
& p \rightarrow (p \vee q \vee r) \\
\Leftrightarrow & \neg p \vee (p \vee q \vee r) && \text{(蕴涵等值式)} \\
\Leftrightarrow & (\neg p \vee p) \vee q \vee r && \text{(结合律)} \\
\Leftrightarrow & 1 \vee q \vee r && \text{(排中律)} \\
\Leftrightarrow & 1 && \text{(零律)}
\end{aligned}$$

可知(1)为重言式。

(2) 用等值演算法。

$$
\begin{aligned}
&(p\rightarrow\neg p)\rightarrow\neg p \\
\Leftrightarrow&(\neg p\vee\neg p)\rightarrow\neg p && (\text{蕴涵等值式})\\
\Leftrightarrow&\neg p\rightarrow\neg p && (\text{幂等律})\\
\Leftrightarrow&p\vee\neg p && (\text{蕴涵等值式})\\
\Leftrightarrow&1 && (\text{排中律})
\end{aligned}
$$

可知(2)为重言式。

(3) 用等值演算法。

$$
\begin{aligned}
&\neg(p\rightarrow q)\wedge q \\
\Leftrightarrow&\neg(\neg p\vee q)\wedge q && (\text{蕴涵等值式})\\
\Leftrightarrow&p\wedge\neg q\wedge q && (\text{德摩根律})\\
\Leftrightarrow&p\wedge(\neg q\wedge q) && (\text{结合律})\\
\Leftrightarrow&p\wedge 0 && (\text{矛盾律})\\
\Leftrightarrow&0 && (\text{零律})
\end{aligned}
$$

可知(3)为矛盾式。

(5) 用两种方法。

真值表法　其真值表如表 1-5 所示。

表　1-5

p	q	$\neg p$	$\neg p\rightarrow q$	$q\rightarrow\neg p$	$(\neg p\rightarrow q)\rightarrow(q\rightarrow\neg p)$
0	0	1	0	1	1
0	1	1	1	1	1
1	0	0	1	1	1
1	1	0	1	0	0

由表 1-5 可知(5)为非重言式的可满足式。

主析取范式法

$$
\begin{aligned}
&(\neg p\rightarrow q)\rightarrow(q\rightarrow\neg p)\\
\Leftrightarrow&(p\vee q)\rightarrow(\neg q\vee\neg p)\\
\Leftrightarrow&\neg(p\vee q)\vee(\neg q\vee\neg p)\\
\Leftrightarrow&(\neg p\wedge\neg q)\vee\neg q\vee\neg p\\
\Leftrightarrow&\neg p\vee\neg q\\
\Leftrightarrow&(\neg p\wedge 1)\vee(1\wedge\neg q)\\
\Leftrightarrow&(\neg p\wedge(\neg q\vee q))\vee((\neg p\vee p)\wedge\neg q)\\
\Leftrightarrow&(\neg p\wedge\neg q)\vee(\neg p\wedge q)\vee(\neg p\wedge\neg q)\vee(p\wedge\neg q)\\
\Leftrightarrow&(\neg p\wedge\neg q)\vee(\neg p\wedge q)\vee(p\wedge\neg q)\\
\Leftrightarrow&m_0\vee m_1\vee m_2
\end{aligned}
$$

主析取范式中含有 3 个极小项,缺一个极小项 m_3,所以(5)为非重言式的可满足式。请读者在以上演算每步的后面，填上所用基本的等值式。

其余各式请读者自己完成。

分析　1°　真值表法判断公式的类型是万能的。公式 A 为重言式当且仅当 A 的真值表的最后一列全为 1；A 为矛盾式当且仅当 A 的真值表的最后一列全为 0；A 为非重言式的可满足式当且仅当 A 的真值表最后一列既有 1，又有 0。但当命题变项较多时，真值表的计算量相当大。

2°　用等值演算法判断重言式与矛盾式比较方便，A 为重言式当且仅当 A 与 1 等值；A 为矛盾式当且仅当 A 与 0 等值。当 A 为非重言式的可满足式时，经过等值演算可将 A 化简，然后用观察法找到一个成真赋值，再找到一个成假赋值，就可判断 A 为非重言式的可满足式了。例如，对(6)用等值演算判断它的类型。

$$(p \land \neg p) \leftrightarrow q$$

$$\Leftrightarrow 0 \leftrightarrow q \qquad \text{（矛盾律）}$$

显然，公式的值与 p 无关。当 $q=0$ 时，公式为 1；当 $q=1$ 时，公式为 0。即 00、10 是成真赋值，01、11 是成假赋值，故(6)是非重言式的可满足式。

3°　用主析取范式判断公式的类型也是万能的。A 为重言式当且仅当 A 的主析取范式含全部 2^n（n 为 A 中所含命题变项的个数）个极小项；A 为矛盾式当且仅当 A 的主析取范式中不含任何极小项，记它的主析取范式为 0；A 为非重言式的可满足式当且仅当 A 的主析取范式中含极小项，但不是全部的极小项。

当命题变项较多时，用主析取范式法判公式的类型，运算量是很大的。

4°　用主合取范式判断公式的类型也是万能的。A 为重言式当且仅当 A 的主合取范式中不含任何极大项，此时记 A 的主合取范式为 1；A 为矛盾式当且仅当 A 的主合取范式含全部 2^n（n 为 A 中所含命题变项的个数）个极大项；A 为非重言式的可满足式当且仅当 A 的主合取范式中含极大项，但不是全部的极大项。

1.8　(1) 从左边开始演算：

$$(p \land q) \lor (p \land \neg q)$$

$$\Leftrightarrow p \land (q \lor \neg q) \qquad \text{（分配律）}$$

$$\Leftrightarrow p \land 1 \qquad \text{（排中律）}$$

$$\Leftrightarrow p \qquad \text{（同一律）}$$

(2) 从右边开始演算：

$$p \rightarrow (q \land r)$$

$$\Leftrightarrow \neg p \lor (q \land r) \qquad \text{（蕴涵等值式）}$$

$$\Leftrightarrow (\neg p \lor q) \land (\neg p \lor r) \qquad \text{（分配律）}$$

$$\Leftrightarrow (p \rightarrow q) \land (p \rightarrow r) \qquad \text{（蕴涵等值式）}$$

(3) 从左边开始演算：

$$\neg (p \leftrightarrow q)$$

$$\Leftrightarrow \neg ((p \rightarrow q) \land (q \rightarrow p))$$

$$\Leftrightarrow \neg ((\neg p \lor q) \land (\neg q \lor p))$$

$$\Leftrightarrow \neg((\neg p \wedge \neg q) \vee (\neg p \wedge p) \vee (q \wedge \neg q) \vee (p \wedge q))$$
$$\Leftrightarrow \neg((\neg p \wedge \neg q) \vee (p \wedge q))$$
$$\Leftrightarrow (p \vee q) \wedge \neg(p \wedge q)$$

请读者填上每步所用的基本等值式。

本题也可以从右边开始演算：

$$(p \vee q) \wedge \neg(p \wedge q)$$
$$\Leftrightarrow \neg\neg((p \vee q) \wedge \neg(p \wedge q))$$
$$\Leftrightarrow \neg(\neg(p \vee q) \vee \neg\neg(p \wedge q))$$
$$\Leftrightarrow \neg((\neg p \wedge \neg q) \vee (p \wedge q))$$
$$\Leftrightarrow \neg((\neg p \vee p) \wedge (\neg p \vee q) \wedge (\neg q \vee p) \wedge (\neg q \vee q))$$
$$\Leftrightarrow \neg(1 \wedge (\neg p \vee q) \wedge (\neg q \vee p) \wedge 1)$$
$$\Leftrightarrow \neg((\neg p \vee q) \wedge (\neg q \vee p))$$
$$\Leftrightarrow \neg((p \to q) \wedge (q \to p))$$
$$\Leftrightarrow \neg(p \leftrightarrow q)$$

请读者填上每步所用的基本等值式。

1.9　(1)

$$\neg((p \wedge q) \to p)$$
$$\Leftrightarrow \neg(\neg(p \wedge q) \vee p) \qquad \text{(蕴涵等值式)}$$
$$\Leftrightarrow p \wedge q \wedge \neg p \qquad \text{(德摩根律)}$$
$$\Leftrightarrow (p \wedge \neg p) \wedge q \qquad \text{(结合律、交换律)}$$
$$\Leftrightarrow 0 \wedge q \qquad \text{(矛盾式)}$$
$$\Leftrightarrow 0 \qquad \text{(零律)}$$

由最后一步可知该公式为矛盾式。

(2)

$$((p \to q) \wedge (q \to p)) \leftrightarrow (p \leftrightarrow q)$$
$$\Leftrightarrow (p \leftrightarrow q) \leftrightarrow (p \leftrightarrow q) \qquad \text{(等价等值式)}$$

由于较高层次等价号两边的公式相同，因而此公式无成假赋值，所以它为重言式。

(3)

$$(\neg p \to q) \to (q \to \neg p)$$
$$\Leftrightarrow (p \vee q) \to (\neg q \vee \neg p) \qquad \text{(蕴涵等值式)}$$
$$\Leftrightarrow \neg(p \vee q) \vee (\neg q \vee \neg p) \qquad \text{(蕴涵等值式)}$$
$$\Leftrightarrow (\neg p \wedge \neg q) \vee \neg q \vee \neg p \qquad \text{(德摩根律)}$$
$$\Leftrightarrow \neg q \vee \neg p \qquad \text{(吸收律)}$$
$$\Leftrightarrow \neg p \vee \neg q \qquad \text{(交换律)}$$

由最后一步容易观察到，11 为该公式成假赋值，因而它不是重言式；又 00、01、10 为成真赋值，因而它不是矛盾式。所以它是非重言式的可满足式。

1.10　先根据成真赋值或成假赋值写出主析取范式或主合取范式，然后用等值演算化成指定联结词集上的公式。有时也可以通过观察给出真值函数的公式表示。

(a) F 只有一个成真赋值 10，它是 $\neg F$ 唯一的成假赋值，因而可以看出

$$F \Leftrightarrow \neg(p \to q)$$

这是{ ¬，→}上的公式。接下来用等值演算

$$\begin{aligned} \neg(p \to q) &\Leftrightarrow \neg(\neg p \vee q) && \text{这是}\{\neg,\vee\}\text{上的公式} \\ &\Leftrightarrow p \wedge \neg q && \text{这是}\{\neg,\wedge\}\text{上的公式} \\ &\Leftrightarrow \neg\neg(p \wedge \neg q) \\ &\Leftrightarrow \neg(p \uparrow \neg q) \\ &\Leftrightarrow \neg(p \uparrow (q \uparrow q)) \\ &\Leftrightarrow (p \uparrow (q \uparrow q)) \uparrow (p \uparrow (q \uparrow q)) && \text{这是}\{\uparrow\}\text{上的公式} \end{aligned}$$

又

$$\begin{aligned} \neg(\neg p \vee q) &\Leftrightarrow \neg p \downarrow q \\ &\Leftrightarrow (p \downarrow p) \downarrow q && \text{这是}\{\downarrow\}\text{上的公式} \end{aligned}$$

(b) 01、11 是 G 的成真赋值，故

$$\begin{aligned} G &\Leftrightarrow m_1 \vee m_3 \\ &\Leftrightarrow (\neg p \wedge q) \vee (p \wedge q) \\ &\Leftrightarrow (\neg p \vee p) \wedge q \\ &\Leftrightarrow q \end{aligned}$$

由于公式不含联结词，所以它是任何联结词集上的合式公式。

(c) 不难看出

$$\begin{aligned} H &\Leftrightarrow \neg q && \text{这是}\{\neg,\to\}\text{、}\{\neg,\vee\}\text{和}\{\neg,\wedge\}\text{上的公式} \\ &\Leftrightarrow q \uparrow q && \text{这是}\{\uparrow\}\text{上的公式} \end{aligned}$$

又

$$\neg q \Leftrightarrow q \downarrow q \qquad \text{这是}\{\downarrow\}\text{上的公式}$$

(d) 11 是 R 唯一的成假赋值，故

$$\begin{aligned} R &\Leftrightarrow M_3 \\ &\Leftrightarrow \neg p \vee \neg q && \text{这是}\{\neg,\vee\}\text{上的公式} \\ &\Leftrightarrow \neg(p \wedge q) && \text{这是}\{\neg,\wedge\}\text{上的公式} \\ &\Leftrightarrow p \uparrow q && \text{这是}\{\uparrow\}\text{上的公式} \end{aligned}$$

$$\neg p \vee \neg q \Leftrightarrow p \to \neg q \qquad \text{这是}\{\neg,\to\}\text{上的公式}$$

$$\begin{aligned} \neg p \vee \neg q &\Leftrightarrow \neg\neg(\neg p \vee \neg q) \\ &\Leftrightarrow \neg(\neg p \downarrow \neg q) \\ &\Leftrightarrow \neg((p \downarrow p) \downarrow (q \downarrow q)) \\ &\Leftrightarrow ((p \downarrow p) \downarrow (q \downarrow q)) \downarrow ((p \downarrow p) \downarrow (q \downarrow q)) && \text{这是}\{\downarrow\}\text{上的公式} \end{aligned}$$

分析　1°　在求{↑}和{↓}上的公式时，常使用下述公式

$$\begin{aligned} \neg A &\Leftrightarrow A \uparrow A \\ &\Leftrightarrow A \downarrow A \end{aligned}$$

2°　真值函数在给定联结词集上的公式表示不是唯一的。

1.11　(1) 对 C 是否为矛盾式进行讨论。

当C为矛盾式时,若$A\vee C\Leftrightarrow B\vee C$,则一定有$A\Leftrightarrow B$。这是因为,此时,$A\vee C\Leftrightarrow A$,$B\vee C\Leftrightarrow B$,所以

$$A\Leftrightarrow A\vee C\Leftrightarrow B\vee C\Leftrightarrow B$$

而当C不是矛盾式时,$A\vee C\Leftrightarrow B\vee C$,不一定有$A\Leftrightarrow B$。举反例如下:

设A、B、C均为含命题变项p、q的公式。A、B、C及$A\vee C$、$B\vee C$的真值表如表1-6所示。从表1-6可看出,$A\vee C\Leftrightarrow B\vee C$,但$A\not\Leftrightarrow B$。

(2) 对C是否为重言式进行讨论。

若C为重言式,则$A\wedge C\Leftrightarrow A$,$B\wedge C\Leftrightarrow B$。于是,若$A\wedge C\Leftrightarrow B\wedge C$,则

$$A\Leftrightarrow A\wedge C\Leftrightarrow B\wedge C\Leftrightarrow B$$

当C不是重言式时,$A\wedge C\Leftrightarrow B\wedge C$不一定能推出$A\Leftrightarrow B$,请读者举出反例。

表 1-6

p	q	A	B	C	$A\vee C$	$B\vee C$
0	0	0	0	0	0	0
0	1	1	1	0	1	1
1	0	1	0	1	1	1
1	1	0	1	1	1	1

(3) 若$\neg A\Leftrightarrow\neg B$,则$A\Leftrightarrow B$。证明如下:

$$\begin{aligned} A &\Leftrightarrow \neg\neg A && \text{(双重否定律)}\\ &\Leftrightarrow \neg\neg B && (\neg A\Leftrightarrow\neg B)\\ &\Leftrightarrow B && \text{(双重否定律)} \end{aligned}$$

1.12 (1) $(p\vee(q\wedge r))\rightarrow(p\wedge q\wedge r)$

$\Leftrightarrow\neg(p\vee(q\wedge r))\vee(p\wedge q\wedge r)$

$\Leftrightarrow\neg p\wedge(\neg q\vee\neg r)\vee(p\wedge q\wedge r)$

$\Leftrightarrow(\neg p\wedge\neg q)\vee(\neg p\wedge\neg r)\vee(p\wedge q\wedge r)$

$\Leftrightarrow(\neg p\wedge\neg q\wedge(\neg r\vee r))\vee(\neg p\wedge(\neg q\vee q)\wedge\neg r)\vee(p\wedge q\wedge r)$

$\Leftrightarrow(\neg p\wedge\neg q\wedge\neg r)\vee(\neg p\wedge\neg q\wedge r)\vee(\neg p\wedge\neg q\wedge\neg r)\vee(\neg p\wedge q\wedge\neg r)\vee(p\wedge q\wedge r)$

$\Leftrightarrow(\neg p\wedge\neg q\wedge\neg r)\vee(\neg p\wedge\neg q\wedge r)\vee(\neg p\wedge q\wedge\neg r)\vee(p\wedge q\wedge r)$

$\Leftrightarrow m_0\vee m_1\vee m_2\vee m_7$

这是公式的主析取范式,主合取范式为$M_3\wedge M_4\wedge M_5\wedge M_6$,成真赋值为000、001、010、111,成假赋值为011、100、101、110。

(2) $(\neg p\rightarrow q)\rightarrow(\neg q\vee p)$

$\Leftrightarrow(p\vee q)\rightarrow(\neg q\vee p)$

$\Leftrightarrow\neg(p\vee q)\vee(\neg q\vee p)$

$\Leftrightarrow(\neg p\wedge\neg q)\vee\neg q\vee p$

$\Leftrightarrow(\neg p\wedge\neg q)\vee((\neg p\vee p)\wedge\neg q)\vee(p\wedge(\neg q\vee q))$

$\Leftrightarrow(\neg p\wedge\neg q)\vee(\neg p\wedge\neg q)\vee(p\wedge\neg q)\vee(p\wedge\neg q)\vee(p\wedge q)$

$\Leftrightarrow m_0\vee m_2\vee m_3$

这是公式的主析取范式，主合取范式为 M_1，成真赋值为 00，10，11，成假赋值为 01。

(3)　$\neg(p \to q) \wedge q \wedge r$

$\Leftrightarrow \neg(\neg p \vee q) \wedge q \wedge r$

$\Leftrightarrow (p \wedge \neg q) \wedge q \wedge r$

$\Leftrightarrow p \wedge (\neg q \wedge q) \wedge r$

$\Leftrightarrow p \wedge 0 \wedge r$

$\Leftrightarrow 0$

这是公式的主析取范式，主合取范式为 $M_0 \wedge M_1 \wedge M_2 \wedge M_3 \wedge M_4 \wedge M_5 \wedge M_6 \wedge M_7$，成假赋值为 000，001，010，011，100，101，110，111，无成真赋值，公式为矛盾式。

分析　1°　设公式中含 $n(n \geqslant 1)$ 个命题变项，它的主析取范式中含 $l(0 \leqslant l \leqslant 2^n)$ 个极小项，则主合取范式中含 $2^n - l$ 个极大项，极大项的角标为 $0 \sim 2^n - 1$ 中未在主析取范式的极小项角标中出现过的十进制数。只要知道公式的主析取范式，就立即可以知道它的主合取范式。反之亦然。

在(1)中，$n=3$，主析取范式中含 4 个极小项，所以主合取范式中必含 $2^3 - 4 = 4$ 个极大项。主析取范式的极小项的角标为 0、1、2、7，主合取范式的极大项角标为 3、4、5、6。

2°　公式的主析取范式中极小项角标的二进制表示为公式的成真赋值，主合取范式中所含极大项角标的二进制表示为成假赋值。在(1)中，主析取范式中的极小项角标为 0、1、2、7，它们的二进制表示分别为 000、001、010、111，这就是它的成真赋值。主合取范式的极大项角标为 3、4、5、6，成假赋值为 011、100、101、110。

1.13　(1) 首先求 $p \to (q \to r)$ 的主析取范式。

$$
\begin{aligned}
& p \to (q \to r) \\
\Leftrightarrow\ & \neg p \vee (\neg q \vee r) \\
\Leftrightarrow\ & \neg p \vee \neg q \vee r
\end{aligned}
$$

由于演算过程较长，可以分别先求出由 $\neg p$、$\neg q$、r 派生的极小项。注意，本公式中含 3 个命题变项，所以，极小项长度为 3。

$$
\begin{aligned}
\neg p \Leftrightarrow\ & \neg p \wedge (\neg q \vee q) \wedge (\neg r \vee r) \\
\Leftrightarrow\ & (\neg p \wedge \neg q \wedge \neg r) \vee (\neg p \wedge \neg q \wedge r) \\
& \vee (\neg p \wedge q \wedge \neg r) \vee (\neg p \wedge q \wedge r) \\
\Leftrightarrow\ & m_0 \vee m_1 \vee m_2 \vee m_3 \\
\neg q \Leftrightarrow\ & (\neg p \vee p) \wedge \neg q \wedge (\neg r \vee r) \\
\Leftrightarrow\ & (\neg p \wedge \neg q \wedge \neg r) \vee (\neg p \wedge \neg q \wedge r) \\
& \vee (p \wedge \neg q \wedge \neg r) \vee (p \wedge \neg q \wedge r) \\
\Leftrightarrow\ & m_0 \vee m_1 \vee m_4 \vee m_5 \\
r \Leftrightarrow\ & (\neg p \vee p) \wedge (\neg q \vee q) \wedge r \\
\Leftrightarrow\ & (\neg p \wedge \neg q \wedge r) \vee (\neg p \wedge q \wedge r) \\
& \vee (p \wedge \neg q \wedge r) \vee (p \wedge q \wedge r) \\
\Leftrightarrow\ & m_1 \vee m_3 \vee m_5 \vee m_7
\end{aligned}
$$

利用幂等律可知

$$p\to(q\to r)\Leftrightarrow m_0\vee m_1\vee m_2\vee m_3\vee m_4\vee m_5\vee m_7$$

类似地，可求出 $q\to(p\to r)$ 的主析取范式也为上式，由于两个公式的主析取范式相同，因此，

$$(p\to(q\to r))\Leftrightarrow(q\to(p\to r))$$

（2）

$$\begin{aligned}&p\uparrow q\\ \Leftrightarrow&\neg(p\wedge q)\\ \Leftrightarrow&\neg p\vee\neg q\\ \Leftrightarrow&(\neg p\wedge(\neg q\vee q))\vee((\neg p\vee p)\wedge\neg q)\\ \Leftrightarrow&(\neg p\wedge\neg q)\vee(\neg p\wedge q)\vee(\neg p\wedge\neg q)\vee(p\wedge\neg q)\\ \Leftrightarrow&(\neg p\wedge\neg q)\vee(\neg p\wedge q)\vee(p\wedge\neg q)\\ \Leftrightarrow&m_0\vee m_1\vee m_2\end{aligned}$$

$$\begin{aligned}&p\downarrow q\\ \Leftrightarrow&\neg(p\vee q)\\ \Leftrightarrow&\neg p\wedge\neg q\\ \Leftrightarrow&m_0\end{aligned}$$

由于 $p\uparrow q$ 与 $p\downarrow q$ 的主析取范式不同，因而它们不等值，即 $p\uparrow q\not\Leftrightarrow p\downarrow q$。

1.14 设

p：输入 A；
q：输入 B；
r：输入 C。

由题给的条件，容易写出 F_A、F_B、F_C 的真值表，如表 1-7 所示。由真值表分别写出它们的主析取范式，而后将它们都化成与之等值的 $\{\downarrow\}$ 中的公式即可。

表 1-7

p	q	r	F_A	F_B	F_C
0	0	0	0	0	0
0	0	1	0	0	1
0	1	0	0	1	0
0	1	1	0	1	0
1	0	0	1	0	0
1	0	1	1	0	0
1	1	0	1	0	0
1	1	1	1	0	0

$$\begin{aligned}F_A&\Leftrightarrow(p\wedge\neg q\wedge\neg r)\vee(p\wedge\neg q\wedge r)\vee(p\wedge q\wedge\neg r)\vee(p\wedge q\wedge r)\\&\Leftrightarrow(p\wedge\neg q)\wedge(\neg r\vee r)\vee(p\wedge q)\wedge(\neg r\vee r)\\&\Leftrightarrow(p\wedge\neg q)\vee(p\wedge q)\\&\Leftrightarrow p\wedge(\neg q\vee q)\\&\Leftrightarrow p\end{aligned}$$

$$
\begin{aligned}
F_B &\Leftrightarrow (\neg p \wedge q \wedge \neg r) \vee (\neg p \wedge q \wedge r)\\
&\Leftrightarrow (\neg p \wedge q) \wedge (\neg r \vee r)\\
&\Leftrightarrow (\neg p \wedge q)\\
&\Leftrightarrow \neg\neg(\neg p \wedge q)\\
&\Leftrightarrow \neg(p \vee \neg q)\\
&\Leftrightarrow p \downarrow \neg q\\
&\Leftrightarrow p \downarrow (q \downarrow q)\\
F_C &\Leftrightarrow (\neg p \wedge \neg q \wedge r)\\
&\Leftrightarrow \neg(p \vee q) \wedge r\\
&\Leftrightarrow (p \downarrow q) \wedge r\\
&\Leftrightarrow \neg\neg((p \downarrow q) \wedge r)\\
&\Leftrightarrow \neg(\neg(p \downarrow q) \vee \neg r)\\
&\Leftrightarrow \neg(p \downarrow q) \downarrow \neg r\\
&\Leftrightarrow ((p \downarrow q) \downarrow (p \downarrow q)) \downarrow (r \downarrow r)
\end{aligned}
$$

分析　在将公式化成$\{\uparrow\}$或$\{\downarrow\}$中公式时，应分以下几步。

(1) 先将公式化成全功能集$\{\neg, \wedge, \vee\}$中的公式。

(2) 使用

$$\neg A \Leftrightarrow \neg(A \wedge A) \Leftrightarrow A \uparrow A$$

或

$$\neg A \Leftrightarrow \neg(A \vee A) \Leftrightarrow A \downarrow A$$

使用双重否定律

$$
\begin{aligned}
A \wedge B &\Leftrightarrow \neg\neg(A \wedge B) \Leftrightarrow \neg(A \uparrow B)\\
&\Leftrightarrow (A \uparrow B) \uparrow (A \uparrow B)
\end{aligned}
$$

或

$$
\begin{aligned}
A \vee B &\Leftrightarrow \neg\neg(A \vee B) \Leftrightarrow \neg(A \downarrow B)\\
&\Leftrightarrow (A \downarrow B) \downarrow (A \downarrow B)
\end{aligned}
$$

使用德摩根律

$$
\begin{aligned}
A \wedge B &\Leftrightarrow \neg\neg(A \wedge B) \Leftrightarrow \neg(\neg A \vee \neg B)\\
&\Leftrightarrow \neg A \downarrow \neg B \Leftrightarrow (A \downarrow A) \downarrow (B \downarrow B)
\end{aligned}
$$

或

$$
\begin{aligned}
A \vee B &\Leftrightarrow \neg\neg(A \vee B) \Leftrightarrow \neg(\neg A \wedge \neg B)\\
&\Leftrightarrow \neg A \uparrow \neg B \Leftrightarrow (A \uparrow A) \uparrow (B \uparrow B)
\end{aligned}
$$

1.15　设

p：矿样为铁；

q：矿样为铜；

r：矿样为锡。

$F_1 \Leftrightarrow$(甲全对)$\wedge$(乙对一半)$\wedge$(丙全错)

$\Leftrightarrow(\neg p \wedge \neg q) \wedge ((\neg p \wedge \neg r) \vee (p \wedge r)) \wedge (\neg p \wedge r)$

$\Leftrightarrow(\neg p \wedge \neg q \wedge \neg p \wedge \neg r \wedge \neg p \wedge r)$

$\quad \vee (\neg p \wedge \neg q \wedge p \wedge r \wedge \neg p \wedge r)$

$\Leftrightarrow 0 \vee 0$

$\Leftrightarrow 0$

$F_2 \Leftrightarrow$(甲全对)$\wedge$(乙全错)$\wedge$(丙对一半)

$\Leftrightarrow(\neg p \wedge \neg q) \wedge (p \wedge \neg r) \wedge ((p \wedge r) \vee (\neg p \wedge \neg r))$

$\Leftrightarrow(\neg p \wedge \neg q \wedge p \wedge \neg r \wedge p \wedge r) \vee (\neg p \wedge \neg q \wedge p \wedge \neg r \wedge \neg p \wedge \neg r)$

$\Leftrightarrow 0 \vee 0$

$\Leftrightarrow 0$

$F_3 \Leftrightarrow$(甲对一半)$\wedge$(乙全对)$\wedge$(丙全错)

$\Leftrightarrow((\neg p \wedge q) \vee (p \wedge \neg q)) \wedge (\neg p \wedge r) \wedge (\neg p \wedge r)$

$\Leftrightarrow(\neg p \wedge q \wedge \neg p \wedge r) \vee (p \wedge \neg q \wedge \neg p \wedge r)$

$\Leftrightarrow(\neg p \wedge q \wedge r) \vee 0$

$\Leftrightarrow \neg p \wedge q \wedge r$

$F_4 \Leftrightarrow$(甲对一半)$\wedge$(乙全错)$\wedge$(丙全对)

$\Leftrightarrow((\neg p \wedge q) \vee (p \wedge \neg q)) \wedge (p \wedge \neg r) \wedge (p \wedge \neg r)$

$\Leftrightarrow(\neg p \wedge q \wedge p \wedge \neg r) \vee (p \wedge \neg q \wedge p \wedge \neg r)$

$\Leftrightarrow 0 \vee (p \wedge \neg q \wedge \neg r)$

$\Leftrightarrow p \wedge \neg q \wedge \neg r$

$F_5 \Leftrightarrow$(甲全错)$\wedge$(乙对一半)$\wedge$(丙全对)

$\Leftrightarrow(p \wedge q) \wedge ((\neg p \wedge \neg r) \vee (p \wedge r)) \wedge (p \wedge \neg r)$

$\Leftrightarrow(p \wedge q \wedge \neg p \wedge \neg r \wedge p \wedge \neg r)$

$\quad \vee (p \wedge q \wedge p \wedge r \wedge p \wedge \neg r)$

$\Leftrightarrow 0 \vee 0$

$\Leftrightarrow 0$

$F_6 \Leftrightarrow$(甲全错)$\wedge$(乙全对)$\wedge$(丙对一半)

$\Leftrightarrow(p \wedge q) \wedge (\neg p \wedge r) \wedge ((p \wedge r) \vee (\neg p \wedge \neg r))$

$\Leftrightarrow(p \wedge q \wedge \neg p \wedge r \wedge p \wedge r)$

$\quad \vee (p \wedge q \wedge \neg p \wedge r \wedge \neg p \wedge \neg r)$

$\Leftrightarrow 0 \vee 0$

$\Leftrightarrow 0$

$F \Leftrightarrow$(一人全对)$\wedge$(一人对一半)$\wedge$(一人全错)

$\Leftrightarrow F_1 \vee F_2 \vee F_3 \vee F_4 \vee F_5 \vee F_6$

$\Leftrightarrow(\neg p \wedge q \wedge r) \vee (p \wedge \neg q \wedge \neg r)$

由于 $F \Leftrightarrow 1$，又注意到矿样不可能既是铜又是锡，即 q、r 中必有假命题，所以 $\neg p \wedge q \wedge r \Leftrightarrow 0$，因而必有

$$p \wedge \neg q \wedge \neg r \Leftrightarrow 1$$

得证，p 为真，q 与 r 为假，即矿样为铁。从而，丙的判断全对，甲的判断对一半，而乙的判断全错。

1.16　设 x、y、z 表示 3 个开关，$F=1$ 表示灯亮，$F=0$ 表示灯黑。不妨设当 $x=y=z=1$ 时灯亮。F 与 x、y、z 的关系如表 1-8 所示。于是，

$$F=(\neg x \wedge \neg y \wedge z) \vee (\neg x \wedge y \wedge \neg z) \vee (x \wedge \neg y \wedge \neg z) \vee (x \wedge y \wedge z)$$

组合电路如图 1-1 所示。

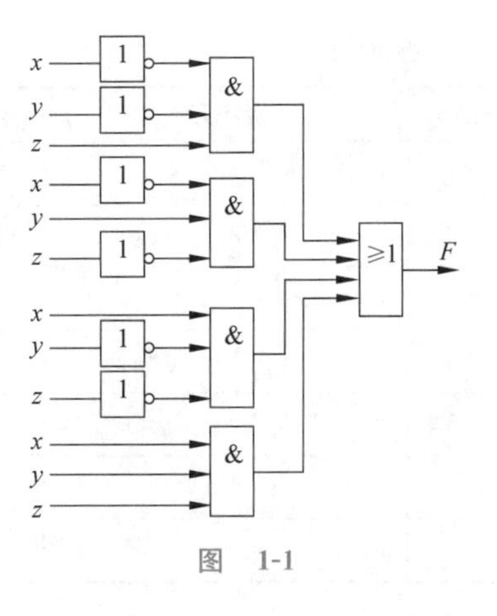

图　1-1

表　1-8

x	y	z	F	x	y	z	F
0	0	0	0	1	0	0	1
0	0	1	1	1	0	1	0
0	1	0	1	1	1	0	0
0	1	1	0	1	1	1	1

1.17　(1) 根据表 1-2，F 的主析取范式中有 5 个极小项，如表 1-9 中所示。用奎因-莫可拉斯基方法化简的过程列于表 1-9 中。从不带 * 的供选项中，不难看出(1,3)，(1,4)，(2,5)和(1,4)，(2,3)，(2,5)都可以覆盖这 5 个极小项，它们的运算符个数相同，故 F 的最简展开式为

$$(\neg x \wedge y) \vee (\neg x \wedge z) \vee (x \wedge \neg y) \text{和} (\neg x \wedge y) \vee (x \wedge \neg y) \vee (\neg y \wedge z)$$

表　1-9

编号	极小项	角码	标记	合并项	项	表示串
1	$\neg x \wedge y \wedge z$	011	*	(1,3)	$\neg x \wedge z$	0-1
2	$x \wedge \neg y \wedge z$	101	*	(1,4)	$\neg x \wedge y$	01-
3	$\neg x \wedge \neg y \wedge z$	001	*	(2,3)	$\neg y \wedge z$	-01
4	$\neg x \wedge y \wedge \neg z$	010	*	(2,5)	$x \wedge \neg y$	10-
5	$x \wedge \neg y \wedge \neg z$	100	*			

(2) F 有 6 个极小项，列于表 1-10 中。用奎因-莫可拉斯基方法化简的过程如表 1-10 所示。(1,3)，(2,4,5,6)可以覆盖这 6 个极小项，故 F 的最简展开式为

$$(x_1 \wedge \neg x_2 \wedge x_3) \vee (\neg x_3 \wedge \neg x_4)$$

分析　用奎因-莫可拉斯基方法合并极小项时，只需考虑角码中 1 的个数相差 1 的项。如表 1-10 中第 1 项的角码中有 3 个 1，第 2、3 项中有 2 个 1，第 4、5 项中有 1 个 1，第 6 项中没有 1。因此，只需考虑第 1 项与第 2、3 项，第 2、3 项与第 4、5 项，第 4、5 项与第 6 项是否可以合并。接下来的合并与此类似，只需考虑(1,3)与(2,4)、(2,5)、(3,4)，以及(2,4)、(2,5)、(3,4)与(4,6)、(5,6)是否能合并。

表　1-10

编号	极小项	角码	标记	合并项	项	表示串	标记
1	$x_1\wedge\neg x_2\wedge x_3\wedge x_4$	1011	*	(1,3)	$x_1\wedge\neg x_2\wedge x_3$	101-	
2	$x_1\wedge x_2\wedge\neg x_3\wedge\neg x_4$	1100	*	(2,4)	$x_1\wedge\neg x_3\wedge\neg x_4$	1-00	*
3	$x_1\wedge\neg x_2\wedge x_3\wedge\neg x_4$	1010	*	(2,5)	$x_2\wedge\neg x_3\wedge\neg x_4$	-100	*
4	$x_1\wedge\neg x_2\wedge\neg x_3\wedge\neg x_4$	1000	*	(3,4)	$x_1\wedge\neg x_2\wedge\neg x_4$	10-0	
5	$\neg x_1\wedge x_2\wedge\neg x_3\wedge\neg x_4$	0100	*	(4,6)	$\neg x_2\wedge\neg x_3\wedge\neg x_4$	-000	*
6	$\neg x_1\wedge\neg x_2\wedge\neg x_3\wedge\neg x_4$	0000	*	(5,6)	$\neg x_1\wedge\neg x_3\wedge\neg x_4$	0-00	*
				(2,4,5,6)	$\neg x_3\wedge\neg x_4$	--00	

1.18　令 p：今天是 1 号；

q：明天是 5 号。

由于本题给出的推理都比较简单,因而可以直接判断推理的形式结构是否为重言式。

(1) 推理的形式结构为

$$(p\rightarrow q)\wedge p\rightarrow q$$

由假言推理定律

$$(p\rightarrow q)\wedge p\Rightarrow q$$

推理正确。

(2) 推理的形式结构为

$$(p\rightarrow q)\wedge q\rightarrow p$$

01 是该公式的成假赋值,所以推理的形式结构不是重言式,故推理不正确。

(3) 推理的形式结构为

$$(p\rightarrow q)\wedge\neg q\rightarrow\neg p$$

由拒取式推理定律

$$(p\rightarrow q)\wedge\neg q\Rightarrow\neg p$$

推理正确。

(4) 推理的形式结构为

$$(p\rightarrow q)\wedge\neg p\rightarrow\neg q$$

01 是该公式的成假赋值,所以推理不正确。

分析　对于比较简单的推理的形式结构,可以直接判断推理的形式结构是否为重言式。进而证明它是重言式,从而推理正确;或者发现一个成假赋值,说明推理不正确。

1.19　(1)

证明　① $\neg q\vee r$　　前提引入

② $\neg r$　　前提引入

③ $\neg q$　　①②析取三段论

④ $\neg(p\wedge\neg q)$　　前提引入

⑤ $\neg p\vee q$　　④置换

⑥ $\neg p$　　③⑤析取三段论

(2)

证明
① $p \to (q \to s)$　　前提引入
② $q \to (p \to s)$　　①置换
③ q　　前提引入
④ $p \to s$　　②③假言推理
⑤ $p \vee \neg r$　　前提引入
⑥ $r \to p$　　⑤置换
⑦ $r \to s$　　④⑥假言三段论

(3) 用附加前提证明法

证明
① p　　附加前提引入
② $p \to q$　　前提引入
③ q　　①②假言推理
④ $p \wedge q$　　①③合取

或者不用附加前提证明法

证明
① $p \to q$　　前提引入
② $\neg p \vee q$　　①置换
③ $(\neg p \vee p) \wedge (\neg p \vee q)$　　②置换
④ $\neg p \vee (p \wedge q)$　　③置换
⑤ $p \to (p \wedge q)$　　④置换

(4)

证明
① $s \leftrightarrow t$　　前提引入
② $(s \to t) \wedge (t \to s)$　　①置换
③ $t \to s$　　②化简
④ $t \wedge r$　　前提引入
⑤ t　　④化简
⑥ s　　③⑤假言推理
⑦ $q \leftrightarrow s$　　前提引入
⑧ $(q \to s) \wedge (s \to q)$　　⑦置换
⑨ $s \to q$　　⑧化简
⑩ q　　⑥⑨假言推理
⑪ $q \to p$　　前提引入
⑫ p　　⑩⑪假言推理
⑬ r　　④化简
⑭ $p \wedge q \wedge s \wedge r$　　⑥⑩⑫⑬合取

(5) 用归谬法。

证明
① q　　结论的否定引入
② $\neg r \vee s$　　前提引入

③ $\neg s$　　　　前提引入

④ $\neg r$　　　　②③析取三段论

⑤ $(p \wedge q) \rightarrow r$　　　　前提引入

⑥ $\neg(p \wedge q)$　　　　④⑤拒取式

⑦ $\neg p \vee \neg q$　　　　⑥置换

⑧ p　　　　前提引入

⑨ $\neg q$　　　　⑦⑧析取三段论

⑩ $q \wedge \neg q$　　　　①⑨合取

⑪ 0　　　　⑩置换

1.20　设p：他是理科学生；

q：他是文科学生；

r：他学好数学。

前提 $p \rightarrow r, \neg q \rightarrow p, \neg r$。

结论 q。

证明　① $p \rightarrow r$　　　　前提引入

② $\neg r$　　　　前提引入

③ $\neg p$　　　　①②拒取式

④ $\neg q \rightarrow p$　　　　前提引入

⑤ $\neg\neg q$　　　　③④拒取式

⑥ q　　　　⑤置换

得证推理正确。

1.21　**答案**　A：④；　B：③；　C：③。

分析　本题可用多种方法求解。根据要回答的问题，最好是用真值表法或主析取范式法。这里采用主析取范式法，即

$$\begin{aligned} p \vee (q \wedge \neg r) &\Leftrightarrow (p \wedge \neg q \wedge \neg r) \vee (p \wedge \neg q \wedge r) \vee (p \wedge q \wedge \neg r) \vee \\ &\quad (p \wedge q \wedge r) \vee (p \wedge q \wedge \neg r) \vee (\neg p \wedge q \wedge \neg r) \\ &\Leftrightarrow m_2 \vee m_4 \vee m_5 \vee m_6 \vee m_7 \end{aligned}$$

所以，成真赋值为010、100、101、110、111，成假赋值为000、001、011，公式是非重言式的可满足式。

1.22　**答案**　A：③；　B：④；　C：②。

分析　用主析取范式求解，即

$$\begin{aligned} &\neg(p \wedge q) \rightarrow r \\ \Leftrightarrow &(p \wedge q) \vee r \\ \Leftrightarrow &(p \wedge q) \wedge (r \vee \neg r) \vee (p \vee \neg p) \wedge (q \vee \neg q) \wedge r \\ \Leftrightarrow &m_1 \vee m_3 \vee m_5 \vee m_6 \vee m_7 \end{aligned}$$

从上式可知，$\neg(p \wedge q) \rightarrow r$ 的主析取范式中含5个极小项，成真赋值为001、011、101、110、111。主合取范式中有 $2^3-5=3$ 个极大项。

本题也可以用主合取范式和真值表法求解。

1.23　答案　A：③；　B：⑤；　C：⑥。

分析　可用构造证明法解此题。

(1) ① $\neg q \vee r$　　前提引入

② $\neg r$　　前提引入

③ $\neg q$　　①②析取三段论

④ $\neg(p \wedge \neg q)$　　前提引入

⑤ $\neg p \vee q$　　④置换

⑥ $\neg p$　　③⑤析取三段论

至此可知 $\neg p$ 是(1)的逻辑结论。

(2) ① $\neg r \vee s$　　前提引入

② $\neg s$　　前提引入

③ $\neg r$　　①②析取三段论

④ $(p \wedge q) \rightarrow r$　　前提引入

⑤ $\neg(p \wedge q)$　　③④拒取式

⑥ $\neg p \vee \neg q$　　⑤置换

至此可知 $\neg p \vee \neg q$ 是(2)的逻辑结论。

(3) ① $\neg p \vee q$　　前提引入

② $p \rightarrow q$　　①置换

③ $\neg q \vee r$　　前提引入

④ $q \rightarrow r$　　③置换

⑤ $p \rightarrow r$　　②④假言三段论

⑥ $r \rightarrow s$　　前提引入

⑦ $p \rightarrow s$　　⑤⑥假言三段论

至此可知 $p \rightarrow s$ 是(3)的逻辑结论。

第2章 一阶逻辑

内容提要

1. 一阶逻辑基本概念

个体词、谓词与量词　在一阶逻辑中，简单命题被分解成主语和谓语两部分。表示主语的词(一般由名词或代词充当)称为个体词。具体或特定的个体词称为个体常项，抽象的或泛指的个体词称为个体变项，个体变项的取值范围称为个体域。由宇宙间一切事物组成的个体域称为全总个体域。表示谓语的用来刻画个体词性质或个体词之间关系的词称为谓词。谓词分为谓词常项和谓词变项。一般地，用 $P(x_1,x_2,\cdots,x_n)$ 表示含 $n(n\geqslant 1)$ 个个体变项的 n 元谓词，它是以个体变项的个体域为定义域，以 $\{0,1\}$ 为值域的 n 元函数。$n=1$ 时，$P(x)$ 表示 x 具有性质 P；$n\geqslant 2$ 时，$P(x_1,x_2,\cdots,x_n)$ 表示 $x_1,x_2,\cdots,x_n$ 之间有关系 P。为了讨论个体域中具有共同性质的个体的其他性质，首先要引进表示其共同性质的谓词，称这样的谓词为特性谓词。

表示数量的词称为量词。表示“存在”的量词称为存在量词，用 $\exists$ 表示。表示“所有”的量词称为全称量词，用 $\forall$ 表示。

2. 一阶逻辑合式公式及其解释

字母表

(1) 个体常项：$a,b,c,\cdots,a_i,b_i,c_i,\cdots,i\geqslant 1$；

(2) 个体变项：$x,y,z,\cdots,x_i,y_i,z_i,\cdots,i\geqslant 1$；

(3) 函数符号：$f,g,h,\cdots,f_i,g_i,h_i,\cdots,i\geqslant 1$；

(4) 谓词符号：$F,G,H,\cdots,F_i,G_i,H_i,\cdots,i\geqslant 1$；

(5) 量词符号：$\exists,\forall$；

(6) 联结词：$\neg,\wedge,\vee,\rightarrow,\leftrightarrow$；

(7) 圆括号与逗号：(,),,。

项

(1) 个体常项和个体变项是项；

(2) 若 $\varphi(x_1,x_2,\cdots,x_n)$ 为任意的 n 元函数，$t_1,t_2,\cdots,t_n$ 是项，则 $\varphi(t_1,t_2,\cdots,t_n)$ 是项；

(3) 只有有限次地应用(1)、(2)生成的符号串才是项。

原子公式　设 $P(x_1,x_2,\cdots,x_n)$ 是任意的 $n(n\geqslant 1)$ 元谓词，$t_1,t_2,\cdots,t_n$ 是项，则称 $P(t_1,t_2,\cdots,t_n)$ 为原子公式。

合式公式

(1) 原子公式是合式公式；

(2) 若 A 为合式公式，则$(\neg A)$也是合式公式；

(3) 若 A、B 是合式公式，则$(A\land B)$、$(A\lor B)$、$(A\rightarrow B)$、$(A\leftrightarrow B)$也是合式公式；

(4) 若 A 是合式公式，则 $\forall xA$、$\exists xA$ 也是合式公式；

(5) 只有有限次地应用(1)～(4)生成的符号串才是合式公式，简称公式。

指导变元、辖域　在公式 $\forall xA$ 和 $\exists xA$ 中，称 x 为指导变元，称 A 为相应量词的辖域。当 x 为指导变元时，A 中 x 的所有出现都称为是约束出现，A 中不是约束出现的个体变项称为自由出现。若在 $\forall xA$ 和 $\exists xA$ 中，无自由出现的个体变项，则称它们为闭式。

解释　一个解释由 4 部分组成：

(1) 非空个体域 D；

(2) 给论及的每个个体常项符号指定一个 D 中的元素；

(3) 给论及的每个函数变项符号指定一个 D 上的函数；

(4) 给论及的每个谓词变项符号指定一个 D 上的谓词。

赋值　在给定的解释下，对公式中每个自由出现的个体变项指定个体域中的一个元素。

在给定的解释 I 和赋值 σ 下，采用指定的个体域 D，并将公式 A 中的所有个体常项符号、函数变项符号及谓词变项符号分别替换成 I 中指定的元素、函数及谓词，将 A 中所有自由出现的个体变项符号替换成 σ 指定的元素。

公式的分类　若 A 在任何解释和该解释下的任何赋值下均为真，则称 A 为逻辑有效式或永真式；若 A 在任何解释和该解释下的任何赋值下均为假，则称 A 为矛盾式或永假式；若 A 至少存在一个成真的解释和该解释下的一个赋值，则称 A 为可满足式。

代换实例　设 A_0 是含 n 个命题变项 $p_1,p_2,\cdots,p_n$ 的公式，用一阶逻辑公式 $A_i(1\leqslant i\leqslant n)$处处取代 A_0 中的 p_i，所得公式 A 称为 A_0 的代换实例。

主要定理

定理 2.1　命题逻辑中重言式的代换实例都是逻辑有效式，命题逻辑中矛盾式的代换实例都是矛盾式。

3. 一阶逻辑等值式与前束范式

等值式　设 A、B 为一阶逻辑公式，若 $A\leftrightarrow B$ 为逻辑有效式，则称 A 与 B 等值，记作 $A\Leftrightarrow B$。

前束范式　若一阶逻辑公式 A 具有如下形式：

$$Q_1x_1Q_2x_2\cdots Q_kx_kB$$

则称 A 为前束范式，其中 $Q_i(1\leqslant i\leqslant k)$为 $\forall$ 或 $\exists$，且 B 中不含量词。

主要定理

定理 2.2　任何一阶逻辑公式都存在与之等值的前束范式(但形式不唯一)。

换名规则　将一个指导变项及其在辖域中所有约束出现替换成公式中没有出现的个体

变项符号。

通过使用换名规则得到的公式与原公式等值。

量词否定等值式

(1) $\neg \forall x A(x) \Leftrightarrow \exists x \neg A(x)$;

(2) $\neg \exists x A(x) \Leftrightarrow \forall x \neg A(x)$。

量词辖域收缩与扩张等值式

设公式 B 中不含 x 的自由出现。

(1) $\forall x(A(x) \vee B) \Leftrightarrow \forall x A(x) \vee B$;

(2) $\forall x(A(x) \wedge B) \Leftrightarrow \forall x A(x) \wedge B$;

(3) $\forall x(A(x) \to B) \Leftrightarrow \exists x A(x) \to B$;

(4) $\forall x(B \to A(x)) \Leftrightarrow B \to \forall x A(x)$;

(5) $\exists x(A(x) \vee B) \Leftrightarrow \exists x A(x) \vee B$;

(6) $\exists x(A(x) \wedge B) \Leftrightarrow \exists x A(x) \wedge B$;

(7) $\exists x(A(x) \to B) \Leftrightarrow \forall x A(x) \to B$;

(8) $\exists x(B \to A(x)) \Leftrightarrow B \to \exists x A(x)$。

量词分配等值式

(1) $\forall x(A(x) \wedge B(x)) \Leftrightarrow \forall x A(x) \wedge \forall x B(x)$;

(2) $\exists x(A(x) \vee B(x)) \Leftrightarrow \exists x A(x) \vee \exists x B(x)$。

消去量词

设个体域为有穷集合 $D=\{a_1, a_2, \cdots, a_n\}$,则

(1) $\forall x A(x)$可写成 $A(a_1) \wedge A(a_2) \wedge \cdots \wedge A(a_n)$;

(2) $\exists x A(x)$可写成 $A(a_1) \vee A(a_2) \vee \cdots \vee A(a_n)$。

4. 小结

学习第 2 章(一阶逻辑)要注意以下几点。

(1) 同一个命题在不同个体域内可能有不同的符号化形式,也可能有不同的真值,因而在将一个命题符号化之前,必须弄清个体域。若没有指定个体域,应采用全总个体域。

(2) 在一阶逻辑命题符号化时,经常使用下面两种形式的公式:

$$\forall x(F(x) \to G(x))$$

$$\exists x(F(x) \wedge G(x))$$

其中,$F(x)$、$G(x)$为任意两个 1 元谓词,$F(x)$是特性谓词。

第一个公式的含义是"对于任意的个体 x,如果 x 具有性质 F,则 x 也有性质 G"。第二个公式的含义是"存在个体 x,具有性质 F 和性质 G。" 或者"存在具有性质 F 的个体 x 具有性质 G。"

注意不要把它们与下述两个公式混淆:

$$\forall x(F(x) \wedge G(x))$$

$$\exists x(F(x) \to G(x))$$

这两个公式的含义分别是"所有的个体 x,都有性质 F 并且有性质 G。"和"存在个体 x,若 x

有性质 F，则 x 有性质 G。”

(3) 一阶逻辑公式共分 3 种类型：逻辑有效式(永真式)、矛盾式(永假式)和可满足式。公式在任何解释和赋值下都是命题。对于闭式，只需要给定解释。

(4) 记住主要的等值式，包括量词否定等值式、量词辖域收缩与扩张等值式、量词分配等值式、在有限个体域内消去量词。会用换名规则，会求给定公式的前束范式。

习　题

2.1　在一阶逻辑中将下列命题符号化。

(1) 鸟都会飞翔。

(2) 并不是所有的人都爱吃糖。

(3) 有人爱看小说。

(4) 没有不爱看电影的人。

2.2　在一阶逻辑中将下列命题符号化，并指出各命题的真值。个体域分别为

(a) 自然数集合 **N**(**N** 中含 0)。

(b) 整数集合 **Z**。

(c) 实数集合 **R**。

(1) 对于任意的 x，均有 $(x+1)^2=x^2+2x+1$。

(2) 存在 x，使得 $x+2=0$。

(3) 存在 x，使得 $5x=1$。

2.3　在一阶逻辑中将下面命题符号化。

(1) 每个大学生不是文科学生就是理科学生。

(2) 有些人喜欢所有的花。

(3) 没有不犯错误的人。

(4) 在北京工作的人未必都是北京人。

(5) 任何金属都可以溶解在某种液体中。

(6) 凡对顶角都相等。

2.4　将下列各式翻译成自然语言，然后在不同个体域中确定它们的真值。

(1) $\forall x \exists y(x \cdot y=0)$。

(2) $\exists x \forall y(x \cdot y=0)$。

(3) $\forall x \exists y(x \cdot y=1)$。

(4) $\exists x \forall y(x \cdot y=1)$。

(5) $\forall x \exists y(x \cdot y=x)$。

(6) $\exists x \forall y(x \cdot y=x)$。

(7) $\forall x \forall y \exists z(x-y=z)$。

个体域分别为

(a) 实数集合 **R**。

(b) 整数集合 **Z**。

(c) 正整数集合 $\mathbf{Z}^+$。

(d) $\mathbf{R}-\{0\}$(非零实数集合)。

2.5 (1) 试给出解释 I_1,使得

$$\forall x(F(x)\to G(x))\text{与}\forall x(F(x)\land G(x))$$

在 I_1 下具有不同的真值。

(2) 试给出解释 I_2,使得

$$\exists x(F(x)\land G(x))\text{与}\exists x(F(x)\to G(x))$$

在 I_2 下具有不同的真值。

2.6 设解释 R 和赋值 σ 如下:D_R 是实数集,$a=0$,函数 $f(x,y)=x-y$,谓词 $F(x,y)$ 为 $x<y$,σ:$\sigma(x)=0$,$\sigma(y)=1$,$\sigma(z)=2$。在解释 R 和赋值 σ 下,下列哪些公式为真?哪些为假?

(1) $\forall xF(f(a,x),a)$。

(2) $\forall xF(f(x,y),x)\to\exists y\neg F(x,f(y,z))$。

(3) $\forall x(F(x,y)\to\forall y(F(y,z)\to\forall zF(x,z)))$。

(4) $\forall x\exists yF(x,f(f(x,y),y))$。

2.7 给出解释 I,使下面两个公式在解释 I 下均为假,从而说明这两个公式都不是逻辑有效式。

(1) $\forall x(F(x)\lor G(x))\to(\forall xF(x)\lor\forall xG(x))$。

(2) $(\exists xF(x)\land\exists xG(x))\to\exists x(F(x)\land G(x))$。

2.8 试寻找一个闭式 A,使 A 在某些解释下为真,而在另一些解释下 A 为假。

2.9 试给出一个非闭式 A,使得存在解释 I,在 I 下,A 的真值不确定,即 A 仍不是命题。

2.10 设个体域 $D=\{a,b,c\}$,在 D 中验证量词否定等值式。

(1) $\neg\forall xA(x)\Leftrightarrow\exists x\neg A(x)$。

(2) $\neg\exists xA(x)\Leftrightarrow\forall x\neg A(x)$。

2.11 在一阶逻辑中将下面命题符号化,并且要求只使用全称量词。

(1) 没人长着绿色头发。

(2) 有的北京人没去过香山。

2.12 设个体域 $D=\{a,b,c\}$,消去下列各公式中的量词。

(1) $\forall xF(x)\to\exists yG(y)$。

(2) $\forall x(F(x)\land\exists yG(y))$。

(3) $\exists x\forall yH(x,y)$。

2.13 设解释 I 如下:个体域 $D_I=\{-2,3,6\}$,$a=3$,1 元谓词 $F(x)$:$x\leqslant 3$;$G(x)$:$x>5$;$R(x)$:$x\leqslant 7$。在 I 下求下列各式的真值。

(1) $\forall x(F(x)\land G(x))$。

(2) $\forall x(R(x)\to F(x))\lor G(a)$。

(3) $\exists x(F(x)\lor G(x))$。

2.14　求下列各式的前束范式。

(1) $\neg \exists x F(x) \rightarrow \forall y G(x,y)$。

(2) $\neg(\forall x F(x,y) \vee \exists y G(x,y))$。

2.15　求下列各式的前束范式。

(1) $\forall x F(x) \vee \exists y G(x,y)$。

(2) $\exists x(F(x) \wedge \forall y G(x,y,z)) \rightarrow \exists z H(x,y,z)$。

题 2.16 和题 2.17 为选择题。题目要求从供选择的答案中选出应填入叙述中的方框□内的正确答案。

2.16　取个体域为整数集,给定下列各公式。

(1) $\forall x \exists y(x \cdot y=0)$。

(2) $\forall x \exists y(x \cdot y=1)$。

(3) $\exists y \exists x(x \cdot y=2)$。

(4) $\forall x \forall y \exists z(x-y=z)$。

(5) $x-y=-y+x$。

(6) $\forall x \forall y(x \cdot y=y)$。

(7) $\forall x(x \cdot y=x)$。

(8) $\exists x \forall y(x+y=2y)$。

在上面公式中,真命题的为$\boxed{A}$,假命题的为$\boxed{B}$。

供选择的答案

A：① (1),(3),(4),(6)；　② (3),(4),(5)；　③ (1),(3),(4),(5)；
　④ (3),(4),(6),(7)。

B：① (2),(3),(6)；　② (2),(6),(8)；　③ (1),(2),(6),(7)；
　④ (2),(6),(7),(8)。

2.17　给定下列各公式。

(1) $(\neg \exists x F(x) \vee \forall y G(y)) \wedge (F(u) \rightarrow \forall z H(z))$。

(2) $\exists x F(y,x) \rightarrow \forall y G(y)$。

(3) $\forall x(F(x,y) \rightarrow \forall y G(x,y))$。

$\boxed{A}$是(1)的前束范式,$\boxed{B}$是(2)的前束范式,$\boxed{C}$是(3)的前束范式。

答案不止一个,请全部给出来。

供选择的答案

A、B、C：

① $\exists x \forall y \forall z((\neg F(x) \vee G(y)) \wedge (F(u) \rightarrow H(z)))$；

② $\forall x \forall y \forall z((\neg F(x) \vee G(y)) \wedge (F(u) \rightarrow H(z)))$；

③ $\exists x \forall y(F(y,x) \rightarrow G(y))$；

④ $\forall x \forall z(F(y,x) \rightarrow G(z))$；

⑤ $\forall x \forall z(\neg F(y,x) \vee G(z))$；

⑥ $\forall x \exists z(F(x,y) \rightarrow G(x,z))$；

⑦ $\forall x \forall z(F(x,y)\rightarrow G(x,z))$;

⑧ $\forall z \forall x(F(x,y)\rightarrow G(x,z))$;

⑨ $\forall z \forall x(\neg F(y,x)\vee G(z))$。

习题解答

2.1 本题没有给出个体域,因而使用全总个体域。

(1) 令$F(x)$:x 是鸟。

$G(x)$:x 会飞翔。

命题符号化为

$$\forall x(F(x)\rightarrow G(x))$$

(2) 令$F(x)$:x 为人。

$G(x)$:x 爱吃糖。

命题符号化为

$$\neg \forall x(F(x)\rightarrow G(x))$$

或者

$$\exists x(F(x)\wedge \neg G(x))$$

(3) 令$F(x)$:x 为人。

$G(x)$:x 爱看小说。

命题符号化为

$$\exists x(F(x)\wedge G(x))$$

(4) 令$F(x)$:x 为人。

$G(x)$:x 爱看电影。

命题符号化为

$$\neg \exists x(F(x)\wedge \neg G(x))$$

或者

$$\forall x(F(x)\rightarrow G(x))$$

分析 1° 如果没有指定个体域,就使用全总个体域。使用全总个体域时,往往要使用特性谓词。(1)~(4)中的 $F(x)$都是特性谓词。

2° 初学者经常犯的错误是,将类似于(1)中的命题符号化为

$$\forall x(F(x)\wedge G(x))$$

即用合取联结词取代蕴涵联结词,这是万万不可的。将(1)中命题叙述得更透彻些:“对于宇宙间的一切事物而言,如果它是鸟,则它会飞翔。”因而符号化应该使用联结词→,而不能使用∧。若使用∧,则变成了“宇宙间的一切事物都是鸟并且都会飞翔。”这显然不是原命题的意思。

3° 根据量词否定等值式,(2)与(4)中两个符号化公式是等值的。

2.2 (1) 在(a)、(b)、(c)中均符号化为

$$\forall xF(x)$$

其中,$F(x)$:$(x+1)^2=x^2+2x+1$。此命题在(a)、(b)、(c)中均为真命题。

(2) 在(a)、(b)、(c)中均符号化为

$$\exists x G(x)$$

其中,$G(x)$: $x+2=0$。此命题在(a)中为假命题,在(b)、(c)中均为真命题。

(3) 在(a)、(b)、(c)中均符号化为

$$\exists x H(x)$$

其中,$H(x)$: $5x=1$。此命题在(a)、(b)中均为假命题,在(c)中为真命题。

分析　1°　命题的真值与个体域有关。

2°　有的命题在不同个体域中,符号化的形式不同。

考虑命题"人都呼吸。"当个体域为人类集合时,应符号化为

$$\forall x F(x)$$

其中,$F(x)$: x 呼吸,不需引入特性谓词。

当个体域为全总个体域时,应符号化为

$$\forall x(F(x) \rightarrow G(x)),$$

其中,$F(x)$: x 为人,$G(x)$: x 呼吸,$F(x)$为特性谓词。

2.3　因题目中未给出个体域,因而应采用全总个体域。

(1) 令 $F(x)$: x 是大学生。

$G(x)$: x 是文科学生。

$H(x)$: x 是理科学生。

命题符号化为

$$\forall x(F(x) \rightarrow (G(x) \vee H(x)))$$

(2) 令$F(x)$: x 是人。

$G(y)$: y 是花。

$H(x,y)$: x 喜欢 y。

命题符号化为

$$\exists x(F(x) \wedge \forall y(G(y) \rightarrow H(x,y)))$$

(3) 令$F(x)$: x 是人。

$G(x)$: x 犯错误。

命题符号化为

$$\neg \exists x(F(x) \wedge \neg G(x))$$

或

$$\forall x(F(x) \rightarrow G(x))$$

(4) 令$F(x)$: x 在北京工作。

$G(x)$: x 是北京人。

命题符号化为

$$\neg \forall x(F(x) \rightarrow G(x))$$

或

$$\exists x(F(x) \wedge \neg G(x))$$

(5) 令$F(x)$: x 是金属。

$G(y)$: y 是液体。

$H(x,y)$：x 溶解在 y 中。

命题符号化为

$$\forall x(F(x)\rightarrow \exists y(G(y)\land H(x,y)))$$

(6) 令 $F(x,y)$：x 与 y 是对顶角。

$H(x,y)$：x 与 y 相等。

命题符号化为

$$\forall x\,\forall y(F(x,y)\rightarrow H(x,y))$$

分析　(2)、(5)、(6)中要使用2元谓词，用它们来描述事物之间的关系。

2.4　(1) 对所有的 x，存在 y，使得 $x\cdot y=0$。在(a)、(b)中为真命题，而在(c)、(d)中为假命题。

(2) 存在 x，使得对所有的 y，都有 $x\cdot y=0$。在(a)、(b)中为真命题，而在(c)、(d)中为假命题。

(3) 对所有 x，存在 y，使得 $x\cdot y=1$。在(a)、(b)、(c)中均为假命题，而在(d)中为真命题。

(4) 存在 x，使得对所有的 y，都有 $x\cdot y=1$。在(a)、(b)、(c)、(d)中都是假命题。

(5) 对所有的 x，存在 y，使得 $x\cdot y=x$。在(a)、(b)、(c)、(d)中都是真命题。

(6) 存在 x，使得对所有的 y，都有 $x\cdot y=x$。在(a)、(b)中为真命题，在(c)、(d)中为假命题。

(7) 对于所有的 x 和 y，存在 z，使得 $x-y=z$。在(a)、(b)中为真命题，在(c)、(d)中为假命题。

2.5　(1) 取解释 I_1：个体域 $D=\mathbf{R}$(实数集合)，$F(x)$：x 为有理数，$G(x)$：x 能表示成分数。

在 I_1 下，$\forall x(F(x)\rightarrow G(x))$ 的含义为

"对于任何实数 x，若 x 为有理数，则 x 能表示成分数。"

简言之，"有理数都能表示成分数。"在此蕴涵式中，当前件 $F(x)$ 为真时，后件 $G(x)$ 也为真，不会出现前件为真，后件为假的情况，所以在 I_1 下，$\forall x(F(x)\rightarrow G(x))$ 为真命题。

在 I_1 下，$\forall x(F(x)\land G(x))$ 的含义为

"对于任何实数 x，x 都是有理数且能表示成分数。"

这显然是假命题。

(2) 取解释 I_2：个体域 $D=\mathbf{N}$(自然数集合)，$F(x)$：x 为奇数，$G(x)$：x 为偶数。

在 I_2 下，$\exists x(F(x)\land G(x))$ 的含义为

"存在自然数 x，x 既为奇数，又为偶数。"

显然它为假命题。

在 I_2 下，$\exists x(F(x)\rightarrow G(x))$ 的含义为

"存在自然数 x，如果 x 为奇数，则 x 必为偶数。"

取 $x=2$，则 $F(2)$ 为假，于是 $F(2)\rightarrow G(2)$ 为真，这表明 $\exists x(F(x)\rightarrow G(x))$ 为真命题。

分析　本题说明

$$\forall x(F(x)\rightarrow G(x))\not\Leftrightarrow \forall x(F(x)\land G(x))$$

$$\exists x(F(x)\land G(x))\not\Leftrightarrow \exists x(F(x)\rightarrow G(x))$$

其中，$A\not\Leftrightarrow B$ 表示 A 与 B 不等值。

2.6 在解释 R 和赋值 σ 下各式分别化为

(1) $\forall x(-x<0)$；

(2) $\forall x(x-1<x)\rightarrow\exists y(0\geqslant y-2)$；

(3) $\forall x((x<1)\rightarrow\forall y((y<2)\rightarrow\forall z(x<z)))$；

(4) $\forall x\,\exists y(x<x-2y)$。

易知，在解释 R 和赋值 σ 下，(1)、(3)为假；(2)、(4)为真。

2.7 给定解释 I：个体域 $D=\mathbf{N}$(自然数集合)，$F(x)$：x 为奇数，$G(x)$：x 为偶数。

(1) 在解释 I 下，公式被解释为

"如果所有的自然数不是奇数就是偶数，则所有自然数全为奇数，或所有自然数全为偶数。"

因为蕴涵式的前件为真，后件为假，所以真值为假。

(2) 在解释 I 下，公式被解释为

"如果存在自然数为奇数，并且存在自然数为偶数，则存在自然数既是奇数，又是偶数。"

由于蕴涵式的前件为真，后件为假，所以真值为假。

分析 本题说明全称量词对析取不满足分配律，存在量词对合取不满足分配律。即

$$\forall x(F(x)\vee G(x))\nLeftrightarrow\forall xF(x)\vee\forall xG(x)$$

$$\exists x(F(x)\wedge G(x))\nLeftrightarrow\exists xF(x)\wedge\exists xG(x)$$

2.8 令 $A=\forall x\,\forall y(F(x)\wedge G(y)\rightarrow L(x,y))$。给定解释 I_1：个体域 $D=\mathbf{Z}$(整数集合)，$F(x)$：x 为正数，$G(x)$：x 为负数，$L(x,y)$：$x>y$。在 I_1 下，A 的含义为

"对于任意的整数 x 和 y，如果 x 为正整数，y 为负整数，则 $x>y$。"

这是真命题。

设解释 I_2：个体域 $D=\mathbf{R}$($\mathbf{R}$ 为实数集合)，$F(x)$：x 为有理数，$G(y)$：y 为无理数，$L(x,y)$：$x\leqslant y$。在 I_2 下，A 的含义为

"对于任意的实数 x 和 y，如果 x 为有理数，y 为无理数，则 $x\geqslant y$。"

这是假命题。

2.9 取 $A_1=L(f(x,y),g(x,y))$ 和 $A_2=\forall xL(f(x,y),x)$。取解释 I：个体域 $D=\mathbf{N}$($\mathbf{N}$ 为自然数集合)，$f(x,y)=x+y$，$g(x,y)=x\cdot y$，$L(x,y)$为 $x=y$。

在 I 下，A_1 为 $x+y=x\cdot y$。由于 x,y 是任意的自然数，它可能为真，也可能为假，真值不确定。在 I 下，A_1 不是命题。

在 I 下，A_2 为 $\forall x(x+y=x)$。当 $y=0$ 时，它为真；当 $y\neq0$ 时，它为假。真值也不确定。

分析 非闭式与闭式的显著区别是，前者可能在某些解释下，真值不确定；而后者对于任何解释真值都确定，即不是真就是假。要使非闭式成为命题，需要进一步给出赋值；而对于闭式，则不需要给出赋值。

当然非闭式也可能在某些解释下成为命题，甚至在任何解释下都是命题。例如，$F(x)\rightarrow F(x)$在任何解释下都是真命题，$F(x)\wedge\neg F(x)$在任何解释下都是假命题。

2.10 (1) $\neg\forall xA(x)$可写成$\neg(A(a)\wedge A(b)\wedge A(c))$

$\exists x\,\neg A(x)$可写成$\neg A(a)\vee\neg A(b)\vee\neg A(c)$

由德摩根律，这两个展开式等值。

(2) $\neg\exists xA(x)$可写成$\neg(A(a)\vee A(b)\vee A(c))$

$\forall x\neg A(x)$可写成$\neg A(a)\wedge\neg A(b)\wedge\neg A(c)$

由德摩根律,这两个展开式等值。

2.11 (1) 令$F(x)$:x为人。

$G(x)$:x长着绿色头发。

本命题直接符号化为

$$\neg\exists x(F(x)\wedge G(x))$$

而

$$\begin{aligned}&\neg\exists x(F(x)\wedge G(x))\\ \Leftrightarrow&\forall x\neg(F(x)\wedge G(x)) &&(\text{量词否定等值式})\\ \Leftrightarrow&\forall x(\neg F(x)\vee\neg G(x)) &&(\text{德摩根律})\\ \Leftrightarrow&\forall x(F(x)\rightarrow\neg G(x)) &&(\text{蕴涵等值式})\end{aligned}$$

最后一步得到的公式满足要求(使用全称量词),将它翻译成自然语言,即为

"所有人都不长绿色头发。"

这与原来的说法意思相同。事实上,也可以先把原来的说法换成这个说法,从而可以直接写出这个符号化形式。

(2) 令$F(x)$:x是北京人。

$G(x)$:x去过香山。

换一个说法:

"不是所有的北京人都去过香山。"

命题可符号化为

$$\neg\forall x(F(x)\rightarrow G(x))$$

如果按原来的说法,则应符号化为

$$\exists x(F(x)\wedge\neg G(x))$$

事实上,两者是等值的:

$$\begin{aligned}&\exists x(F(x)\wedge\neg G(x))\\ \Leftrightarrow&\neg\neg\exists x(F(x)\wedge\neg G(x)) &&(\text{双重否定律})\\ \Leftrightarrow&\neg\forall x\neg(F(x)\wedge\neg G(x)) &&(\text{量词否定等值式})\\ \Leftrightarrow&\neg\forall x(\neg F(x)\vee G(x)) &&(\text{德摩根律})\\ \Leftrightarrow&\neg\forall x(F(x)\rightarrow G(x)) &&(\text{蕴涵等值式})\end{aligned}$$

2.12 (1) $\forall xF(x)\rightarrow\exists yG(y)$可写成

$$(F(a)\wedge F(b)\wedge F(c))\rightarrow(G(a)\vee G(b)\vee G(c))$$

(2)
$$\begin{aligned}&\forall x(F(x)\wedge\exists yG(y))\\ \Leftrightarrow&\forall xF(x)\wedge\exists yG(y) &&(\text{量词辖域收缩扩张等值式})\end{aligned}$$

可写成

$$(F(a)\wedge F(b)\wedge F(c))\wedge(G(a)\vee G(b)\vee G(c))$$

(3) $\exists x\forall yH(x,y)$可写成

$$\exists x(H(x,a)\wedge H(x,b)\wedge H(x,c))$$

又可进一步写成

$$\begin{aligned}&(H(a,a)\wedge H(a,b)\wedge H(a,c))\\ &\vee(H(b,a)\wedge H(b,b)\wedge H(b,c))\\ &\vee(H(c,a)\wedge H(c,b)\wedge H(c,c))\end{aligned}$$

分析　在有穷个体域内消去量词时，应将量词的辖域尽量缩小。例如，在(2)中，首先将量词辖域缩小了(因为 $\exists yG(y)$ 中不含 x，所以可以缩小)；否则演算要麻烦得多：

$$\forall x(F(x)\wedge\exists yG(y))$$

可写成

$$(F(a)\wedge\exists yG(y))\wedge(F(b)\wedge\exists yG(y))\wedge(F(c)\wedge\exists yG(y))$$

再写成

$$\begin{aligned}&(F(a)\wedge(G(a)\vee G(b)\vee G(c)))\\ &\quad\wedge(F(b)\wedge(G(a)\vee G(b)\vee G(c)))\\ &\quad\wedge(F(c)\wedge(G(a)\vee G(b)\vee G(c)))\\ &\Leftrightarrow(F(a)\wedge F(b)\wedge F(c))\wedge(G(a)\vee G(b)\vee G(c))\end{aligned}$$

2.13　在 I 下

(1)

$$\begin{aligned}&\forall x(F(x)\wedge G(x))\\ &\Leftrightarrow(F(-2)\wedge G(-2))\wedge(F(3)\wedge G(3))\wedge(F(6)\wedge G(6))\\ &\Leftrightarrow(1\wedge 0)\wedge(1\wedge 0)\wedge(0\wedge 1)\\ &\Leftrightarrow 0\end{aligned}$$

$\forall x(F(x)\wedge G(x))$在 I 下为假。

(2)

$$\begin{aligned}&\forall x(R(x)\rightarrow F(x))\vee G(a)\\ &\Leftrightarrow((R(-2)\rightarrow F(-2))\wedge(R(3)\rightarrow F(3))\wedge(R(6)\rightarrow F(6)))\vee G(3)\\ &\Leftrightarrow((1\rightarrow 1)\wedge(1\rightarrow 1)\wedge(1\rightarrow 0)\vee 0\\ &\Leftrightarrow 0\end{aligned}$$

此公式在 I 下也是假命题。

(3)

$$\begin{aligned}&\exists x(F(x)\vee G(x))\\ &\Leftrightarrow\exists xF(x)\vee\exists xG(x)\qquad\text{(量词分配等值式)}\\ &\Leftrightarrow(F(-2)\vee F(3)\vee F(6))\vee(G(-2)\vee G(3)\vee G(6))\\ &\Leftrightarrow(1\vee 1\vee 0)\vee(0\vee 0\vee 1)\\ &\Leftrightarrow 1\end{aligned}$$

此公式在 I 下为真。

2.14　(1)

$$\begin{aligned}&\neg\exists xF(x)\rightarrow\forall yG(x,y)\\ &\Leftrightarrow\forall x\neg F(x)\rightarrow\forall yG(x,y)\qquad\text{(量词否定等值式)}\end{aligned}$$

$$\Leftrightarrow \forall z \neg F(z) \to \forall y G(x,y) \quad \text{(换名规则)}$$
$$\Leftrightarrow \exists z \forall y(\neg F(z) \to G(x,y)) \quad \text{(量词辖域收缩扩张等值式)}$$
$$\Leftrightarrow \exists z \forall y(F(z) \vee G(x,y))$$

(2)

$$\neg(\forall x F(x,y) \vee \exists y G(x,y))$$
$$\Leftrightarrow \exists x \neg F(x,y) \wedge \forall y \neg G(x,y) \quad \text{(德摩根律、量词否定等值式)}$$
$$\Leftrightarrow \exists z_1 \neg F(z_1,y) \wedge \forall z_2 \neg G(x,z_2) \quad \text{(换名规则)}$$
$$\Leftrightarrow \exists z_1 \forall z_2(\neg F(z_1,y) \wedge \neg G(x,z_2)) \quad \text{(量词辖域收缩扩张等值式)}$$

分析　公式的前束范式是不唯一的。(1)中最后两步都是前束范式，另外 $\forall y \exists z(F(z) \vee G(x,y))$ 也是(1)中公式的前束范式。

2.15　(1)

$$\forall x F(x) \vee \exists y G(x,y)$$
$$\Leftrightarrow \forall z F(z) \vee \exists y G(x,y)$$
$$\Leftrightarrow \forall z \exists y(F(z) \vee G(x,y))$$

(2)

$$\exists x(F(x) \wedge \forall y G(x,y,z)) \to \exists z H(x,y,z)$$
$$\Leftrightarrow \exists u(F(u) \wedge \forall v G(u,v,z)) \to \exists w H(x,y,w)$$
$$\Leftrightarrow \exists u \forall v(F(u) \wedge G(u,v,z)) \to \exists w H(x,y,w)$$
$$\Leftrightarrow \forall u \exists v \exists w((F(u) \wedge G(u,v,z)) \to H(x,y,w))$$

在以上演算中分别使用了换名规则和量词辖域收缩扩张等值式。在使用换名规则时，要特别注意区分个体变项的约束出现和自由出现。自由出现的个体变项始终保持不变。

2.16　答案　A：③；　B：②。

分析　(7)式为非闭式，在个体域为整数集 **Z** 时，$\forall x(x \cdot y = x)$ 的真值不确定。当 $y=1$ 时为真，当 $y \neq 1$ 时为假，所以它不是命题。其余各式都是命题。(5)虽然不是闭式，但它为真。

2.17　答案　A：②；　B：④，⑤，⑨；　C：⑦，⑧。

分析　注意换名规则的使用。在供选答案中，(1)的前束范式只有一个，就是②。而(2)的前束范式有 3 个，当然它们都是等值的。(3)的前束范式有两个。注意，在(3)式中，$\forall x$ 的辖域为 $(F(x,y) \to \forall y G(x,y))$，将 $\forall y G(x,y)$ 中的 y 改名为 z，得到它的前束范式

$$\forall x \forall z(F(x,y) \to G(x,z))$$

但由于

$$\forall x \forall z(F(x,y) \to G(x,z))$$
$$\Leftrightarrow \forall z \forall x(F(x,y) \to G(x,z))$$

所以，⑧也是(3)的前束范式。

第3章　集合的基本概念和运算

内容提要

1. 集合与元素

集合与元素是集合论的基本概念，联系元素和集合的是隶属关系。如果元素 x 属于集合 A，则记作 $x\in A$，否则记作 $x\notin A$。

2. 集合与集合

集合与集合之间的关系有包含($\subseteq$)、相等($=$)、不包含($\nsubseteq$)、不相等($\neq$)、真包含($\subset$)、不真包含($\not\subset$)等，具体定义如下：

$$B\subseteq A\Leftrightarrow \forall x(x\in B\rightarrow x\in A)\qquad\text{(也称 }B\text{ 是 }A\text{ 的子集)}$$

$$B=A\Leftrightarrow B\subseteq A\land A\subseteq B$$

$$B\nsubseteq A\Leftrightarrow \exists x(x\in B\land x\notin A)$$

$$B\neq A\Leftrightarrow B\nsubseteq A\lor A\nsubseteq B$$

$$B\subset A\Leftrightarrow B\subseteq A\land B\neq A\qquad\text{(也称 }B\text{ 是 }A\text{ 的真子集)}$$

$$B\not\subset A\Leftrightarrow B\nsubseteq A\lor B=A$$

3. 空集∅、全集 E 与幂集

不含任何元素的集合称为空集，记作$\varnothing$。空集是唯一存在的，且是任何集合的子集。

在一个具体问题中，如果所涉及的集合都是某个集合的子集，则称这个集合为全集，记作 E。

设 A 为集合，A 的所有子集构成的集合称为 A 的幂集，记作 $P(A)$，即

$$P(A)=\{x\mid x\subseteq A\}$$

令$|S|$表示集合 S 中的元素个数，那么若$|A|=n$，则$|P(A)|=2^n$。

4. 集合的基本运算和算律

集合的基本运算是并($\cup$)、交($\cap$)、相对补($-$)、绝对补($\sim$)和对称差($\oplus$)，分别定义如下：

$$A\cup B=\{x\mid x\in A\lor x\in B\}$$

$$A\cap B=\{x\mid x\in A\land x\in B\}$$

$$A-B=\{x\mid x\in A\land x\notin B\}$$

$$\sim A=E-A=\{x\mid x\in E\land x\notin A\}=\{x\mid x\notin A\}$$

$$A\oplus B=(A-B)\cup(B-A)=(A\cup B)-(A\cap B)$$

集合的基本运算遵从下述算律：

(1) 幂等律 $A\cup A=A$

$A\cap A=A$

(2) 结合律 $(A\cup B)\cup C=A\cup(B\cup C)$

$(A\cap B)\cap C=A\cap(B\cap C)$

(3) 交换律 $A\cup B=B\cup A$

$A\cap B=B\cap A$

(4) 分配律 $A\cup(B\cap C)=(A\cup B)\cap(A\cup C)$

$A\cap(B\cup C)=(A\cap B)\cup(A\cap C)$

(5) 同一律 $A\cup=A$

$A\cap E=A$

(6) 零律 $A\cup E=E$

$A\cap\varnothing=\varnothing$

(7) 排中律 $A\cup\sim A=E$

(8) 矛盾律 $A\cap\sim A=\varnothing$

(9) 吸收律 $A\cup(A\cap B)=A$

$A\cap(A\cup B)=A$

(10) 德摩根律 $A-(B\cup C)=(A-B)\cap(A-C)$

$A-(B\cap C)=(A-B)\cup(A-C)$

$\sim(B\cup C)=\sim B\cap\sim C$

$\sim(B\cap C)=\sim B\cup\sim C$

(11) 双重否定律 $\sim(\sim A)=A$

5. 有穷集合的计数

解决有穷集合的计数问题有两种方法:文氏图和包含排斥原理。

设 S 为有穷集,$p_1,p_2,\cdots,p_m$ 是 m 条性质。S 中的任何元素 x 对于性质 $p_i(i=1,2,\cdots,m)$具有或者不具有,两种情况必居其一。令$\overline{A_i}$表示 S 中不具有性质 p_i 的元素构成的集合,那么包含排斥原理可表述为下面两个公式:

$$\begin{aligned}&|\overline{A_1}\cap\overline{A_2}\cap\cdots\cap\overline{A_m}|\\=&|S|-\sum_{i=1}^{m}|A_i|+\sum_{1\leqslant i<j\leqslant m}|A_i\cap A_j|-\sum_{1\leqslant i<j<k\leqslant m}|A_i\cap A_j\cap A_k|+\\&\cdots+(-)^m|A_1\cap A_2\cap\cdots\cap A_m|\end{aligned}$$

$$\begin{aligned}&|A_1\cup A_2\cup\cdots\cup A_m|\\=&\sum_{i=1}^{m}|A_i|-\sum_{1\leqslant i<j\leqslant m}|A_i\cap A_j|+\sum_{1\leqslant i<j<k\leqslant m}|A_i\cap A_j\cap A_k|-\cdots+\\&(-1)^{m+1}|A_1\cap A_2\cap\cdots\cap A_m|\end{aligned}$$

6. 小结

通过本章的学习应该达到下面的基本要求。

能够正确地表示一个集合,会画文氏图。

能判定元素是否属于给定的集合。

能判定两个集合之间是否存在包含、相等或真包含的关系。

能熟练进行集合的并($\cup$)、交($\cap$)、相对补($-$)、绝对补($\sim$)、对称差($\oplus$)运算;会计算幂集 $P(A)$。

求解与有穷集合计数相关的实际问题。

习　题

题 3.1～题 3.7 是选择题,题目要求从供选择的答案中选出应填入叙述中的□内的正确答案。

3.1　设 F 表示一年级大学生的集合,S 表示二年级大学生的集合,M 表示数学专业学生的集合,R 表示计算机专业学生的集合,T 表示听离散数学课学生的集合,G 表示星期一晚上听音乐会的学生的集合,H 表示星期一晚上很晚才睡觉的学生的集合,则下列各句子所对应的集合表达式分别是什么?

(1) 所有计算机专业二年级的学生在听离散数学课。[A]

(2) 这些且只有这些听离散数学课的学生或者星期一晚上去听音乐会的学生在星期一晚上很晚才睡觉。[B]

(3) 听离散数学课的学生都没听星期一晚上的音乐会。[C]

(4) 听音乐会的只是大学一、二年级的学生。[D]

(5) 除去数学专业和计算机专业以外的二年级学生都去听音乐会。[E]

供选择的答案

A、B、C、D、E:

① $T\subseteq G\cup H$;　② $G\cup H\subseteq T$;　③ $S\cap R\subseteq T$;

④ $H=G\cup T$;　⑤ $T\cap G=\varnothing$;　⑥ $F\cup S\subseteq G$;

⑦ $G\subseteq F\cup S$;　⑧ $S-(R\cup M)\subseteq G$;　⑨ $G\subseteq S-(R\cap M)$。

3.2　设 S 表示某人拥有的所有的树的集合,$M,N,T,P\subseteq S$,且 M 是珍贵的树的集合,N 是果树的集合,T 是去年刚栽的树的集合,P 是在果园中的树的集合。下面是 3 个前提条件和两条结论。

前提 (1) 所有的珍贵的树都是去年栽的。

(2) 所有的果树都在果园里。

(3) 果园里没有去年栽的树。

结论 (1) 所有的果树都是去年栽的。

(2) 没有一棵珍贵的树是果树。

则前提(1)、(2)、(3)和结论(1)的集合表达式分别为[A]、[B]、[C]、[D],根据前提条件,两个结论中正确的是[E]。

供选择的答案

A、B、C、D、E:

① $N\subseteq P$;　② $T\subseteq N$;　③ $M\subseteq T$;　④ $M\cap P=\varnothing$;

⑤ $P\cap T=\varnothing$；　⑥ $N\subseteq T$；　⑦ $N\cap M=\varnothing$。

3.3 设 $S=\{\varnothing,\{1\},\{1,2\}\}$，则有

(1) [A] $\in S$。

(2) [B] $\subseteq S$。

(3) $P(S)$有[C]个元素。

(4) $|S|=$[D]。

(5) [E]既是 S 的元素，又是 S 的子集。

供选择的答案

A：① $\{1,2\}$；　② 1；

B：③ $\{\{1,2\}\}$；　④ $\{1\}$；

C、D：⑤ 3；　⑥ 6；　⑦ 7；　⑧ 8；

E：⑨ $\{1\}$；　⑩ $\varnothing$。

3.4 设 S、T、M 为任意的集合，且 $S\cap M=\varnothing$。下面是一些集合表达式，每个表达式与图 3-1 的某个文氏图的阴影区域相对应。请指明这种对应关系。

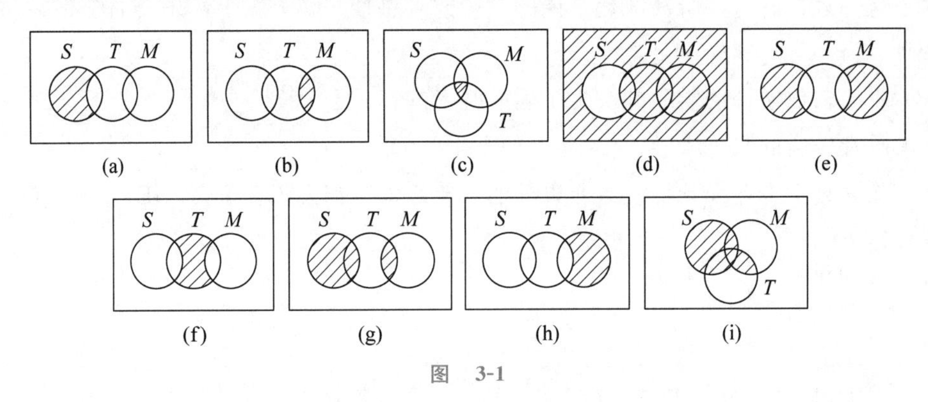

图 3-1

(1) $S\cap T\cap M$　　对应于[A]。

(2) $\sim S\cup T\cup M$　　对应于[B]。

(3) $S\cup(T\cap M)$　　对应于[C]。

(4) $(\sim S\cap T)-M$　　对应于[D]。

(5) $\sim S\cap\sim T\cap M$　　对应于[E]。

供选择的答案

A、B、C、D、E：

① (a)；　② (b)；　③ (c)；　④ (d)；　⑤ (e)；　⑥ (f)；

⑦ (g)；　⑧ (h)；　⑨ (i)。

3.5 对 60 人的调查表明，有 25 人阅读《每周新闻》杂志，26 人阅读《时代》杂志，26 人阅读《幸运》杂志，9 人阅读《每周新闻》和《幸运》杂志，11 人阅读《每周新闻》和《时代》杂志，

8 人阅读《时代》和《幸运》杂志，还有 8 人什么杂志也不阅读。那么阅读全部 3 种杂志的有 A 人，只阅读《每周新闻》的有 B 人，只阅读《时代》杂志的有 C 人，只阅读《幸运》杂志的有 D 人，只阅读一种杂志的有 E 人。

供选择的答案

A、B、C、D、E：

①2；　②3；　③6；　④8；　⑤10；

⑥12；　⑦15；　⑧28；　⑨30；　⑩31。

3.6　1～300 的整数中

(1) 同时能被 3、5 和 7 这 3 个数整除的数有 A 个。

(2) 不能被 3、5，也不能被 7 整除的数有 B 个。

(3) 可以被 3 整除，但不能被 5 和 7 整除的数有 C 个。

(4) 可以被 3 或 5 整除，但不能被 7 整除的数有 D 个。

(5) 只能被 3、5 和 7 中的一个数整除的数有 E 个。

供选择的答案

A、B、C、D、E：

①2；　②6；　③56；　④68；　⑤80；

⑥102；　⑦120；　⑧124；　⑨138；　⑩162。

3.7　75 个学生去书店买语文、数学、英语课外书，每种书每个学生至多买一本。已知有 20 个学生每人买 3 本书，55 个学生每人至少买 2 本书。设每本书的价格都是 1 元，所有的学生总共花费 140 元。那么恰好买 2 本书的有 A 个学生，至少买 2 本书的学生花费 B 元，买一本书的有 C 个学生，至少买一本书的有 D 个学生，没买书的有 E 个学生。

供选择的答案

A、B、C、D、E：

①10；　②15；　③30；　④35；　⑤40；

⑥55；　⑦60；　⑧65；　⑨130；　⑩140。

3.8　设 S、T、M 为任意集合，判断下列命题的真假。

(1) $\varnothing$ 是 $\varnothing$ 的子集。

(2) 如果 $S\cup T=S\cup M$，则 $T=M$。

(3) 如果 $S-T=\varnothing$，则 $S=T$。

(4) 如果 $\sim S\cup T=E$，则 $S\subseteq T$。

(5) $S\oplus S=S$。

3.9　$S_1=\varnothing$，$S_2=\{\varnothing\}$，$S_3=P(\{\varnothing\})$，$S_4=P(\varnothing)$，判断以下命题的真假。

(1) $S_2\in S_4$。

(2) $S_1\subseteq S_3$。

(3) $S_4\subseteq S_2$。

(4) $S_4\in S_3$。

(5) $S_2=S_1$。

3.10　用列元素法表示以下集合。

(1) $A=\{x \mid x\in\mathbf{N}\land x^2\leqslant 7\}$。

(2) $A=\{x \mid x\in\mathbf{N}\land |3-x|<3\}$。

(3) $A=\{x \mid x\in\mathbf{R}\land (x+1)^2\leqslant 0\}$。

(4) $A=\{<x,y> \mid x,y\in\mathbf{N}\land x+y\leqslant 4\}$。

3.11　求使得以下集合等式成立时 a、b、c、d 应该满足的条件。

(1) $\{a,b\}=\{a,b,c\}$。

(2) $\{a,b,a\}=\{a,b\}$。

(3) $\{a,\{b,c\}\}=\{a,\{d\}\}$。

(4) $\{\{a,b\},\{c\}\}=\{\{b\}\}$。

(5) $\{\{a,\varnothing\},b,\{c\}\}=\{\{\varnothing\}\}$。

3.12　设 a、b、c、d 代表不同的元素。说明以下集合 A 和 B 之间成立哪种关系(指 $A\subset B$,$B\subset A$,$A=B$,$A\not\subseteq B$ 且 $B\not\subseteq A$)。

(1) $A=\{\{a,b\},\{c\},\{d\}\}$,$B=\{\{a,b\},\{c\}\}$。

(2) $A=\{\{a,b\},\{b\},\varnothing\}$,$B=\{\{b\}\}$。

(3) $A=\{x \mid x\in\mathbf{N}\land x^2>4\}$,$B=\{x \mid x\in\mathbf{N}\land x>2\}$。

(4) $A=\{ax+b \mid x\in\mathbf{R}\land a,b\in\mathbf{Z}\}$,$B=\{x+y \mid x,y\in\mathbf{R}\}$。

(5) $A=\{x \mid x\in\mathbf{R}\land x^2+x-2=0\}$,$B=\{y \mid y\in\mathbf{Q}\land y^2+y-2=0\}$。

(6) $A=\{x \mid x\in\mathbf{R}\land x^2\leqslant 2\}$,$B=\{cx \mid x\in\mathbf{R}\land 2x^3-5x^2+4x=1\}$。

3.13　计算 $A\cup B$、$A\cap B$、$A-B$、$A\oplus B$。

(1) $A=\{\{a,b\},c\}$,$B=\{c,d\}$。

(2) $A=\{\{a,\{b\}\},c,\{c\},\{a,b\}\}$,$B=\{\{a,b\},c,\{b\}\}$。

(3) $A=\{x \mid x\in\mathbf{N}\land x<3\}$,$B=\{x \mid x\subset\mathbf{N}\land x\geqslant 2\}$。

(4) $A=\{x \mid x\in\mathbf{R}\land x<1\}$,$B=\{x \mid x\in\mathbf{Z}\land x<1\}$。

(5) $A=\{x \mid x\in\mathbf{Z}\land x<0\}$,$B=\{x \mid x\in\mathbf{Z}\land x\geqslant 2\}$。

3.14　计算幂集 $P(A)$。

(1) $A=\{\varnothing\}$。

(2) $A=\{\{1\},1\}$。

(3) $A=P(\{1,2\})$。

(4) $A=\{\{1,1\},\{2,1\},\{1,2,1\}\}$。

(5) $A=\{x \mid x\in\mathbf{R}\land x^3-2x^2-x+2=0\}$。

3.15　请用文氏图表示以下集合。

(1) $\sim A\cup(B\cap C)$。

(2) $(A\oplus B)-C$。

(3) $(A\cap\sim B)\cup(C-B)$。

(4) $A\cup(C\cap\sim B)$。

3.16　设 A、B、C 代表任意集合,判断以下等式是否恒真,如果不为恒真请举一反例。

(1) $(A\cup B)-C=(A-C)\cup(B-C)$。

(2) $A-(B-C)=(A-B)\cup(A\cap C)$。

(3) $A-(B\cup C)=(A-B)-C$。

(4) $(A\cup B\cup C)-(A\cup B)=C$。

(5) $(A\cup B)-(B\cup C)=A-C$。

(6) $A\cap(B\oplus C)=(A\cap B)\oplus(A\cap C)$。

3.17 设 A、B、C、D 代表任意集合，判断以下命题是否恒真。如果不是，请举一反例。

(1) $A\subset B\wedge C\subset D\Rightarrow A\cap C\subset B\cap D$。

(2) $A\subseteq B\wedge C\subseteq D\Rightarrow A-D\subseteq B-C$。

(3) $A\subseteq B\Leftrightarrow B=A\cup(B-A)$。

(4) $A-B=B-A\Leftrightarrow A=B$。

3.18 设 $|A|=3$，$|P(B)|=64$，$|P(A\cup B)|=256$。求 $|B|$、$|A\cap B|$、$|A-B|$、$|A\oplus B|$。

3.19 求 1～1 000 000(包括 1 和 1 000 000 在内)中有多少个整数既不是完全平方数，也不是完全立方数?

3.20 错位排列的计数问题。设 $i_1i_2\cdots i_n$ 是 $1,2,\cdots,n$ 这 n 个数的排列。如果排在第 i 位的数都不等于 i，其中 $i=1,2,\cdots,n$，则称这个排列为错位排列。如 1,2,3,4 的错位排列有 2143, 2341,2413,3142,3412,3421,4123,4312,4321，一共 9 个错位排列，记作 $D_4=9$。将 n 个数的错位排列个数记作 D_n，证明 $D_n=n!\left[1-\frac{1}{1!}+\frac{1}{2!}-\cdots+(-1)^n\frac{1}{n!}\right]$。

3.21 求不超过 120 的素数个数。

习题解答

3.1 A：③； B：④； C：⑤； D：⑦； E：⑧。

3.2 A：③； B：①； C：⑤； D：⑥； E：⑦。

3.3 A：①； B：③； C：⑧； D：⑤； E：⑩。

分析 对于给定的集合或集合公式，如 A 和 B，判别 B 是否被 A 包含，可以有下述方法。

1° 若 A 和 B 是通过列元素的方式给出的，那么依次检查 B 中的每个元素是否在 A 中出现。如果都在 A 中出现，则 $B\subseteq A$，否则不是。例如，题 3.3 给的答案中有 $\{\{1,2\}\}$ 和 $\{1\}$，谁是 $S=\{\varnothing,\{1\},\{1,2\}\}$ 的子集呢? 前一个集合的元素是 $\{1,2\}$，在 S 中出现；但后一个集合的元素是 1，不在 S 中出现。因此，$\{\{1,2\}\}\subseteq S$。

2° 若 A 和 B 是通过用谓词概括元素性质的方式给出的，B 中元素的性质为 P，A 中元素的性质为 Q，那么，

"如果 P 则 Q"意味着 $B\subseteq A$。

"只有 P 才 Q"意味着 $A\subseteq B$。

"除去 P 都不 Q"意味着 $A\subseteq B$。

“P 且仅 P 则 Q”意味着 $A=B$。

例如,题 3.1(1)是“如果 P 则 Q”的形式,其中,“计算机专业二年级学生”是性质 P,“学离散数学课”是性质 Q;题 3.1(2)是“P 且仅 P 则 Q”的形式。此外

“如果 P 就非 Q”则意味着 $A\cap B=\varnothing$。

例如,题 3.1(3)和题 3.2(3)都是这种形式。

3° 通过集合运算判别 $B\subseteq A$。如果 $B\cup A=A$,$B\cap A=B$,$B-A=\varnothing$ 这 3 个等式中有任何一个成立,则有 $B\subseteq A$。

4° 通过文氏图观察,如果代表 B 的区域落在代表 A 的区域内部,则 $B\subseteq A$。

这后两种方法将在后面的解答中给出实例。

3.4 A:②; B:④; C:⑦; D:⑥; E:⑧。

3.5 A:②; B:④; C:⑤; D:⑥; E:⑨。

3.6 A:①; B:⑨; C:④; D:⑦; E:⑧。

3.7 A:④; B:⑨; C:①; D:⑧; E:①。

分析 设只买 1 本、2 本及 3 本书的学生集合分别为 S_1、S_2 和 S_3。它们之间两两不交。由题意可知

$$|S_3|=20$$

$$|S_2\cup S_3|=55$$

又知 $S_2\cap S_3=\varnothing$,所以

$$|S_2|=|S_2\cup S_3|-|S_3|=55-20=35$$

然后列出下面的方程:

$$|S_1|+2|S_2|+3|S_3|=140$$

求得 $|S_1|=10$。因此,没有买书的人数是

$$75-(10+35+20)=10$$

3.8 (1)和(4)为真,其余为假。

分析 这里可以应用集合运算的方法来判别集合之间的包含或相等关系。(3)中的条件 $S-T=\varnothing$ 意味着 $S\subseteq T$,这时不一定有 $S=T$ 成立。而对于(4),由条件 $\sim S\cup T=E$ 可推出

$$S\cap(\sim S\cup T)=S\cap E\Rightarrow(S\cap\sim S)\cup(S\cap T)=S$$

$$\Rightarrow\varnothing\cup(S\cap T)=S\Rightarrow S\cap T=S$$

这是 $S\subseteq T$ 的充分必要条件,从而结论为真。

对于假命题都可以找到反例,如题(2)中令 $S=\{1,2\}$,$T=\{1\}$,$M=\{2\}$ 即可;而对于(5),只要 $S\neq\varnothing$ 即可。

3.9 (2)、(3)和(4)为真,其余为假。

3.10 (1) $A=\{0,1,2\}$。

(2) $A=\{1,2,3,4,5\}$。

(3) $A=\{-1\}$。

(4) $A=\{<0,0>,<0,1>,<1,0>,<0,2>,<1,1>,<2,0>,<0,3>,<1,2>,$
$<2,1>,<3,0>,<0,4>,<1,3>,<2,2>,<3,1>,<4,0>\}$。

3.11　(1) $a=c$ 或 $c=b$。

(2) 任何 a、b。

(3) $b=c=d$。

(4) $a=b=c$。

(5) $a=c=\varnothing$ 且 $b=\{\varnothing\}$。

3.12　(1)、(2)和(6)都是 $B\subset A$，而(3)、(4)、(5)是 $A=B$。

分析　对于用谓词给定的集合先尽量用列元素的方法表示，然后进行集合之间包含关系的判别。如果有的集合不能列元素，也要先对谓词表示尽可能化简。如(3)中的 A 可化简为

$$\{x \mid x\in\mathbf{N}\wedge x>2\}$$

(5)中的 A 和 B 都可以化简为 $\{1,-2\}$；(6)中的

$$A=\{x \mid x\in\mathbf{R}\wedge -\sqrt{2}\leqslant x\leqslant\sqrt{2}\}$$
$$B=\{1,1/2\}$$

而对于(4)，不难看出 $A=B=\mathbf{R}$，是实数集合。

3.13　(1) $A\cup B=\{\{a,b\},c,d\}$　$A\cap B=\{c\}$

$A-B=\{\{a,b\}\}$　$A\oplus B=\{\{a,b\},d\}$

(2) $A\cup B=\{\{a,\{b\}\},c,\{c\},\{a,b\},\{b\}\}$

$A\cap B=\{\{a,b\},c\}$　$A-B=\{\{a,\{b\}\},\{c\}\}$

$A\oplus B=\{\{a,\{b\}\},\{c\},\{b\}\}$

(3) $A\cup B=\mathbf{N}$　$A\cap B=\{2\}$　$A-B=\{0,1\}$

$A\oplus B=\mathbf{N}-\{2\}$

(4) 观察到 $B\subset A$，故

$$A\cup B=A\quad A\cap B=B\quad A\oplus B=A-B=\{x \mid x\in\mathbf{R}-\mathbf{Z}\wedge x<1\}$$

(5) 观察到 $A\cap B=\varnothing$，故

$$A\cup B=\mathbf{Z}-\{0,1\}\quad A\cap B=\varnothing$$
$$A-B=A\quad A\oplus B=\mathbf{Z}-\{0,1\}$$

3.14　(1) $P(A)=\{\varnothing,\{\varnothing\}\}$。

(2) $P(A)=\{\varnothing,\{\{1\}\},\{1\},\{\{1\},1\}\}$。

(3) $P(A)=\{\varnothing,\{\varnothing\},\{\{1\}\},\{\{2\}\},\{\{1,2\}\},\{\varnothing,\{1\}\},\{\varnothing,\{2\}\},\{\varnothing,\{1,2\}\},$
$\{\{1\},\{2\}\},\{\{1\},\{1,2\}\},\{\{2\},\{1,2\}\},\{\varnothing,\{1\},\{2\}\},\{\varnothing,\{1\},\{1,2\}\},$
$\{\varnothing,\{2\},\{1,2\}\},\{\{1\},\{2\},\{1,2\}\},\{\varnothing,\{1\},\{2\},\{1,2\}\}\}$。

(4) $P(A)=\{\varnothing,\{\{1\}\},\{\{1,2\}\},\{\{1\},\{1,2\}\}\}$。

(5) $P(A)=\{\varnothing,\{-1\},\{1\},\{2\},\{-1,1\},\{-1,2\},\{1,2\},\{-1,1,2\}\}$。

分析　在做集合运算前先要化简集合，然后再根据题目要求进行计算。这里的化简指

的是元素、谓词表示和集合公式 3 种化简。

元素的化简：相同的元素只保留一个，去掉所有冗余的元素。

谓词表示的化简：去掉冗余的谓词，这在前边的题解中已经用到。

集合公式的化简：利用简单的集合公式代替相等的复杂公式。这种化简常涉及集合间包含或相等关系的判别。

例如，(4)中的 $A=\{\{1,1\},\{2,1\},\{1,2,1\}\}$ 化简后得 $A=\{\{1\},\{1,2\}\}$，而(5)中的 $A=\{x \mid x\in\mathbf{R}\wedge x^3-2x^2-x+2=0\}$ 化简为 $A=\{-1,1,2\}$。

3.15 (1)、(2)、(3)、(4)各题的文氏图分别如图 3-2(a)～图 3-2(d)所示。

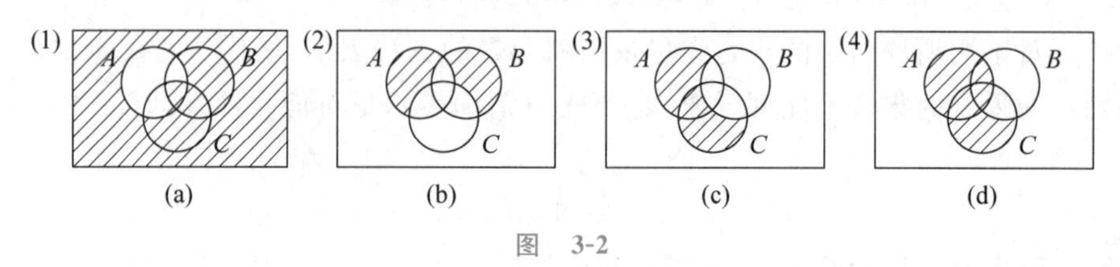

图 3-2

3.16 (1)、(2)、(3)和(6)为真。(4)和(5)不为真。

分析 如果给出的是集合恒等式，可以用两种方法验证：一是分别对等式两边的集合画出文氏图，然后检查两个图中的阴影区域是否一致；二是利用集合恒等式的代入不断对等式两边的集合公式进行化简或者变形，直到两边相等或者一边是另一边的子集为止。例如，(1)中的等式左边经恒等变形后可得到等式右边，即

$$
\begin{aligned}
(A\cup B)-C&=(A\cup B)\cap\sim C\\
&=(A\cap\sim C)\cup(B\cap\sim C)\\
&=(A-C)\cup(B-C)
\end{aligned}
$$

类似地，对(2)和(3)中的等式分别有

$$
\begin{aligned}
A-(B-C)&=A\cap\sim(B\cap\sim C)\\
&=A\cap(\sim B\cup C)\\
&=(A\cap\sim B)\cup(A\cap C)\\
&=(A-B)\cup(A\cap C)\\
A-(B\cup C)&=(A-B)\cap(A-C)\\
&=(A-B)\cap(A\cap\sim C)\\
&=((A-B)\cap A)\cap\sim C\\
&=(A-B)\cap\sim C=(A-B)-C
\end{aligned}
$$

但对于等式(4)。左边经变形后得

$$
\begin{aligned}
(A\cup B\cup C)-(A\cup B)&=((A\cup B)-(A\cup B))\cup(C-(A\cup B))\\
&=\varnothing\cup(C-(A\cup B))\\
&=C-(A\cup B)
\end{aligned}
$$

易见，$C-(A\cup B)\subseteq C$，但不一定有 $C-(A\cup B)=C$。如令 $A=B=C=\{1\}$ 时，等式(4)不为真。类似地，等式(5)的左边经化简后得 $(A-C)-B$，而 $(A-C)-B$ 不一定恒等于 $A-C$。例如令 $A=\{1,2\}$，$B=\{2\}$，$C=\{1\}$。那么等式(5)不为真。

3.17　(1) 不为真。(2)、(3)和(4)都为真。对于题(1)举反例如下：令 $A=\{1\},B=\{1,4\},C=\{2\},D=\{2,3\}$，则 $A\subset B$ 且 $C\subset B$，但 $A\cap C=B\cap D$，与结论矛盾。

分析　(2) 由于 $C\subseteq D\Leftrightarrow \sim D\subseteq \sim C$，又由 $A\subseteq B$ 可得 $A\cap\sim D\subseteq B\cap\sim C$，即 $A-D\subseteq B-C$ 成立。

(3) 由于 $A\cup(B-A)=A\cup B$，故有

$$B=A\cup(B-A)\Leftrightarrow B=A\cup B\Leftrightarrow A\subseteq B$$

这里用到 $A\subseteq B$ 的充要条件为 $B=A\cup B$，或 $A=A\cap B$，或 $A-B=\varnothing$。

(4) 易见，当 $A=B$ 成立时，必有 $A-B=B-A$。反之，由 $A-B=B-A$，得

$$(A-B)\cap B=(B-A)\cap B$$

化简后得 $B-A=\varnothing$，即 $B\subseteq A$。同理，可证出 $A\subseteq B$，从而得到 $A=B$。

3.18　由 $|P(B)|=64$，可知 $|B|=6$。又由 $|P(A\cup B)|=256$，知 $|A\cup B|=8$。代入包含排斥原理得

$$8=3+6-|A\cap B|$$

从而有 $|A\cap B|=1$，$|A-B|=2$，$|A\oplus B|=2+5=7$。

3.19　令 $S=\{x\mid x\in\mathbf{N}\wedge 1\leqslant x\leqslant 1\,000\,000\}$。

$$A=\{x\mid x\in S\wedge x\text{ 是完全平方数}\}$$

$$B=\{x\mid x\in S\wedge x\text{ 是完全立方数}\}$$

从而有 $|S|=1\,000\,000$，$|A|=1000$，$|B|=100$，$|A\cap B|=10$。代入包含排斥原理得

$$\begin{aligned}|\bar{A}\cap\bar{B}|&=|S|-(|A|+|B|-|A\cap B|\\&=1\,000\,000-(1000+100)+10\\&=998\,910\end{aligned}$$

3.20　设 S 是由 $1,2,\cdots,n$ 构成的所有排列的集合，P_i 是其中 i 处在排列中的第 i 位的性质，A_i 是 S 中具有性质 P_i 的排列的集合，$i=1,2,\cdots,n$。错位排列数 D_n 就是 S 中不具有以上任何一条性质的排列个数。使用包含排斥原理。显然，S 中的排列总数是 $n!$。如果在排列中 i 处在第 i 位，那么其他 $n-1$ 个数还有 $(n-1)!$ 排列的方式。通过类似的分析可以得到下述结果：

$$\begin{aligned}&|S|=n!\\&|A_i|=(n-1)! && i=1,2,\cdots,n\\&|A_i\cap A_j|=(n-2)! && 1\leqslant i<j\leqslant n\\&|A_i\cap A_j\cap A_k|=(n-3)! && 1\leqslant i<j<k\leqslant n\\&\vdots\\&|A_1\cap A_2\cap\cdots\cap A_n|=0!=1\end{aligned}$$

代入包含排斥原理得

$$\begin{aligned}D_n&=|\overline{A_1}\cap\overline{A_2}\cap\cdots\cap\overline{A_n}|\\&=n!-C_n^1(n-1)!+C_n^2(n-2)!-\cdots+(-1)^nC_n^n0!\\&=n!\left[1-\frac{1}{1!}+\frac{1}{2!}-\cdots+(-1)^n\frac{1}{n!}\right]\end{aligned}$$

3.21　由于 $11^2=121$，因此对于不超过 120 的合数，其素因子只可能是 2、3、5 和 7。考

虑集合

$$S=\{x \mid x\in \mathbf{Z},1\leqslant x\leqslant 120\}$$

S 中不能被 2、3、5、7 中任何一个数整除的数就是不超过 120 的素数。令能被 2、3、5 或 7 整除的集合分别记为 A_1、A_2、A_3 和 A_4，那么不超过 120 的素数个数是

$$N=|\overline{A_1}\cap\overline{A_2}\cap\overline{A_3}\cap\overline{A_4}|+3$$

上述公式中+3 的理由：2、3、5、7 这 4 个数不属于集合$\overline{A_1}\cap\overline{A_2}\cap\overline{A_3}\cap\overline{A_4}$，但它们是不超过 120 的素数。此外，1 属于集合$\overline{A_1}\cap\overline{A_2}\cap\overline{A_3}\cap\overline{A_4}$，但 1 不是素数。

$|A_1|=60$ $|A_2|=40$ $|A_3|=24$ $|A_4|=17$

$|A_1\cap A_2|=20$ $|A_1\cap A_3|=12$ $|A_1\cap A_4|=8$

$|A_2\cap A_3|=8$ $|A_2\cap A_4|=5$ $|A_3\cap A_4|=3$

$|A_1\cap A_2\cap A_3|=4$ $|A_1\cap A_2\cap A_4|=2$ $|A_1\cap A_3\cap A_4|=1$

$|A_2\cap A_3\cap A_4|=1$ $|A_1\cap A_2\cap A_3\cap A_4|=0$

将上述结果代入包含排斥原理得

$$\begin{aligned}N&=|\overline{A_1}\cap\overline{A_2}\cap\overline{A_3}\cap\overline{A_4}|+3\\&=120-(60+40+24+17)+(20+12+8+8+5+3)-\\&\quad(4+2+1+1)+0+3\\&=120-141+56-8+3=30\end{aligned}$$

不妨验证这个结果，把 30 个素数枚举出来是 2,3,5,7,11,13,17,19,23,29,31,37,41,43,47,53,59,61,67,71,73,79,83,89,97,101,103,107,109,113。

第4章　二元关系和函数

内容提要

1. 有序对与笛卡儿积

由两个元素 x 和 y（允许 $x=y$）按一定的顺序排列成的二元组称为一个有序对（也称序偶），记作 $<x,y>$。其中 x 是它的第一元素，y 是它的第二元素。两个有序对 $<x,y>$ 与 $<u,v>$ 相等的充分必要条件是 $x=u$ 且 $y=v$。

设 A、B 为集合，A 与 B 的笛卡儿积记作 $A\times B$，其中

$$A\times B=\{<x,y>|x\in A\wedge y\in B\}$$

笛卡儿积运算具有下述性质：

$$\varnothing\times B=A\times\varnothing=\varnothing$$
$$A\times B\neq B\times A\quad(A\neq\varnothing\wedge B\neq\varnothing\wedge A\neq B)$$
$$(A\times B)\times C\neq A\times(B\times C)\quad(A\neq\varnothing\wedge B\neq\varnothing\wedge C\neq\varnothing)$$
$$A\times(B\cup C)=(A\times B)\cup(A\times C)$$
$$(B\cup C)\times A=(B\times A)\cup(C\times A)$$
$$A\times(B\cap C)=(A\times B)\cap(A\times C)$$
$$(B\cap C)\times A=(B\times A)\cap(C\times A)$$

2. 关系、从 A 到 B 的关系和 A 上的关系

如果一个集合为空集或者它的元素都是有序对，则称这个集合是一个二元关系，记作 R。对于二元关系 R，如果 $<x,y>\in R$，则记作 xRy；如果 $<x,y>\notin R$，则记作 $x\not R y$。

设 A、B 为集合，$A\times B$ 的任何子集所定义的二元关系称作从 A 到 B 的二元关系，特别当 $A=B$ 时，则称为 A 上的二元关系。当 A 含有 n 个元素，即 $|A|=n$ 时，A 上有 2^{2^n} 个不同的二元关系，其中最常用的 A 上的二元关系有下述5种。

恒等关系：$I_A=\{<x,x>|x\in A\}$。

全域关系：$E_A=A\times A$。

小于或等于关系：$L_A=\{<x,y>|x,y\in A\wedge x\leqslant y\}$，这里的 A 是实数集 $\mathbf{R}$ 的某个子集。

整除关系：$D_A=\{<x,y>|x,y\in A\wedge x|y\}$，这里的 A 是正整数集 $\mathbf{Z}^+$ 的某个子集，$x|y$ 表示 x 是 y 的因子，或者说 x 整除 y。

包含关系：$R=\{<x,y>|x,y\in P(B)\wedge x\subseteq y\}$，这里 $A=P(B)$。

3. 关系表示法

表示关系的方法有3种：集合表达式、关系矩阵和关系图。其中，关系图只能表示有穷

集 A 上的关系,关系矩阵可以表示有穷集 A 到 B 的关系与 A 上的关系。

4. 关系的性质

对于集合 A 上的关系 R 可以定义 5 种性质：自反性、反自反性、对称性、反对称性和传递性。

R 在 A 上自反$\Leftrightarrow \forall x(x\in A\rightarrow xRx)$。

R 在 A 上反自反$\Leftrightarrow \forall x(x\in A\rightarrow x\not R x)$。

R 在 A 上对称$\Leftrightarrow \forall x\,\forall y(x,y\in A\wedge xRy\rightarrow yRx)$。

R 在 A 上反对称$\Leftrightarrow \forall x\,\forall y(x,y\in A\wedge xRy\wedge yRx\rightarrow x=y)$。

R 在 A 上传递$\Leftrightarrow \forall x\,\forall y\,\forall z(x,y,z\in A\wedge xRy\wedge yRz\rightarrow xRz)$。

判别关系性质的方法如表 4-1 所示,其中的 $\boldsymbol{M}^2$ 表示矩阵 $\boldsymbol{M}$ 和 $\boldsymbol{M}$ 相乘。注意在做乘法时的相加为逻辑加,即 $0+0=0,0+1=1+0=1+1=1$。$\boldsymbol{M}-\boldsymbol{M}^2$ 表示将 $\boldsymbol{M}$ 中的每个元素减去 $\boldsymbol{M}^2$ 中的相对应元素后得到的结果矩阵,这里的减法是普通的减法。

表 4-1

充要条件	自 反	反自反	对 称	反对称	传 递
集合表示 R	$I_A\subseteq R$	$I_A\cap R=\varnothing$	$R=R^{-1}$	$R\cap R^{-1}=\varnothing$	$R\circ R\subseteq R$
关系矩阵 $\boldsymbol{M}$	主对角线元素全是 1	主对角线元素全是 0	对称矩阵	若 $r_{ij}=1$,且 $i\neq j$,则 $r_{ji}=0$	$\boldsymbol{M}-\boldsymbol{M}^2$ 中不含负数
关系图 G	每个结点都有环	每个结点都没有环	如果两个结点之间有边,必是一对方向相反的边	如果两个结点之间有边,必是一条单方向的边	若结点 x_i 到 x_j 有边,x_j 到 x_k 有边,则从 x_i 到 x_k 有边

5. 等价关系和划分

设 R 为非空集合 A 上的关系,如果 R 是自反的、对称的和传递的,则称 R 为 A 上的等价关系。对任何 $x,y\in A$,如果 $\langle x,y\rangle\in$ 等价关系 R,则记作 $x\sim y$。对于 A 的任何元素 x,A 中与 x 等价的元素构成了 x 的等价类,记作$[x]_R$,简记作$[x]$,即

$$[x]_R=\{y\mid y\in A\wedge xRy\}$$

A 上等价关系 R 的所有等价类的集合称为 A 在 R 下的商集,记作 A/R,即

$$A/R=\{[x]_R\mid x\in A\}$$

设 A 是非空集合,如果存在一个 A 的子集族 $\pi(\pi\subseteq P(A))$,满足以下条件：

(1) $\varnothing\notin\pi$;

(2) π 中任意两个元素不交;

(3) π 中所有元素的并集等于 A。

则称 π 为 A 的一个划分,且称 π 中元素为划分块。

可以证明 A 关于等价关系 R 的商集 A/R 就是 A 的划分;反之,给定 A 的划分 π,将 π 中划分块作为等价类也可以导出 A 上的等价关系。A 上的等价关系与 A 的划分是一一对应的。

6. 偏序关系与偏序集

设 R 为非空集合 A 上的关系，如果 R 是自反的、反对称的和传递的，则称 R 为 A 上的偏序关系，简称偏序，记作$\preccurlyeq$。集合 A 和 A 上的偏序关系($\preccurlyeq$)一起称为偏序集，记作$<A,\preccurlyeq>$。$\forall x,y\in A$，x 与 y 之间只能保持下面 4 种关系之一：$x=y$，$x\prec y$，$y\prec x$，x 与 y 不可比。这里的 $x\prec y$、$y\prec x$ 以及 x 与 y 不可比的含义如下：

$$x \prec y \Leftrightarrow x \preccurlyeq y \land x \neq y$$

$$y \prec x \Leftrightarrow y \preccurlyeq x \land y \neq x$$

$$x \text{ 与 } y \text{ 不可比} \Leftrightarrow x \not\preccurlyeq y \land y \not\preccurlyeq x$$

当 $x\prec y$ 且不存在其他的元素 z 使得 $x\prec z\prec y$ 成立时，称 y 盖住 x。$x\prec y$ 意味着在偏序关系上 y 排在 x 的后边；而 y 盖住 x 则意味着在偏序关系上 y 紧跟在 x 的后边。

有穷集上的偏序可以用哈斯图来表示。在哈斯图中的元素是分层排列的。最底层是所有的极小元，相邻两层之间较高一层的元素至少盖住较低一层的一个元素。每条路径的最高层元素都是极大元。如果偏序集只有唯一的极小元，它就是该偏序集的最小元。类似地，如果偏序集只有唯一的极大元，它就是该偏序集的最大元。给定偏序集$<A,\preccurlyeq>$的子集 B，如果存在元素 $x\in A$ 大于或等于 B 中所有的元素，那么 x 就是 B 的上界。所有上界中的最小元就是 B 的最小上界。类似地，可以定义 B 的最大下界。B 的最大下界或最小上界如果存在，一定是唯一的。

7. 关系运算

和关系有关的运算有以下 12 种：

定义域　$\mathrm{dom}R=\{x \mid \exists y(<x,y>\in R)\}$

值域　$\mathrm{ran}R=\{y \mid \exists x(<x,y>\in R)\}$

域　$\mathrm{fld}R=\mathrm{dom}R\cup \mathrm{ran}R$

逆　$R^{-1}=\{<x,y> \mid yRx\}$

合成　$F\circ G=\{<x,y> \mid \exists z(xGz\land zFy)\}$

限制　$F\restriction A=\{<x,y> \mid xFy\land x\in A\}$

像　$F[A]=\mathrm{ran}(F\restriction A)$

以下运算仅适合 A 上的关系 R：

幂　$R^0=I_A$

　　$R^{n+1}=R^n\circ R$（n 为自然数）

自反闭包　$r(R)=R\cup R^0$

对称闭包　$s(R)=R\cup R^{-1}$

传递闭包　$t(R)=R\cup R^2\cup\cdots$

8. 函数

函数也称映射，它是一种特殊的二元关系。函数的定义：设 F 为二元关系，若对任意的 $x\in \mathrm{dom}F$ 都存在唯一的 $y\in \mathrm{ran}F$ 使得 xFy 成立，则称 F 为函数。若$<x,y>\in$ 函数 F，则

记作 $y=F(x)$,称 y 是 F 在 x 的函数值。

给定集合 A、B 和函数 f,若 f 满足下述条件:

(1) $\mathrm{dom}f=A$;

(2) $\mathrm{ran}f\subseteq B$。

则称 f 是从 A 到 B 的函数,记作 $f: A\to B$。所有从 A 到 B 的函数的集合 $\{f\mid f: A\to B\}$ 记作 B^A,读作“B 上 A”。如果 $|A|=m$,$|B|=n$,且 m、n 不全为 0,则 $|B^A|=n^m$。

9. 函数的性质

某些函数 $f: A\to B$ 具有单射、满射或双射的性质。这些性质分别定义如下:

设 $f: A\to B$,

(1) 若 $\mathrm{ran}f=B$,则称 $f: A\to B$ 是满射的。

(2) 若对任意 $x,y\in A$,$x\neq y$,都有 $f(x)\neq f(y)$,则称 $f: A\to B$ 是单射的。

(3) 若 $f: A\to B$ 既是满射的,又是单射的,则称 $f: A\to B$ 是双射的。

10. 函数的复合和反函数

给定函数 f 和 g,f 与 g 的合成也是函数,称作 f 与 g 的复合函数,并且满足:

(1) $\mathrm{dom}(f\circ g)=\{x\mid x\in \mathrm{dom}g\wedge g(x)\in \mathrm{dom}f\}$;

(2) $f\circ g(x)=f(g(x))$, $\forall x\in \mathrm{dom}(f\circ g)$。

特别地,若 $f: B\to C$,$g: A\to B$,那么 $f\circ g: A\to C$。

函数的逆不一定构成函数。但对于双射函数 $f: A\to B$,它的逆 $f^{-1}: B\to A$ 也是双射函数,称为 f 的反函数。

11. 小结

通过本章的学习应达到下面的基本要求。

能正确地使用集合表达式、关系矩阵和关系图表示给定的二元关系。

给定 A 上的关系 R(可能是集合表达式,也可能是关系矩阵或关系图),能判别 R 的性质。

给定 A 上的等价关系 R,求所有的等价类和商集 A/R,或者求与 R 相对应的划分;给定 A 的划分 π,求对应于 π 的等价关系 R。

给定 A 上的偏序关系($\preccurlyeq$),画出偏序集的哈斯图;给定偏序集 $\langle A,\preccurlyeq\rangle$ 的哈斯图,求 A 和 $\preccurlyeq$ 的集合表达式。

确定偏序集的极大元、极小元、最大元、最小元、最大下界和最小上界。

给定集合 A、B 和 f,判别 f 是否为从 A 到 B 的函数 $f: A\to B$。如果是,说明 $f: A\to B$ 是否为单射、满射、双射的。

应熟练掌握的计算:

给定关系 R,求 $\mathrm{dom}R$、$\mathrm{ran}R$、$\mathrm{fld}R$、R^{-1};给定关系 R 和集合 A,求 $R\upharpoonright A$、$R[A]$;给定关系 F 和 G,求 $F\circ G$;给定 A 上的关系 R,求 R^n、$r(R)$、$s(R)$、$t(R)$。

给定函数 $f: A\to B$,$x\in A$,$A'\subseteq A$,求 $f(x)$、$f(A')$;求 $f: A\to B$ 的反函数;给定函数

$f: B \to C, g: A \to B$，求复合函数 $f \circ g$。

给定集合 A 和 B，求 $A \times B$、B^A，构造从 A 到 B 的双射函数。

在做以上计算时，如果没有特殊说明，所得结果应该与已知的关系或函数的表示方法一致。例如，已知关系 R 是用集合表达式给出的，那么，在计算 R^{-1}、$R \upharpoonright A$、R^n、$r(R)$、$s(R)$、$t(R)$时所得的结果关系也要用集合表达式表示。若 R 用关系图给出，那么结果关系也应该用关系图给出。

习　题

题 4.1～题 4.10 为选择题。题目要求从供选择的答案中选出应填入叙述中的□内的正确答案。

4.1　(1) 设 $S=\{1,2\}$，R 是 S 上的二元关系，且 xRy。如果 $R=I_s$，则$\boxed{A}$，如果 R 是数的小于或等于关系，则$\boxed{B}$，如果 $R=E_s$，则$\boxed{C}$。

(2) 设有序对$<x+2,4>$与有序对$<5,2x+y>$相等，则 $x=\boxed{D}$，$y=\boxed{E}$。

供选择的答案

A、B、C：① x、y 可任意选择 1 或 2；　② $x=1,y=1$；

③ $x=1,y=1$ 或 2；$x=y=2$；　④ $x=2,y=2$；

⑤ $x=y=1$ 或 $x=y=2$；　⑥ $x=1,y=2$；

⑦ $x=2,y=1$。

D、E：⑧ 3；　⑨ 2；　⑩ -2。

4.2　设 $S=\{1,2,3,4\}$，R 为 S 上的关系，其关系矩阵是

$$\begin{pmatrix} 1 & 0 & 0 & 1 \\ 1 & 0 & 0 & 0 \\ 0 & 0 & 0 & 1 \\ 1 & 0 & 0 & 0 \end{pmatrix}$$

则　(1) R 的关系表达式是$\boxed{A}$。

(2) $\mathrm{dom}R=\boxed{B}$，$\mathrm{ran}R=\boxed{C}$。

(3) $R \circ R$ 中有$\boxed{D}$个有序对。

(4) R^{-1}的关系图中有$\boxed{E}$个环。

供选择的答案

A：① $\{<1,1>,<1,2>,<1,4>,<4,1>,<4,3>\}$；

② $\{<1,1>,<1,4>,<2,1>,<4,1>,<3,4>\}$。

B、C：③ $\{1,2,3,4\}$；　④ $\{1,2,4\}$；　⑤ $\{1,4\}$；　⑥ $\{1,3,4\}$。

D、E：⑦ 1；　⑧ 3；　⑨ 6；　⑩ 7。

4.3　设 R 是由方程 $x+3y=12$ 定义的正整数集 $\mathbf{Z}^+$ 上的关系，即

$$\{<x,y> \mid x,y \in \mathbf{Z}^+ \land x+3y=12\}$$

则　(1) R 中有$\boxed{A}$个有序对。

(2) $\mathrm{dom}R=$ B 。

(3) $R\upharpoonright\{2,3,4,6\}=$ C 。

(4) $\{3\}$在 R 下的像是 D 。

(5) $R\circ R$ 的集合表达式是 E 。

供选择的答案

A: ① 2; ② 3; ③ 4。

B、C、D、E: ④ $\{<3,3>\}$; ⑤ $\{<3,3>,<6,2>\}$; ⑥ $\{0,3,6,9,12\}$; ⑦ $\{3,6,9\}$; ⑧ $\{3\}$; ⑨ $\varnothing$; ⑩ 3。

4.4 设 $S=\{1,2,3\}$,图 4-1 给出了 S 上的 5 个关系,则它们只具有以下性质: R_1 是 A ,R_2 是 B ,R_3 是 C ,R_4 是 D ,R_5 是 E 。

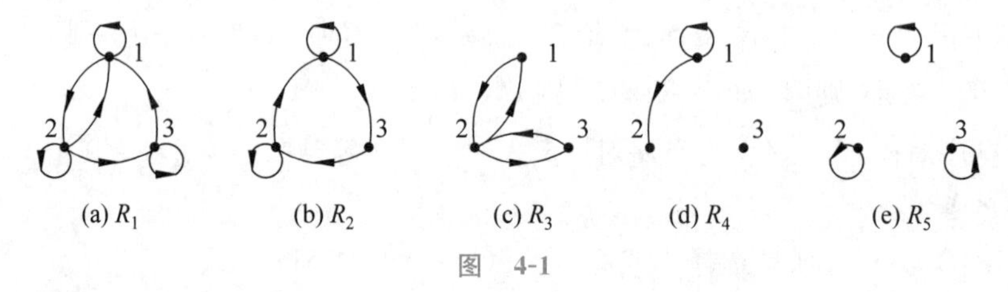

图 4-1

供选择的答案

A、B、C、D、E:

① 自反的,对称的,传递的;

② 反自反的,反对称的;

③ 反自反的,反对称的,传递的;

④ 自反的;

⑤ 反对称的,传递的;

⑥ 什么性质也没有;

⑦ 对称的;

⑧ 反对称的;

⑨ 反自反的,对称的;

⑩ 自反的,对称的,反对称的,传递的。

4.5 设 $\mathbf{Z}^+=\{x\mid x\in\mathbf{Z}\wedge x>0\}$,$\pi_1$、$\pi_2$、$\pi_3$ 是 $\mathbf{Z}^+$ 的 3 个划分。

$$\pi_1=\{\{x\}\mid x\in\mathbf{Z}^+\}$$

$$\pi_2=\{S_1,S_2\},S_1\text{ 为素数集},S_2=\mathbf{Z}^+-S_1$$

$$\pi_3=\{\mathbf{Z}^+\}$$

则 (1) 3 个划分中划分块最多的是 A ,最少的是 B 。

(2) 划分 π_1 对应的是 $\mathbf{Z}^+$ 上的 C ,π_2 对应的是 $\mathbf{Z}^+$ 上的 D ,π_3 对应的是 $\mathbf{Z}^+$ 上的 E 。

供选择的答案

A、B: ① π_1; ② π_2; ③ π_3。

C、D、E：　④ 整除关系；　⑤ 全域关系；　⑥ 包含关系；

⑦ 小于或等于关系；⑧ 恒等关系；　⑨ 含有两个等价类的等价关系；

⑩ 以上关系都不是。

4.6　设 $S=\{1,2,\cdots,10\}$，$\leqslant$ 是 S 上的整除关系，则 $<S,\leqslant>$ 的哈斯图是 $\boxed{A}$，其中最大元是 $\boxed{B}$，最小元是 $\boxed{C}$，最小上界是 $\boxed{D}$，最大下界是 $\boxed{E}$。

供选择的答案

A：　① 一棵树；　② 一条链；　③ 以上都不对。

B、C、D、E：④ $\varnothing$；　⑤ 1；　⑥ 10；

⑦ 6,7,8,9,10；　⑧ 6；　⑨ 0；　⑩ 不存在。

4.7　设 $f:\mathbf{N}\to\mathbf{N}$，$\mathbf{N}$ 为自然数集，且

$$f(x)=\begin{cases}1, & x\text{ 为奇数}\\ \dfrac{x}{2}, & x\text{ 为偶数}\end{cases}$$

则 $f(0)=\boxed{A}$，$f(\{0\})=\boxed{B}$，$f(\{1,2\})=\boxed{C}$，$f(1,2)=\boxed{D}$，$f(\{0,2,4,6,\cdots\})=\boxed{E}$。

供选择的答案

A、B、C、D、E：

① 无意义；　② 1；　③ $\{1\}$；　④ 0；

⑤ $\{0\}$；　⑥ $\dfrac{1}{2}$；　⑦ $\mathbf{N}$；　⑧ $\{1,3,5,\cdots\}$；

⑨ $\left\{\dfrac{1}{2},1\right\}$；　⑩ $\{2,4,6,\cdots\}$。

4.8　已知 $\mathbf{R}$、$\mathbf{Z}$、$\mathbf{N}$ 分别表示实数、整数和自然数集，下面定义函数 f_1、f_2、f_3、f_4。试确定它们的性质。

$f_1:\mathbf{R}\to\mathbf{R}$，$f(x)=2^x$；

$f_2:\mathbf{Z}\to\mathbf{N}$，$f(x)=|x|$；

$f_3:\mathbf{N}\to\mathbf{N}$，$f(x)=(x)\bmod 3$，$x$ 除以 3 的余数；

$f_4:\mathbf{N}\to\mathbf{N}\times\mathbf{N}$，$f(n)=<n,n+1>$。

则 f_1 是 $\boxed{A}$，f_2 是 $\boxed{B}$，f_3 是 $\boxed{C}$，f_4 是 $\boxed{D}$，$f_4(\{5\})=\boxed{E}$。

供选择的答案

A、B、C、D：① 满射不单射；　② 单射不满射；　③ 双射；

④ 不单射也不满射；　⑤ 以上性质都不对。

E：　⑥ 6；　⑦ 5；　⑧ $<5,6>$；

⑨ $\{<5,6>\}$；　⑩ 以上答案都不对。

4.9　设 $f:R\to R$，$f(x)=\begin{cases}x^2, & x\geqslant 3\\ -2, & x<3\end{cases}$

$g:R\to R$，$g(x)=x+2$

则 $f\circ g(x)=$ [A]，$g\circ f(x)=$ [B]，$g\circ f: R\to R$ 是 [C]、f^{-1} [D]、g^{-1} [E]。

供选择的答案

A、B：① $\begin{cases}(x+2)^2, & x\geqslant 3\\ -2, & x<3\end{cases}$　② $\begin{cases}x^2+2, & x\geqslant 3\\ -2, & x<3\end{cases}$

③ $\begin{cases}(x+2)^2, & x\geqslant 1\\ -2, & x<1\end{cases}$　④ $\begin{cases}x^2+2, & x\geqslant 3\\ 0, & x<3\end{cases}$

C：⑤ 单射不满射；　⑥ 满射不单射；　⑦ 不单射也不满射；

⑧ 双射。

D、E：⑨ 不是反函数；　⑩ 是反函数。

4.10 (1) 设 $S=\{a,b,c\}$，则集合 $T=\{a,b\}$ 的特征函数是 [A]，属于 S^S 的函数是 [B]。

(2) 在 S 上定义等价关系 $R=I_S\cup\{<b,a>,<b,a>\}$，那么该等价关系对应的划分中有 [C] 个划分块。作自然映射 $g: S\to S/R$，$g(x)=[x]_R$，那么 g 的表达式是 [D]，$g(b)=$ [E]。

供选择的答案

A、B、D：① $\{<a,a>,<b,b>,<c,c>\}$；　② $\{<a,b>\}$；

③ $\{<a,1>,<b,1>,<c,0>\}$；　④ $\{<a,\{a\}>,<b,\{b\}>,<c,\{c\}>\}$；

⑤ $\{<a,\{a,b\}>,<b,\{a,b\}>,<c,\{c\}>\}$。

C：⑥ 1；　⑦ 2；　⑧ 3。

E：⑨ $\{a,b\}$；　⑩ $\{b\}$。

4.11 设 $S=\{1,2,\cdots,6\}$，下面各式定义的 R 都是 S 上的关系，分别列出 R 的元素。

(1) $R=\{<x,y>\mid x,y\in S\wedge x\mid y\}$。

(2) $R=\{<x,y>\mid x,y\in S\wedge x$ 是 y 的倍数$\}$。

(3) $R=\{<x,y>\mid x,y\in S\wedge (x-y)^2\in S\}$。

(4) $R=\{<x,y>\mid x,y\in S\wedge x/y$ 是素数$\}$。

4.12 设 $S=\{1,2,\cdots,10\}$，定义 S 上的关系

$$R=\{<x,y>\mid x,y\in S\wedge x+y=10\}$$

R 具有哪些性质？

4.13 设 $S=\{a,b,c,d\}$，R_1、R_2 为 S 上的关系，

$$R_1=\{<a,a>,<a,b>,<b,d>\}$$
$$R_2=\{<a,d>,<b,c>,<b,d>,<c,b>\}$$

求 $R_1\circ R_2$、$R_2\circ R_1$、R_1^2、R_2^3。

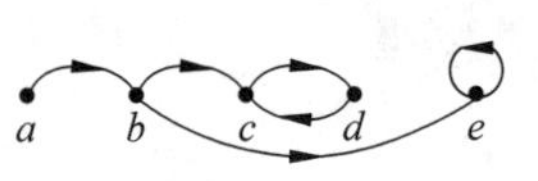

图 4-2

4.14 设 R 的关系图如图 4-2 所示，试给出 $r(R)$、$s(R)$、$t(R)$ 的关系图。

4.15 对任意非空集合 S，$P(S)-\{\varnothing\}$ 是 S 的非空子集族，那么 $P(S)-\{\varnothing\}$ 能否构成 S 的划分？

4.16 画出下列集合关于整除关系的哈斯图。

(1) $\{1,2,3,4,6,8,12,24\}$。

(2) $\{1,2,\cdots,9\}$。

并指出它的极小元、最小元、极大元、最大元。

4.17　在下列的关系中哪些能构成函数？

(1) $\{<x_1,x_2>|x_1,x_2\in\mathbf{N},x_1+x_2<10\}$。

(2) $\{<y_1,y_2>|y_1,y_2\in\mathbf{R},y_2=y_1^2\}$。

(3) $\{<y_1,y_2>|y_1,y_2\in\mathbf{R},y_2^2=y_1\}$。

4.18　设 R 是 S 上的等价关系，在什么条件下自然映射 $g:S\to S/R$ 是双射的？

4.19　设 $f,g,h\in\mathbf{N}^{\mathbf{N}}$，且有

$$f(n)=n+1\quad g(n)=2n\quad h(n)=\begin{cases}0, & n\text{ 为偶数}\\1, & n\text{ 为奇数}\end{cases}$$

求 $f\circ f$、$g\circ f$、$f\circ g$、$h\circ g$、$g\circ h$ 和 $f\circ g\circ h$。

4.20　设 $f:\mathbf{R}\times\mathbf{R}\to\mathbf{R}\times\mathbf{R}$，$f(<x,y>)=<x+y,x-y>$，求 f 的反函数。

4.21　设 $f,g\in\mathbf{N}^{\mathbf{N}}$，$\mathbf{N}$ 为自然数集，且

$$f(x)=\begin{cases}x+1, & x=0,1,2,3\\0, & x=4\\x, & x\geqslant 5\end{cases}\qquad g(x)=\begin{cases}\dfrac{x}{2}, & x\text{ 为偶数}\\3, & x\text{ 为奇数}\end{cases}$$

(1) 求 $g\circ f$ 并讨论它的性质(是否为单射或满射)。

(2) 设 $A=\{0,1,2\}$，求 $g\circ f(A)$。

4.22　设 $A=\{a,b\}$，$B=\{0,1\}$。

(1) 求 $P(A)$和 B^A。

(2) 构造一个从 $P(A)$到 B^A 的双射函数。

4.23　对下面给定的集合 A 和 B，构造从 A 到 B 的双射函数。

(1) $A=\mathbf{N}$，$B=\{x\,|\,x=2^y\wedge y\in\mathbf{N}\}$。

(2) $A=\left(\dfrac{\pi}{2},\dfrac{3\pi}{2}\right)$，$B=[-1,1]$都是实数区间。

4.24　设 $f:A\to A$，由 f 导出的 A 上的等价关系定义如下：

$$R=\{<x,y>|\ x,y\in A\wedge f(x)=f(y)\}$$

已知 $f_1,f_2,f_3\in\mathbf{N}^{\mathbf{N}}$，且

$$f_1(n)=n\quad f_2(n)=\begin{cases}1, & n\text{ 为奇数}\\0, & n\text{ 为偶数}\end{cases}\quad f_3(n)=n\bmod 3$$

令 R_i 为 f_i 导出的等价关系，求商集 $\mathbf{N}/R_i$，其中 $i=1,2,3$。

4.25　对下述函数 f、g 及集合 A、B，计算 $f\circ g$、$f\circ g(A)$和 $f\circ g(B)$，并说明 $f\circ g$ 是否为单射或满射。

(1) $f:\mathbf{R}\to\mathbf{R}$，$f(x)=x^4-x^2$。

$g:\mathbf{N}\to\mathbf{R}$，$g(x)=\sqrt{x}$。

$A=\{2,4,6,8,10\}$，$B=\{0,1\}$。

(2) $f:\mathbf{Z}\to\mathbf{R}$，$f(x)=\mathrm{e}^x$。

$g:\mathbf{Z}\to\mathbf{Z}$，$g(x)=x^2$。

$A=\mathbf{N}, B=\{2k \mid k \in \mathbf{N}\}$。

习题解答

4.1 A:⑤; B:③; C:①; D:⑧; E:⑩。

4.2 A:②; B:③; C:⑤; D:⑩; E:⑦。

4.3 A:②; B:⑦; C:⑤; D:⑧; E:④。

分析 题4.1~4.3都涉及关系的表示。先根据题意将关系表示成集合表达式,然后再进行相应的计算或解答。例如,题4.1中的

$$I_S=\{<1,1>,<2,2>\}$$
$$E_S=\{<1,1>,<1,2>,<2,1>,<2,2>\}$$
$$L_S=\{<1,1>,<1,2>,<2,2>\}$$

而题4.2中的

$$R=\{<1,1>,<1,4>,<2,1>,<3,4>,<4,1>\}$$

为得到题4.3中的R须求解方程$x+3y=12$,最终得到

$$R=\{<3,3>,<6,2>,<9,1>\}$$

求$R \circ R$有3种方法,即集合表达式、关系矩阵和关系图的方法。下面由题4.2的关系分别加以说明。

1° 集合表达式法

将$\mathrm{dom}R$、$\mathrm{dom}R \cup \mathrm{ran}R$、$\mathrm{ran}R$的元素列出来,如图4-3所示。然后检查$R$的每个有序对。若$<x,y> \in R$,则从$\mathrm{dom}R$中的$x$到$\mathrm{ran}R$中的$y$画一个箭头。若$\mathrm{dom}R$中的$x$经过2步有向路径到达$\mathrm{ran}R$中的$y$,则$<x,y> \in R \circ R$。由图4-3可知

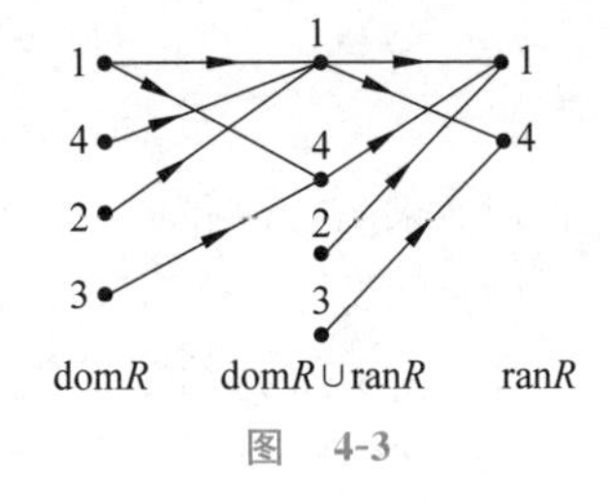

图 4-3

$$R \circ R=\{<1,1>,<1,4>,<4,1>,<4,4>,$$
$$<2,1>,<2,4>,<3,1>\}$$

如果求$F \circ G$,则将对应于G中有序对的箭头画在左边,而将对应于F中有序对的箭头画在右边。对应的3个集合分别为$\mathrm{dom}G$、$\mathrm{ran}G \cup \mathrm{dom}F$、$\mathrm{ran}F$,然后,同样地寻找$\mathrm{dom}G$到$\mathrm{ran}F$的2步长的有向路径即可。

2° 矩阵方法

若$\boldsymbol{M}$是R的关系矩阵,则$R \circ R$的关系矩阵就是$\boldsymbol{M} \cdot \boldsymbol{M}$,也可记作$\boldsymbol{M}^2$。在计算乘积时的相加不是普通加法,而是逻辑加,即$0+0=0, 0+1=1+0=1+1=1$。根据已知条件得

$$\boldsymbol{M}^2=\begin{pmatrix}1&0&0&1\\1&0&0&0\\0&0&0&1\\1&0&0&0\end{pmatrix}\cdot\begin{pmatrix}1&0&0&1\\1&0&0&0\\0&0&0&1\\1&0&0&0\end{pmatrix}=\begin{pmatrix}1&0&0&1\\1&0&0&1\\1&0&0&0\\1&0&0&1\end{pmatrix}$$

$\boldsymbol{M}^2$中含有7个1,说明$R \circ R$中含有7个有序对。

3° 关系图方法

设 G 是 R 的关系图。为求 R^n 的关系图 G'，先将 G 的结点复制到 G' 中，然后依次检查 G 的每个结点。如果结点 x 到 y 有一条 n 步长的路径，就在 G' 中从 x 到 y 加一条有向边。当所有的结点检查完毕，就得到图 G'。以题 4.2 为例。图 4-4(a)表示 R 的关系图 G。依次检查结点 1、2、3、4。从 1 出发，沿环走 2 步仍回到 1，所以，G' 中有过 1 的环。从 1 出发，经<1,1>和<1,4>，2 步可达 4，所以，G' 中有从 1 到 4 的边。结点 1 检查完毕。类似地检查其他 3 个结点，2 步长的路径还有 2→1→1，2→1→4，3→4→1，4→1→1，4→1→4。将这些路径对应的边也加到 G' 中，最终得到 R^2 的关系图。这个图如图 4-4(b)所示。

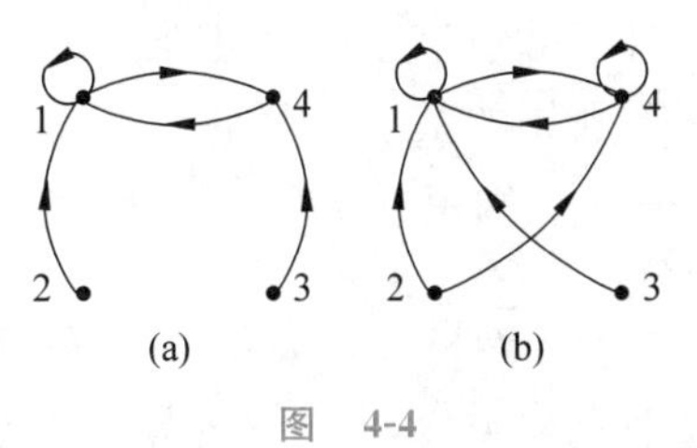

图 4-4

4.4 A：④；　B：⑧；　C：⑨；　D：⑤；　E：⑩。

分析　根据表 4-1 中关系图的特征来判定 $R_1,R_2,\cdots,R_5$ 的性质，如表 4-2 所示。

表 4-2

关系	自反	反自反	对称	反对称	传递
R_1	√	×	×	×	×
R_2	×	×	×	√	×
R_3	×	√	√	×	×
R_4	×	×	×	√	√
R_5	√	×	√	√	√

从表 4-2 中可知 R_1、R_2 和 R_3 不是传递的，理由如下：在 R_1 中有边<3,1>和<1,2>，但缺少边<3,2>。在 R_2 中有边<1,3>和<3,2>，但缺少边<1,2>。在 R_3 中有边<1,2>和<2,1>，但缺少过 1 的环。

4.5 A：①；　B：③；　C：⑧；　D：⑨；　E：⑤。

分析　等价关系和划分是两个不同的概念，有着不同的表示方法。等价关系是有序对的集合，而划分是子集的集合，切不可混淆起来。但是对于给定的集合 A，A 上的等价关系 R 和 A 的划分 π 是一一对应的。这种对应的含义是

$$<x,y>\in R\Leftrightarrow x \text{ 和 } y \text{ 在 } \pi \text{ 的同一划分块里。}$$

换句话说，等价关系 R 的等价类就是划分 π 的划分块，它们都表示了对 A 中元素的同一种分类方式。

给定划分 π，求对应的等价关系 R 的方法和步骤说明如下。

1° 设 π 中的划分块有 l 块，记作 $B_1,B_2,\cdots,B_l$。若 $B_i=\{x_1,x_2,\cdots,x_j\}$，$j\geqslant 1$，则 $<x_s,x_t>\in R_i$，$s,t=1,2,\cdots,j$，即 $R_i=B_i\times B_i$。求出 $R_1,R_2,\cdots,R_l$。

2° $R=R_1\cup R_2\cup\cdots\cup R_l$。

本题中的 π_1 的划分块都是单元集，没有含两个以上元素的划分块，所以，$R_1=I_A$。π_2 含有两个划分块，故对应的等价关系 R_2 含有两个等价类。π_3 中只有一个划分块 $\mathbf{Z}^+$，$\mathbf{Z}^+$ 包

含了集合中的全体元素。这说明$<x,y>\in R_3 \Leftrightarrow x,y\in \mathbf{Z}^+$,因此,这个划分对应的关系 R_3 就是 $\mathbf{Z}^+$ 上的全域关系。

4.6 A:③; B:⑩; C:⑤; D:⑩; E:⑤。

分析 画哈斯图的关键在于确定结点的层次和元素间的盖住关系。下面讨论画图的基本步骤和应该注意的问题。

画图的基本步骤如下。

1° 确定偏序集$<A,\preccurlyeq>$中的极小元,并将这些极小元放在哈斯图的最底层,记为第0层。

2° 若第 n 层的元素已确定完毕,从 A 中剩余的元素中选取至少能盖住第 n 层中一个元素的元素,将这些元素放在哈斯图的第 $n+1$ 层。在排列第 $n+1$ 层结点的位置时,注意把盖住较多元素的结点放在中间,将只盖住一个元素的结点放在两边,以减少连线的交叉。

3° 将相邻两层的结点根据盖住关系连线。

以本题的偏序集为例。1 可以整除 S 中的全体整数,故 1 是最小元,也是唯一的极小元,应该放在第 0 层。是 1 的倍数,但又不是其他数的倍数的数只能是素数,所以,第 1 层中应该是 S 中的全体素数,即 2、3、5、7。S 中剩下的元素是 4、6、8、9、10。哪些应该放在第 2 层呢?根据盖住关系,应该是 4、6、9 和 10。因为 4 盖住 2,6 盖住 2 和 3,9 盖住 3,10 盖住 2 和 5。8 不盖住 2、3、5、7 中的任何一个元素,最后只剩下一个 8 放在第 3 层。图 4-5 给出了最终得到的哈斯图。在整除关系的哈斯图中,盖住关系体现为最小的倍数或最小的公倍数关系。

如果偏序集是$<P(A),\subseteq>$,那么哈斯图的结构将呈现十分规则的形式。第 0 层是空集$\varnothing$,第 1 层是所有的单元集,第 2 层是所有的 2 元子集,……,直到最高层的集合 A。这里的盖住关系就体现为包含关系。

在画哈斯图时应该注意下面 3 个问题。

1° 哈斯图中不应该出现三角形,如果出现三角形,一定是盖住关系没有找对。纠正的方法是重新考察这 3 个元素在偏序中的顺序,然后将不满足盖住关系的那条边去掉。请看图 4-6(a)中的哈斯图。图中有两个三角形,即三角形 abc 和 abd。根据结点位置可以看出满足如下的偏序关系:

$$a \prec b, a \prec c, b \prec c, a \prec d, b \prec d$$

从而得到 $a\prec b\prec c$ 和 $a\prec b\prec d$。这就说明 c 和 d 不盖住 a,应该把 ac 边和 ad 边从图中去掉,从而得到正确的哈斯图,如图 4-6(b)所示。

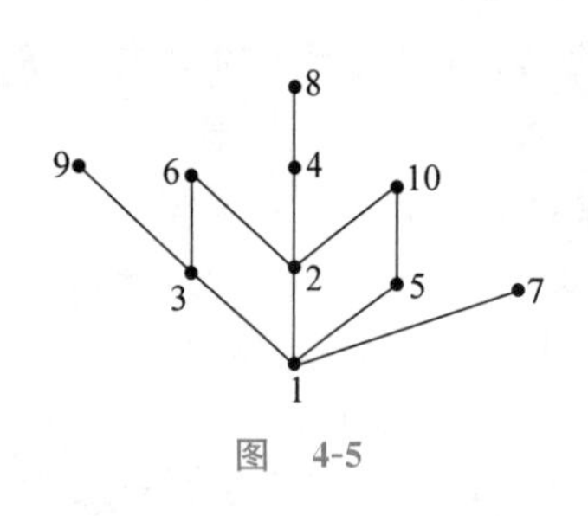

图 4-5

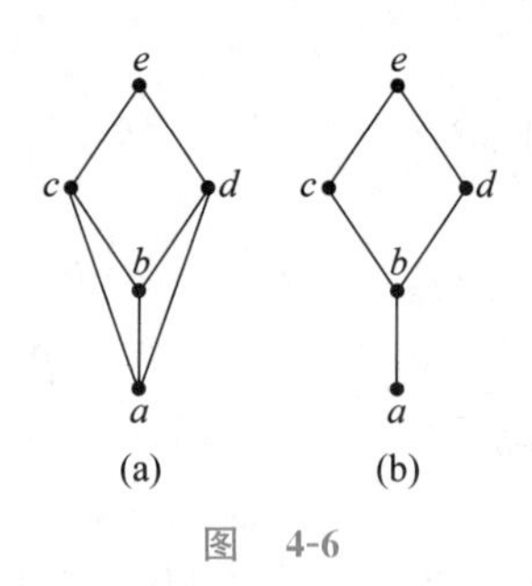

图 4-6

2°　哈斯图中不应该出现水平线段。根据哈斯图的层次结构，处在同一水平位置的结点是同一层的，它们没有顺序上的“大小”关系，是不可比的。出现这种错误的原因在于没有将“较大”的元素放在“较小”元素的上方。纠正时只要根据“大小”顺序将“较大”的元素放到更高的一层，将水平线改为斜线即可以。

3°　哈斯图中应尽量减少线的交叉，以使得图形清晰、易读，也便于检查错误。图形中线的交叉多少主要取决于同一层结点的排列顺序。如果出现交叉过多，可以适当调整结点的排列顺序，注意变动结点时要同时移动连线。

最后谈谈怎样确定哈斯图中的极大元、极小元、最大元、最小元、最小上界和最大下界，具体的方法如下。

1°　如果图中有孤立结点，那么这个结点既是极小元，也是极大元，并且图中既无最小元，也无最大元(除了图中只有唯一孤立结点且不含其他结点的特殊情况)。

2°　除了孤立结点以外，其他的极小元是图中所有向下通路的终点，其他的极大元是图中所有向上通路的终点。

3°　图中唯一的极小元是最小元，唯一的极大元是最大元，否则最小元和最大元不存在。

4°　设 B 为偏序集 $<A,\preccurlyeq>$ 的子集，若 B 中存在最大元，它就是 B 的最小上界，否则从 $A-B$ 中选择那些向下可达 B 中每个元素的结点，它们都是 B 的上界，其中的最小元是 B 的最小上界。类似地可以确定 B 的最大下界。

观察图 4-5，1 是所有向下通路的终点，是极小元，也是最小元。向上通路的终点有 9、6、8、10 和 7，这些是极大元。由于极大元不是唯一的，所以，没有最大元。对于整个偏序集的最小上界和最大下界，就是它的最大元和最小元，因此，该偏序集没有最小上界，最大下界是 1。

4.7　A：④；　B：⑤；　C：③；　D：①；　E：⑦。

4.8　A：②；　B：①；　C：④；　D：②；　E：⑨。

分析　给定函数 $f: A\to B$，怎样判别它是否满足单射性呢？通常是根据函数的种类采取不同的方法。

1°　若 $f: A\to B$ 是实数区间上的连续函数，那么，可以通过函数的图像来判别它的单射性。如果 f 的图像是严格单调上升(或下降)的，则 f 是单射的；如果在 f 的图像中间有极大或极小值，则 f 不是单射的。

2°　若 f 不是通常的初等函数。那么，就须检查在 f 的对应关系中是否存在着多对一的形式。如果存在 $x_1,x_2\in A,x_1\neq x_2$，但 $f(x_1)=f(x_2)$，这就是二对一，即自变量的两个值对应于一个函数值，从而判定 f 不是单射的。

下面考虑满射性的判别。满射性的判别可以归结为 f 的值域 $\mathrm{ran}f$ 的计算。如果 $\mathrm{ran}f=B$，则 $f: A\to B$ 是满射的，否则不是满射的。求 $\mathrm{ran}f$ 的方法说明如下。

1°　若 $f: A\to B$ 是实数区间上的初等函数，为了求 $\mathrm{ran}f$ 首先要找到 f 的单调区间。针对 f 的每个单调区间求出 f 在该区间的最小和最大值，从而确定 f 在这个区间的局部值域。$\mathrm{ran}f$ 就是所有局部值域的并集。对于分段的初等函数也可以采用这种方法处理。

2°　若 f 是用列元素的方法给出的，那么 $\mathrm{ran}f$ 就是所有有序对的第二元素构成的集合。

本题中只有 f_1 是定义于实数区间上的初等函数。易见，指数函数的图像是严格单调上升的,并且所有的函数值都大于0。从而知道 f_1 是单射的,但不是满射的。对于 f_2,由 $f_2(1)=f_2(-1)=1$ 可知,它不是单射的。但 $\mathrm{ran}f_2=\mathbf{N}$,所以,它是满射的。$f_3$ 既不是单射的,也不是满射的,因为 $f_3(3)=f_3(0)=0$,且 $\mathrm{ran}f_3=\{0,1,2\}$。$f_4$ 是单射的,但不是满射的。因为 $m\neq n$ 时,必有 $<m,m+1>\neq<n,n+1>$,但 $<1,1>\notin \mathrm{ran}f_4$。

4.9 A:③; B:④; C:⑦; D:⑨; E:⑩。

分析 如果 f、g 为分段函数,那么计算 $f\circ g$ 或 $g\circ f$ 时要注意分段的位置可能会发生改变。如 f 原来在 $x=3$ 点分成两段,但 $f\circ g$ 却在 $x=1$ 点分成两段。这是因为当 $x=1$ 时,$g(x)=3$ 恰好处在 f 的分段点上。

此外,在求一个函数的反函数时,首先要判别这个函数是否为双射函数。如果是,则存在反函数;如果不是,则不存在反函数。

4.10 A:③; B:①; C:⑦; D:⑤; E:⑨。

分析 (1) 先求出 T 的特征函数 $\chi_T=\{<a,1>,<b,1>,<c,0>\}$,它是从 S 到 $\{0,1\}$ 的函数。而 S^S 中的函数是从 $\{a,b,c\}$ 到 $\{a,b,c\}$ 的函数,这就是说该函数应包含3个有序对,有序对的第一元素是 a、b、c,而第二元素应该从 a、b、c 中选取(可以重复选取)。不难看出只有①满足要求。

(2) 等价关系 R 对应的划分就是商集 S/R。检查 R 的表达式,如果 $<x,y>\in R$,那么 x、y 就在同一个等价类。不难看出 S 中的元素被划分成两个等价类 $\{a,b\}$、$\{c\}$,因而对应的划分有两个划分块。

考虑自然映射 $g: S\to S/R$,它将 S 中的元素映射到该元素所在的等价类,即将 a 映射到 $[a]=\{a,b\}$,将 b 映射到 $[b]=\{a,b\}$,将 c 映射到 $[c]=\{c\}$。将 g 写成集合表达式就是

$$g=\{<a,\{a,b\}>,<b,\{a,b\}>,<c,\{c\}>\}$$

通常的自然映射是满射的,但不一定是单射的。除非等价关系为恒等关系,这时每个等价类只含一个元素,不同元素的等价类也不同,g 就成为双射函数了。

4.11 (1) $R=\{<1,1>,<1,2>,<1,3>,<1,4>,<1,5>,<1,6>,<2,2>,<2,4>,<2,6>,<3,3>,<3,6>,<4,4>,<5,5>,<6,6>\}$。

(2) $R=\{<1,1>,<2,1>,<2,2>,<3,1>,<3,3>,<4,1>,<4,2>,<4,4>,<5,1>,<5,5>,<6,1>,<6,2>,<6,3>,<6,6>\}$。

(3) $R=\{<1,2>,<1,3>,<2,1>,<2,3>,<2,4>,<3,1>,<3,2>,<3,4>,<3,5>,<4,2>,<4,3>,<4,5>,<4,6>,<5,3>,<5,4>,<5,6>,<6,4>,<6,5>\}$。

(4) $R=\{<2,1>,<3,1>,<4,2>,<5,1>,<6,2>,<6,3>\}$。

4.12 对称性。

4.13 $R_1\circ R_2=\{<c,d>\}$

$R_2\circ R_1=\{<a,d>,<a,c>\}$

$R_1^2=\{<a,a>,<a,b>,<a,d>\}$

$R_2^3=\{<b,c>,<c,b>,<b,d>\}$

4.14 如图4-7所示。

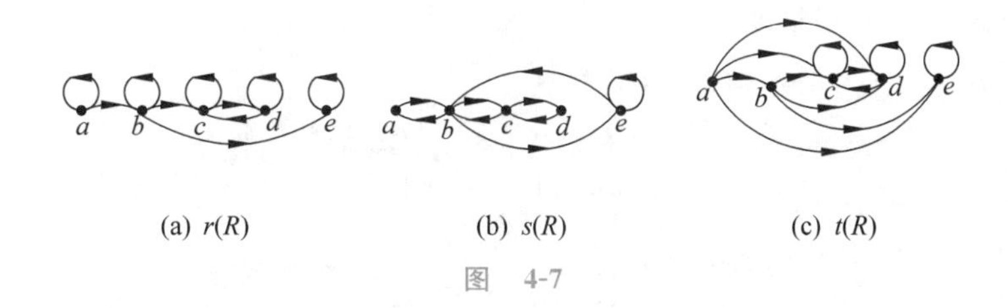

(a) $r(R)$　　(b) $s(R)$　　(c) $t(R)$

图　4-7

分析　根据闭包的计算公式

$$r(R)=R\cup R^0,\quad s(R)=R\cup R^{-1},\quad t(R)=R\cup R^2\cup\cdots$$

可以得到由关系图求闭包的方法。

设 G 是 R 的关系图，G 的结点记为 $x_1,x_2,\cdots,x_n$。$r(R)$、$s(R)$、$t(R)$的关系图分别记作 G_r、G_s 和 G_t。

为求 G_r，先将图 G 的结点和边复制到 G_r，然后将 G_r 中缺少环的结点都加上环就得到了 $r(R)$的关系图。

为求 G_s，也须将图 G 复制到 G_s，然后检查 G_s 的每对结点 x_i 和 $x_j(i\neq j)$。如果在 x_i 和 x_j 之间只存在一条单方向的边，就在这两个结点间加上一条方向相反的边。当 G_s 中所有的单向边都变成双向边以后就得到了 $s(R)$的关系图。

最后考虑 G_t。首先将图 G 复制到 G_t，然后从 x_1 开始依次检查 $x_1,x_2,\cdots,x_n$。在检查结点 $x_i(i=1,2,\cdots,n)$时，要找出从 x_i 出发经过有限步(至少 2 步，至多 n 步)可达的所有结点(包括 x_i 自己在内)。如果从 x_i 到这种结点之间缺少边，就把这条边加到 G_t 中。当 n 个结点全部处理完毕，就得到 $t(R)$的关系图。

以本题为例，依次检查结点 a、b、c、d。从 a 出发可达 b、c、d、e 4 个结点，所以图 G_t 中应该加上 $a\to c$、$a\to d$ 和 $a\to e$ 的边。从 b 出发可达 c、d、e 3 个结点，所以，图 G_t 中应该加上 $b\to d$ 的边。从 c 出发可达 c 和 d，在 G_t 中应该加上边 $c\to c$，即通过 c 的环。类似地分析可以知道，在 G_t 中还应该加上过 d 的环。

4.15　若 S 不是单元集，则 $P(S)-\{\varnothing\}$不构成 S 的划分。

4.16　在图 4-8(a)中极小元、最小元是 1，极大元、最大元是 24。在图 4-8(b)中极小元、最小元是 1，极大元是 5、6、7、8、9，没有最大元。

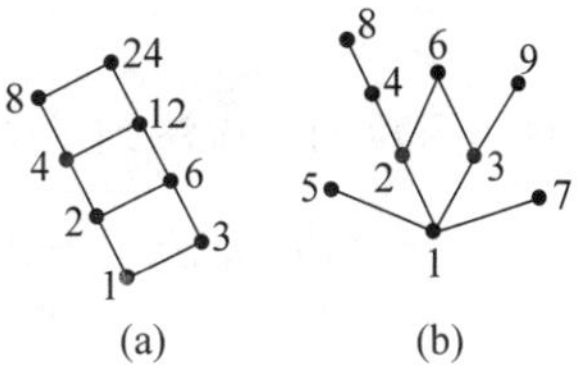

(a)　(b)

图　4-8

4.17　(1) 不能；　(2) 能；　(3) 不能。

分析　函数和关系的区别在于它们的对应法则。在关系 R 的表达式中，如果$<x,y>\in R$，就说 x 对应到 y。对于二元关系 R，这种对应可以是一对一的、多对一的和一对多的。这里的一对多指的是一个 x 对应到多个 y。但是对于函数，则不允许这种一对多的对应。至于单射函数，不但不允许一对多，也不允许多对一，只能存在一对一的对应。为了判别一个关系是否为函数，就要检查关系的对应中是否存在一对多的情况。如本题中的(1)式，$<1,2>$和$<1,1>$同时在关系中出现，因此不是函数。又如(3)式，$<1,1>$和$<1,-1>$也同时在关系中出现，破坏了函数定义。

4.18　当 $R=I_S$ 时满足要求。

4.19　$f\circ f, g\circ f, f\circ g, h\circ g, f\circ g\circ h\in \mathbf{N}^{\mathbf{N}}$，且

$$f\circ f(n)=n+2,\quad g\circ f(n)=2n+2$$

$$f\circ g(n)=2n+1,\quad h\circ g(n)=0$$

$$g\circ h(n)=\begin{cases}0, & n\text{ 为偶数}\\ 2, & n\text{ 为奇数}\end{cases}$$

$$f\circ g\circ h(n)=\begin{cases}1, & n\text{ 为偶数}\\ 3, & n\text{ 为奇数}\end{cases}$$

分析　注意合成的正确表示方法。表示 f 和 g 合成的方法有两种。

1°　说明 $f\circ g$ 是从哪个集合到哪个集合的函数，然后给出 $f\circ g(x)$ 的计算公式。

2°　给出 $f\circ g$ 的集合表达式。

本题中的结果都采用了第一种表示方法，先说明结果函数是从 **N** 到 **N** 的函数，然后分别给出函数值的计算公式。也可以采用第二种方法，如

$$f\circ f=\{<n,n+2>\mid n\in \mathbf{N}\}$$

$$f\circ g\circ h=\{<x,1>,<y,3>\mid x,y\in \mathbf{N}\text{ 且 }x\text{ 为偶数},y\text{ 为奇数}\}$$

但是，如果写成 $f\circ f=n+2$ 就错了，因为 $f\circ f$ 是函数，是有序对的集合，与函数值 $f\circ f(n)$ 是根本不同的两回事，不能混为一谈。

4.20　$f^{-1}:\mathbf{R}\times\mathbf{R}\to\mathbf{R}\times\mathbf{R}$

$$f^{-1}(<x,y>)=<\frac{x+y}{2},\frac{x-y}{2}>$$

分析　首先由 f 的双射性确定 f^{-1} 一定存在。然后通过 f 的定义求出反函数的对应法则。设 f 将 $<x,y>$ 对应到 $<u,v>$。根据 f 的定义有

$$<u,v>=<x+y,x-y>\Leftrightarrow x+y=u\wedge x-y=v$$

$$\Rightarrow 2x=u+v\wedge 2y=u-v\Rightarrow x=\frac{u+v}{2},y=\frac{u-v}{2}$$

因而反函数的对应法则是 $<u,v>$ 对应到 $<\frac{u+v}{2},\frac{u-v}{2}>$。

4.21　(1) 如下列出 $g\circ f$ 的对应关系

x	0	1	2	3	4	5	6	7	8	…
$f(x)$	1	2	3	4	0	5	6	7	8	…
$g(f(x))$	3	1	3	2	0	3	3	3	4	…

从而得到

$$g\circ f: N\to N$$

$$g\circ f(x)=\begin{cases}3, & x=0,2\text{ 或者大于或等于 5 的奇数}\\ 1, & x=1\\ 2, & x=3\\ \frac{x}{2}, & x\geqslant 6\text{ 且 }x\text{ 为偶数}\\ 0, & x=4\end{cases}$$

$g \circ f$ 是满射的，但不是单射的。

(2) $g \circ f(\{0,1,2\}) = \{1,3\}$。

4.22 (1) $P(A) = \{\varnothing, \{a\}, \{b\}, \{a,b\}\}$

$B^A = \{f_1, f_2, f_3, f_4\}$

其中

$$f_1 = \{<a,0>, <b,0>\}, \quad f_2 = \{<a,0>, <b,1>\}$$

$$f_3 = \{<a,1>, <b,0>\}, \quad f_4 = \{<a,1>, <b,1>\}$$

(2) 令 $f: P(A) \to B^A$，且

$$f(\varnothing) = f_1, \quad f(\{a\}) = f_2, \quad f(\{b\}) = f_3, \quad f(\{a,b\}) = f_4$$

分析　对于任意集合 A，都可以构造从 $P(A)$ 到 $\{0,1\}^A$ 的双射函数。任取 A 的子集 $B \in P(A)$，B 的特征函数 $\chi_B: A \to \{0,1\}$ 定义为

$$\chi_B(x) = \begin{cases} 1, & x \in B \\ 0, & x \in A - B \end{cases}$$

不同的子集其特征函数也不同，因此，令

$$\varphi: P(A) \to \{0,1\}^A$$
$$\varphi(B) = \chi_B$$

φ 是 $P(A)$ 到 $\{0,1\}^A$ 的双射。在本题的实例中的 φ 是 $\varphi(\varnothing) = f_1$，$\varphi(\{a\}) = f_3$，$\varphi(\{b\}) = f_2$，$\varphi(\{a,b\}) = f_4$。

4.23 (1) $f: A \to B, f(x) = 2^x$。

(2) $f: A \to B, f(x) = \sin x$。

分析　给定集合 A、B，如何构造从 A 到 B 的双射？一般可采用下面的方法。

1°　若 A、B 都是有穷集合，可以先用列元素的方法表示 A、B，然后顺序将 A 中的元素与 B 中的元素建立对应，如题 4.22 所示。

2°　若 A、B 是实数区间，可以采用直线方程作为从 A 到 B 的双射函数。

例如，$A = [1,2]$，$B = [2,6]$ 是实数区间。如图 4-9 所示，先将 A、B 区间分别标记在直角坐标系的 x 轴和 y 轴上。过 $(1,2)$ 和 $(2,6)$ 两点的直线方程将 A 中的每个数映射到 B 中的每个数，因此，该直线方程所代表的一次函数就是从 A 到 B 的双射函数。由解析几何的知识可以得到双射函数 $f: A \to B, f(x) = 4x - 2$。

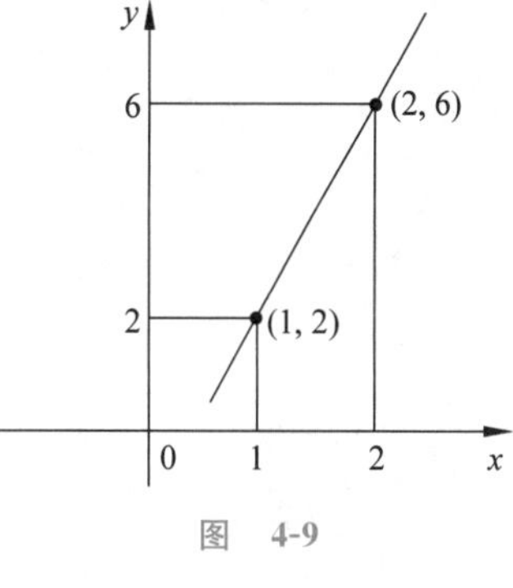

图　4-9

这种通过直线方程构造双射函数的方法对任意两个同类型的实数区间(同为闭区间、开区间或半开半闭的区间)都是适用的。但对半开半闭的区间要注意开端点与开端点对应，闭端点与闭端点对应。此外，还要说明一点，对于某些特殊的实数区间可能选择其他严格单调的初等函数更方便。例如，$A = [-1, 1]$，$B = \left[-\frac{\pi}{2}, \frac{\pi}{2}\right]$，取 $f(x) = \arcsin x$ 即可。

3°　A 是一个无穷集合，B 是自然数集 $\mathbf{N}$。

为构造从 A 到 B 的双射只需将 A 中的元素排成一个有序序列，且指定这个序列的初始元素，称为把 A"良序化"。如 A 良序化以后，是集合$\{x_0, x_1, x_2, \cdots\}$，那么令 $f: A \to B$，$f(x_i)=i, i=0,1,2,\cdots$，f 就是从 A 到 B 的双射。

在(1)中的 B 集合元素排列的顺序为 $2^0, 2^1, 2^2, \cdots$，与 A 中元素对应如下：

$$\begin{array}{ccccccc} A & 0 & 1 & 2 & \cdots & n & \cdots \\ B & 2^0 & 2^1 & 2^2 & \cdots & 2^n & \cdots \end{array}$$

因此，从 A 到 B 的双射函数为 $f: A \to B, f(x)=2^x$。

最后要指出，并不是任何两个集合都可以构造双射的。例如，含有元素不一样多的有穷集之间不存在双射。即使都是无穷集也不一定存在双射，如实数集 **R** 和自然数集 **N** 之间就不存在双射。这就涉及集合"大小"的描述和度量方法，限于篇幅对此就不进行深入讨论了，有兴趣的读者可以阅读关于集合论的书籍。

4.24 $f_1(x)=f_1(y) \Leftrightarrow x=y$，$R_1$ 为 **N** 上的恒等关系，且有

$$\mathbf{N}/R_1=\{\{n\} \mid n \in \mathbf{N}\}$$

$f_2(x)=f_2(y) \Leftrightarrow x$ 与 y 的奇偶性相同。在 **N** 中的所有奇数构成一个等价类，所有的偶数构成另一个等价类。因此

$$\mathbf{N}/R_2=\{\{2n \mid n \in \mathbf{N}\}, \{2n+1 \mid n \in \mathbf{N}\}\}$$

$f_3(x)=f_3(y) \Leftrightarrow x \equiv y (\bmod 3)$，即 x 除以 3 的余数与 y 除以 3 的余数相等。根据余数分别为 0、1、2 可将 **N** 中的数分成 3 个等价类，因而

$$\mathbf{N}/R_3=\{\{3n \mid n \in \mathbf{N}\}, \{3n+1 \mid n \in \mathbf{N}\}, \{3n+2 \mid n \in \mathbf{N}\}\}$$

4.25 (1) $f \circ g: \mathbf{N} \to \mathbf{R}, f \circ g(x)=x^2-x$。$f \circ g$ 不是单射也不是满射。

$$f \circ g(A)=\{2,12,30,56,90\}$$

$$f \circ g(B)=\{0\}$$

(2) $f \circ g: \mathbf{Z} \to \mathbf{R}, f \circ g(x)=\mathrm{e}^{x^2}$。$f \circ g$ 不是单射也不是满射。

$$f \circ g(A)=\{\mathrm{e}^{n^2} \mid n \in \mathbf{N}\}$$

$$f \circ g(B)=\{\mathrm{e}^{4n^2} \mid n \in \mathbf{N}\}$$

第5章　图的基本概念

内容提要

1. 图

无向图与有向图　无向图 $G=\langle V,E\rangle$，其中 $V\neq\varnothing$ 称为顶点集，其元素称为顶点，E 是 $V\&V$ 的多重子集，称为边集，其元素称为无向边或边。有向图 $D=\langle V,E\rangle$，其中 V 同无向图，E 是 $V\times V$ 的多重子集，其元素称为有向边或边。有时用 G 泛指图(无向的或有向的)，但 D 只表示有向图。用 $V(G)(V(D))$、$E(G)(E(D))$分别表示 $G(D)$的顶点集与边集。

零图与平凡图　只有顶点没有边的图称为零图，只有一个顶点的零图称为平凡图。

关联与相邻　设图 $G=\langle V,E\rangle$，$u,v\in V$，$e=(u,v)\in E$(对于有向图，$e=\langle u,v\rangle\in E$)，称 u、v 为 e 的端点(对于有向边，又称 u 为 e 的始点，v 为 e 的终点)，称 e 与 u、v 是彼此相关联的。无边关联的顶点称为孤立点。若 e 关联的两个顶点重合，则称 e 为环。若 $u\neq v$，则称 e 与 $u(v)$的关联次数为 1。若 $u=v$(即 e 为环)，则称 e 与 u 关联的次数为 2。若顶点 u、v 之间有边关联，则称 u 与 v 相邻。若两条边至少有一个公共端点(对于有向图，一条边的终点是另一条边的始点)，则称这两条边相邻。

顶点的度数　称无向图或有向图的顶点 v 作为边的端点的次数之和为 v 的度数或度，记作 $d(v)$。称有向图的顶点 v 作为边的始点次数之和为 v 的出度，记作 $d^+(v)$，v 作为边的终点的次数之和为 v 的入度，记作 $d^-(v)$。显然，$d(v)=d^+(v)+d^-(v)$。称 $\max\{d(v)\mid v\in V(G)\}$为 G 的最大度，记作 $\Delta(G)$或 Δ，称 $\min\{d(v)\mid v\in V(G)\}$为 G 的最小度，记作$\delta(G)$或 δ。类似地定义有向图的最大度 $\Delta(D)$、最大出度 $\Delta^+(D)$、最大入度 $\Delta^-(D)$、最小度 $\delta(D)$、最小出度 $\delta^+(D)$、最小入度 $\delta^-(D)$。

简单图　对于无向图，若关联一对顶点的边多于一条，则称这些边为平行边。对于有向图，若关联一对顶点的方向相同的边多于一条，则称这些边为平行边。平行边的条数称作重数。既不含平行边，也不含环的图称为简单图。

完全图　设 G 为 n 阶(n 个顶点)无向简单图，若 G 中任何两个顶点均相邻，则称 G 为 n 阶完全图，记作 K_n。设 D 为 n 阶有向简单图，若 D 中任何两个顶点之间均有两条方向相反的边，则称 D 为 n 阶有向完全图。

正则图　设 G 为 n 阶无向简单图，若 G 中每个顶点的度数均为 k，则称 G 为 k 正则图。

子图　设 $G=\langle V,E\rangle$，$G'=\langle V',E'\rangle$，若 $V'\subseteq V$ 且 $E'\subseteq E$，则称 G'为 G 的子图，记作 $G'\subseteq G$。若 $G'\subseteq G$ 且 $G'\neq G$，则称 G'为 G 的真子图。若 $G'\subseteq G$ 且 $V'=V$，则称 G'为 G 的生成子图。若 $V_1\subseteq V$ 且 $V_1\neq\varnothing$，则称以 V_1 为顶点集、以两个端点均在 V_1 中的边为边集的图为 V_1 的导出子图，记作 $G[V_1]$。若 $E_1\subseteq E$ 且 $E_1\neq\varnothing$，则称以 E_1 为边集、以 E_1 中边关联的顶点为顶点集的图为 E_1 的导出子图，记作 $G[E_1]$。

补图　设 $G=\langle V,E\rangle$ 为 n 阶简单图，令 $\overline{E}=\{(u,v)\mid u,v\in V$ 且 $(u,v)\notin E\}$，称 $\overline{G}=\langle V,\overline{E}\rangle$ 为 G 的补图。

图的同构　设 $G_1=\langle V_1,E_1\rangle$、$G_2=\langle V_2,E_2\rangle$ 为两个无向图，若存在双射函数 $f: V_1\to V_2$，使得对于任意的 $u,v\in V$，$(u,v)\in E_1$ 当且仅当 $(f(u),f(v))\in E_2$ 且 (u,v) 与 $(f(u),f(v))$ 的重数相同，则称 G_1 与 G_2 同构，记作 $G_1\cong G_2$。两个有向图的同构类似。

主要定理

定理 5.1(握手定理)　任何图(无向图或有向图)中所有顶点的度数之和等于边数的 2 倍。任何有向图中所有顶点的入度之和等于所有顶点的出度之和等于边数。

推论　任何图中奇度顶点的个数为偶数。

2. 通路、回路、图的连通性

通路与回路　设 $\Gamma=v_0e_1v_1e_2\cdots e_lv_l$ 为图 G 中的顶点与边的交替序列，若 v_{i-1}、v_i 为 e_i 的端点(若 G 为有向图，要求 v_{i-1} 是 e_i 的始点，v_i 是 e_i 的终点)，$i=1,2,\cdots,l$，则称 Γ 为一条通路，v_0、v_l 分别称为通路 Γ 的始点和终点，边的数目 l 称为 Γ 的长度。若通路的始点与终点重合，则称为回路。所有边互不相同的通路称为简单通路。所有边互不相同的回路称为简单回路。所有顶点互不相同的通路称为初级通路。所有顶点互不相同且所有边也互不相同的回路称为初级回路或圈。有边重复出现的通路称为复杂通路。有边重复出现的回路称为复杂回路。

顶点之间的连通关系　在无向图 G 中，若顶点 u 到 v 有通路，则称 u 与 v 连通。规定顶点与自身连通。顶点之间的连通关系是等价关系。在有向图 D 中，若 u 到 v 有通路，则称 u 可达 v。规定任何顶点与自身可达。

无向图的连通性　若无向图 G 中任何两个顶点都连通，则称 G 是连通图。对于无向图 G，设 $V_1,V_2,\cdots,V_k$ 是顶点集 V 关于连通关系的等价类，则称它们的导出子图为 G 的连通分支，G 的连通分支数记作 $p(G)$。

有向图的连通性　若略去有向图 D 中各边的方向所得无向图是连通图，则称 D 是弱连通图(或连通图)；若 D 中任何两个顶点至少一个可达另一个，则称 D 是单向连通图；若 D 中任何两个顶点都是相互可达的，则称 D 是强连通图。强连通图一定是单向连通图，单向连通图一定是弱连通图。

点割集与割点　设无向图 $G=\langle V,E\rangle$，$V'\subset V$，若 $p(G-V')>p(G)$，且对任意的 $V''\subset V'$，均有 $p(G-V'')=p(G)$，则称 V' 为 G 的点割集。若 $V'=\{v\}$ 是点割集，即称 v 为 G 的割点。这里，$G-V'$ 表示从 G 中去掉 V' 中所有顶点及其关联的边。

边割集及桥　设无向图 $G=\langle V,E\rangle$，$E'\subseteq E$，若 $p(G-E')>p(G)$，且对任意的 $E''\subset E'$，均有 $p(G-E'')=p(G)$，则称 E' 是 G 的边割集或割集。若 $E'=\{e\}$ 是边割集，则称 e 为 G 中的桥或割边。这里，$G-E'$ 表示从 G 中去掉 E' 中所有的边。

3. 图的矩阵表示

无向图的关联矩阵　设无向图 $G=\langle V,E\rangle$，$V=\{v_1,v_2,\cdots,v_n\}$，$E=\{e_1,e_2,\cdots,e_m\}$，

令 m_{ij} 为 v_i 与 e_j 的关联次数，则称 $(m_{ij})_{n\times m}$ 为 G 的关联矩阵，记作 $\boldsymbol{M}(G)$。

有向图的关联矩阵　设无环的有向图 $D=\langle V,E\rangle$，$V=\{v_1,v_2,\cdots,v_n\}$，$E=\{e_1,e_2,\cdots,e_m\}$，令

$$m_{ij}=\begin{cases}1, & v_i \text{ 为 } e_j \text{ 的始点} \\ 0, & v_i \text{ 与 } e_j \text{ 不关联} \\ -1, & v_i \text{ 为 } e_j \text{ 的终点}\end{cases}$$

则称 $(m_{ij})_{n\times m}$ 为 D 的关联矩阵，记作 $\boldsymbol{M}(D)$。

有向图的可达矩阵　设有向图 $D=\langle V,E\rangle$，$V=\{v_1,v_2,\cdots,v_n\}$，令

$$p_{ij}=\begin{cases}1, & v_i \text{ 可达 } v_j \\ 0, & \text{否则}\end{cases}$$

则称 $(p_{ij})_{n\times n}$ 为 D 的可达矩阵，记作 $\boldsymbol{P}(D)$。由于 v_i 可达 v_i，所以 $\boldsymbol{P}(D)$ 中 $p_{ii}=1$，$i=1,2,\cdots,n$。

有向图的邻接矩阵　设有向图 $D=\langle V,E\rangle$，$V=\{v_1,v_2,\cdots,v_n\}$。令 $a_{ij}^{(1)}$ 为 v_i 邻接到 v_j 的边的条数，则称 $(a_{ij}^{(1)})_{n\times n}$ 为 D 的邻接矩阵，记作 $\boldsymbol{A}(D)$，简记为 $\boldsymbol{A}$。记 $\boldsymbol{A}$ 的 $l(l\geqslant 1)$ 次幂 $\boldsymbol{A}^l=(a_{ij}^{(l)})$，$\boldsymbol{B}_r=(b_{ij}^{(r)})=\boldsymbol{A}+\boldsymbol{A}^2+\cdots+\boldsymbol{A}^r$。

无向图的可达矩阵和邻接矩阵　与有向图的可达矩阵和邻接矩阵类似，实际上，只要把每条无向边看作一对方向相反的有向边，就可以把无向图作为有向图的特殊情况。无向图的可达矩阵和邻接矩阵都是对称的。

主要定理及推论

定理 5.2　设 $\boldsymbol{A}$ 为图 G(有向图或无向图)的邻接矩阵，$V=\{v_1,v_2,\cdots,v_n\}$，则 $A^l(l\geqslant 1)$ 中元素 $a_{ij}^{(l)}$ 为顶点 v_i 到 v_j 长度为 l 的通路数，$\sum_{i,j} a_{ij}^{(l)}$ 为 G 中长度为 l 的通路(含回路)数，其中 $\sum_{i} a_{ii}^{(l)}$ 为 G 中长度为 l 的回路数。

推论　$\boldsymbol{B}_r(r\geqslant 1)$ 中元素 $b_{ij}^{(r)}$ 为 G 中 v_i 到 v_j 长度小于或等于 r 的通路数，$\sum_{i,j} b_{ij}^{(r)}$ 为 G 中长度小于或等于 r 的通路(含回路)数，其中 $\sum_{i} b_{ii}^{(r)}$ 为 G 中长度小于或等于 r 的回路数。

4. 最短路径问题

带权图　在图 $G=\langle V,E\rangle$ 的每条边 $e=(v_i,v_j)(e=\langle v_i,v_j\rangle)$ 上附加一个实数 $w(e)$(或记为 w_{ij})，称 $w(e)(w_{ij})$ 为边 e 的权，称 G 为带权图，记作 $G=\langle V,E,W\rangle$。设 Γ 是 G 中一条通路，称 Γ 中所有边的权之和为 Γ 的权，记作 $W(\Gamma)$。

最短路径　设带权图 G，u、v 为 G 中两个顶点，从 u 到 v 所有通路中权最小的通路称为 u 到 v 的最短路径，其权称作 u 到 v 的距离。

最短路径问题是求带权图中指定两点之间的最短路径及距离。Dijkstra 标号法是最短路径问题的常用有效算法，它适用于所有的权非负的情况。

5. 项目网络图与关键路径

项目网络图是一个带权的有向图，用来描述项目中活动的完成时间及相互关系。项目

网络图中从始点到终点的最长路径称作关键路径。关键路径上的活动称作关键活动。通过计算各顶点的最早开始时间和最晚完成时间找到关键路径及活动的相关数据。

6. 着色问题

着色　给无环的无向图的每个顶点涂一种颜色,使得相邻的顶点涂不同的颜色,称作图的点着色,简称着色。图的着色问题是如何用尽可能少的颜色给图着色。

7. 小结

本章概念较多,它们是图论中的基本概念。在学习和领会这些概念时,以下 6 点要特别注意。

(1) 牢记握手定理及其推论,并且能灵活应用。例如,在求解无向图(例如,已知边数 m 和一些顶点的度数,求另外一些顶点的度数),求解无向树(见第 7 章)以及判断某些非负整数序列能否充当图的度数序列等问题中都要用到握手定理或推论。在图论的许多证明题中也要用到握手定理。

(2) 记住简单图的概念和性质,如 n 阶无向简单图 G 的最大度 $\Delta(G)\leqslant n-1$,n 阶有向简单图 D 的最大度 $\Delta(D)\leqslant 2(n-1)$,最大出度 $\Delta^+(D)\leqslant n-1$,最大入度 $\Delta^-(D)\leqslant n-1$。在讨论给定的非负整数列能否充当无向图的度数序列时,都要用到以上性质。另外还要掌握完全图、正则图、补图等概念。

(3) 清楚图同构的概念。对一些比较简单的情况,会根据定义和必要条件判断两个图是否同构。会画出 4 阶无向完全图 K_4 和 3 阶有向完全图的所有非同构的子图。

(4) 清楚通路与回路的概念及其分类。初级通路(回路)都是简单通路(回路),但反之不真。长为 1 的圈是环,长为 2 的圈是两条平行边,只能在非简单图中出现。在简单图中初级回路(圈)的长度都大于或等于 3。

(5) 在讨论图的连通性时,要特别注意有向连通图的分类及它们之间的关系,即强连通的有向图必为单向连通的,单向连通的必为弱连通的,但反之都不真。

(6) 在图的矩阵表示中,可以用邻接矩阵及各次幂,求图中的通路数及回路数。要注意,这里不同的通路(回路)是按定义来区分的,而不是同构意义下区分的。例如,长度为 $l(l\geqslant 1)$ 的有向圈在计算长度为 l 的回路时被计算 l 次,也就是说,不同始点(也是终点)的圈被看成是不同的。

习　题

5.1　下列各组数中,哪些能构成无向图的度数序列?哪些能构成无向简单图的度数序列?

(1) 1,1,1,2,3;

(2) 2,2,2,2,2;

(3) 3,3,3,3;

(4) 1,2,3,4,5;

(5) 1,3,3,3。

5.2　设有向简单图 D 的度数序列为 2,2,3,3,入数序列为 0,0,2,3,试求 D 的出数序列。

5.3　设 D 是4阶有向简单图，度数序列为3,3,3,3。它的入度序列(或出度序列)能为1,1,1,1吗？

5.4　设$(d_1,d_2,\cdots,d_n)$为一正整数序列，$d_1,d_2,\cdots,d_n$ 互不相同，此序列能构成 n 阶无向简单图的度数序列吗？为什么？

5.5　下面各无向图中有几个顶点？

(1) 16条边，每个顶点都是2度顶点。

(2) 21条边，3个4度顶点，其余的都是3度顶点。

(3) 24条边，各顶点的度数是相同的。

5.6　35条边，每个顶点的度数至少为3的图最多有几个顶点？

5.7　设 n 阶无向简单图 G 中，$\delta(G)=n-1$，$\Delta(G)$应为多少？

5.8　一个 $n(n\geqslant 2)$阶无向简单图 G 中，n 为奇数，已知 G 中有 r 个奇度顶点，G 的补图 $\overline{G}$ 中有几个奇度顶点？

5.9　设 D 是 n 阶有向简单图，D'是 D 的子图，已知 D'的边数 $m'=n(n-1)$，D 的边数 m 为多少？

5.10　画出 K_4 的所有非同构的子图，其中有几个是生成子图？生成子图中有几个是连通图？

5.11　设 G 为 n 阶简单图(无向图或有向图)，$\overline{G}$ 为 G 的补图。若 $G\cong\overline{G}$，则称 G 为自补图。K_4 的生成子图中有几个非同构的自补图？

5.12　画出3阶有向完全图所有非同构的子图，其中有几个是生成子图？生成子图中有几个是自补图？

5.13　设 G_1、G_2、G_3 均为4阶无向简单图，均有两条边，它们能彼此非同构吗？为什么？

5.14　已知 n 阶无向图 G 中有 m 条边，各顶点的度数均为3。又已知 $2n-3=m$，在同构的意义下，G 是唯一的吗？若 G 为简单图，是否唯一？

5.15　在 K_6 的边上涂上红色或蓝色。证明对于任意一种随意的涂法，总存在红色 K_3 或蓝色 K_3。

5.16　试寻找3个4阶有向简单图 D_1、D_2、D_3。使得 D_1 为强连通图；D_2 为单向连通图，但不是强连通的；而 D_3 为弱连通图，但不是单向连通的，更不是强连通的。

5.17　设 V'和 E'分别为无向连通图 G 的点割集和边割集。$G-E'$的连通分支个数一定为多少？$G-V'$的连通分支数也是定数吗？

5.18　有向图 D 如图5-1所示。求 D 中在定义意义下长度为4的通路总数，并指出其中有几条是回路？又有几条是 v_3 到 v_4 的通路？

5.19　求图5-2中从 b 到其余各顶点的最短路径和距离。

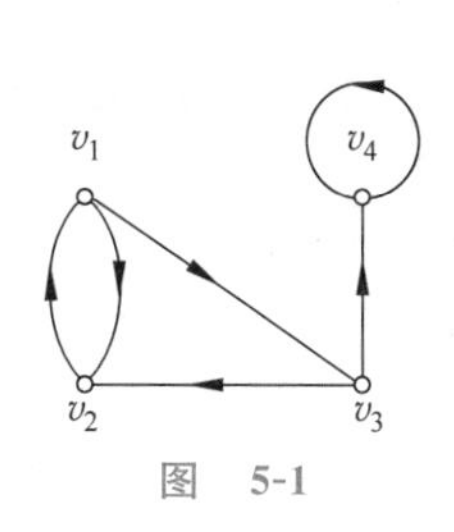

图　5-1

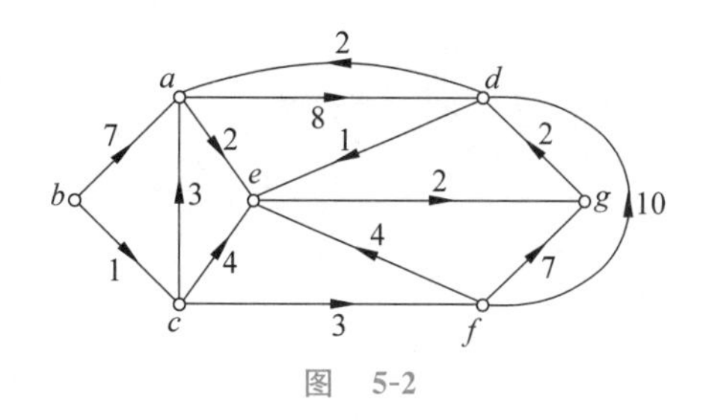

图　5-2

5.20 某工程项目有 13 个工序,工序之间的关系和完成时间如表 5-1 所示。

表 5-1

工序	A	B	C	D	E	F	G	H	I	J	K	L	M
紧前工序	—	—	—	A	A,B	A,B	A,B	C,G	D,E,F	D,E	D,E	H,J	I,L
时间/天	3	2	4	4	4	4	2	5	3	3	6	1	1

(1) 画出项目网络图。

(2) 求各工序的最早开始时间、最早完成时间、最晚开始时间、最晚完成时间及缓冲时间。

(3) 求关键路径、关键工序及项目的工期。

5.21 计算机系期末要安排 7 门公共课的考试,课程编号为 1～7。下列每对课程有学生同时选修:1 和 2,1 和 3,1 和 4,1 和 7,2 和 3,2 和 4,2 和 5,2 和 7,3 和 4,3 和 6,3 和 7,4 和 5,4 和 6,5 和 6,5 和 7,6 和 7。这 7 门课的考试至少要安排在几个不同的时间段?给出一个安排方案。

5.22 假设两家电视台相距不超过 150km 就不能使用相同的频率,表 5-2 列出 6 家电视台之间的距离,它们至少需要使用多少个不同的频率?如何分配?

表 5-2 (单位:km)

	2	3	4	5	6
1	85	175	200	50	100
2		125	175	100	160
3			100	200	250
4				210	220
5					100

题 5.23～题 5.25 的要求是从供选择的答案中选出应填入叙述中的方框□内的正确答案。

5.23 设 n 阶图 G 中有 m 条边,每个顶点的度数不是 k 就是 $k+1$,若 G 中有 N_k 个 k 度顶点和 N_{k+1} 个 $(k+1)$ 度顶点,则 N_k 为 $\boxed{A}$。

供选择的答案

A:① $n/2$; ② nk; ③ $n(k+1)$; ④ $n(k+1)-2m$; ⑤ $n(k+1)-m$。

5.24 在图 5-3 的 5 个图中 $\boxed{A}$ 是自补图。关于自补图的定义见 5.11 题。

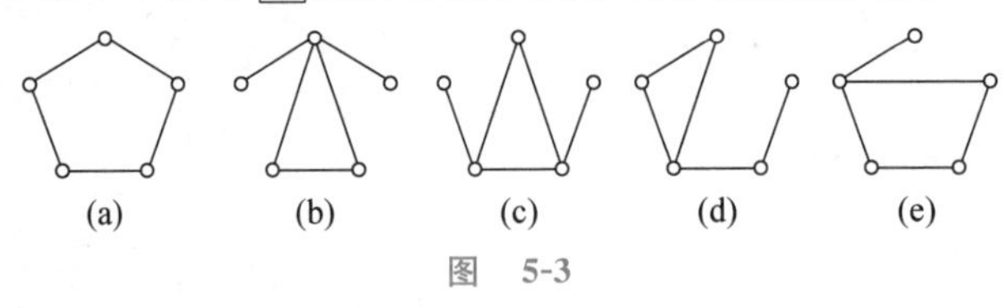

图 5-3

供选择的答案

A：① (a)，(b)；　② (c)，(d)；　③ (a)，(c)；　④ (b)，(e)。

5.25　在图 5-4 所示的 6 个图中，强连通图为[A]，单向连通图为[B]。

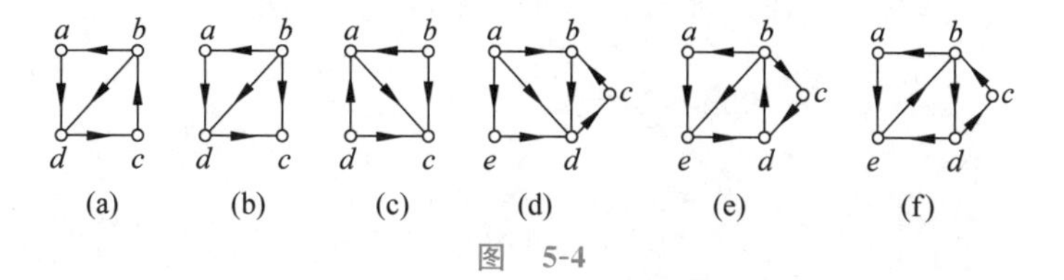

图　5-4

供选择的答案

A、B：① (a)，(b)，(c)；　② (d)，(e)，(f)；　③ (a)，(b)，(d)，(e)，(f)；

④ (a)，(e)，(f)。

习 题 解 答

5.1　(1)、(2)、(3)、(5)都能构成无向图的度数序列，其中除(5)外又都能构成无向简单图的度数序列。

分析　1°　非负整数列 $d_1,d_2,\cdots,d_n$ 能构成无向图的度数序列当且仅当 $\sum_{i=1}^{n} d_i$ 为偶数，即 $d_1,d_2,\cdots,d_n$ 中的奇数为偶数个。(1)、(2)、(3)、(5)中分别有 4 个、0 个、4 个、4 个奇数，所以，它们都能构成无向图的度数序列。当然，所对应的无向图很可能是非简单图。而(4)中有3 个奇数，因而它不能构成无向图度数序列；否则就违背了握手定理的推论。

2°　(5)虽然能构成无向图的度数序列，但不能构成无向简单图的度数序列。假若存在无向简单图 G，以 1,3,3,3 为度数序列。不妨设 G 中顶点为 v_1,v_2,v_3,v_4，且 $d(v_1)=1$，$d(v_2)=d(v_3)=d(v_4)=3$。于是，v_1 只能与 v_2、v_3、v_4 中的一个相邻。设 v_1 与 v_2 相邻。这样一来，除 v_2 能达到 3 度外，v_3、v_4 都达不到 3 度，矛盾。

在图 5-5 所示的 4 个图中，图 5-5(a)以(1)为度数序列，图 5-5(b)以(2)为度数序列，图 5-5(c)以(3)为度数序列，图 5-5(d)以(5)为度数序列(非简单图)。

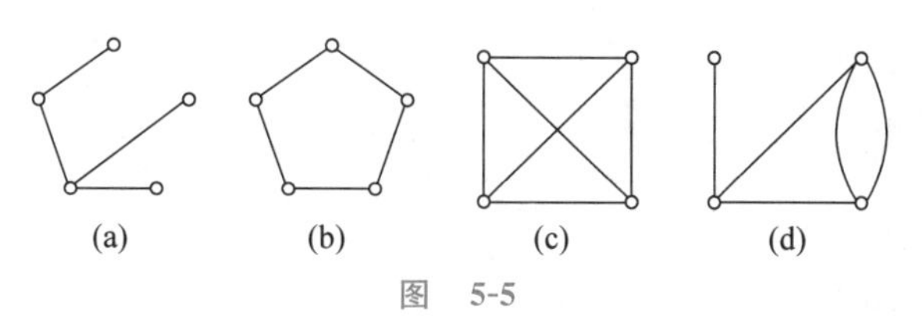

图　5-5

5.2　由于 $d(v)=d^+(v)+d^-(v)$，所以 $d^+(v)=d(v)-d^-(v)$。已知 D 的度数序列为 2,2,3,3，入度序列为 0,0,2,3，故 D 的出度序列为 2,2,1,0。请读者画出一个有向图，以 2,2,3,3 为度数序列，0,0,2,3 为入度序列，2,2,1,0 为出度序列。

5.3　D 的入度序列不可能为 1,1,1,1；否则，必有出度序列为 2,2,2,2。于是，入度之和为 4,出度之和为 8,两者不相等,这违背握手定理。类似地,1,1,1,1,1 也不能为 D 的出度序列。

5.4　不能。n 阶无向简单图的最大度 $\Delta \leqslant n-1$。而 n 个彼此不同的正整数中至少有一个大于或等于 n,因而这 n 个数不能构成无向简单图的度数序列。

5.5　(1) 边数 $m=16$,设顶点数为 n。根据握手定理可知

$$2m = 32 = \sum_{i=1}^{n} d(v_i) = 2n$$

所以,$n=16$。

(2) 边数 $m=21$,设 3 度顶点个数为 x,由握手定理有

$$2m = 42 = 3 \times 4 + 3x$$

由此方程解出 $x=10$,于是顶点数 $n=3+10=13$。

(3) 设有 n 个顶点,已知边数 $m=24$,每个顶点的度数均为 k,由握手定理有

$$2 \times 24 = 48 = nk$$

方程的正整数解有下面 10 种情况。

① $n=1, k=48$。

② $n=2, k=24$。

③ $n=3, k=16$。

④ $n=4, k=12$。

⑤ $n=6, k=8$。

⑥ $n=8, k=6$。

⑦ $n=12, k=4$。

⑧ $n=16, k=3$。

⑨ $n=24, k=2$。

⑩ $n=48, k=1$。

其中,①是由一个顶点和 24 个环构成的图。⑩是由 24 个 K_2 构成的图。其余有多个非同构的图,其中很多是非简单图,也有简单图。

分析　由于 n 阶无向简单图 G 中,$\Delta(G) \leqslant n-1$,所以①～⑤所对应的图不可能有简单图。⑥～⑨既有简单图,也有非简单图,读者可以画出若干非同构的图。

5.6　设 G 为 n 阶图,由握手定理可知

$$70 = 2 \times 35 \geqslant 3n$$

得

$$n \leqslant \left\lfloor \frac{70}{3} \right\rfloor = 23$$

其中,$\lfloor x \rfloor$为不大于 x 的最大整数。例如$\lfloor 2 \rfloor=2$,$\lfloor 2.5 \rfloor=2$。

5.7　$\Delta(G) \geqslant \delta(G) = n-1$。由于 G 为简单图,又有 $\Delta(G) \leqslant n-1$,因而 $\Delta(G)=n-1$。于是,$\Delta(G)=\delta(G)=n-1$,即 G 的所有顶点的度数为 $n-1$,这是 n 阶完全图 K_n。

5.8　由补图的定义,对每个顶点 v 有

$$d_G(v) + d_{\bar{G}}(v) = n-1$$

其中,$d_G(v)$表示 v 在 G 中的度数;$d_{\bar{G}}(v)$表示 v 在 $\bar{G}$ 中的度数。由于 n 是奇数,$n-1$ 为偶

数，所以 $d_G(v)$ 与 $d_{\bar{G}}(v)$ 同为奇数或同为偶数，因而若 G 有 r 个奇度顶点，则 $\bar{G}$ 也有 r 个奇度顶点。

5.9　显然，$m'\leqslant m$。而 n 阶有向简单图的边数 $m\leqslant n(n-1)$，所以

$$n(n-1)=m'\leqslant m\leqslant n(n-1)$$

得 $m=n(n-1)$，这说明 D 为 n 阶完全有向图，且 $D'=D$。

5.10　图 5-6 给出了 K_4 的全部 18 个非同构的子图，其中有 11 个生成子图(⑧～⑱)，生成子图中有 6 个是连通的(⑪，⑫，⑬，⑭，⑯，⑰)。图 5-6 中 n、m 分别为顶点数和边数。

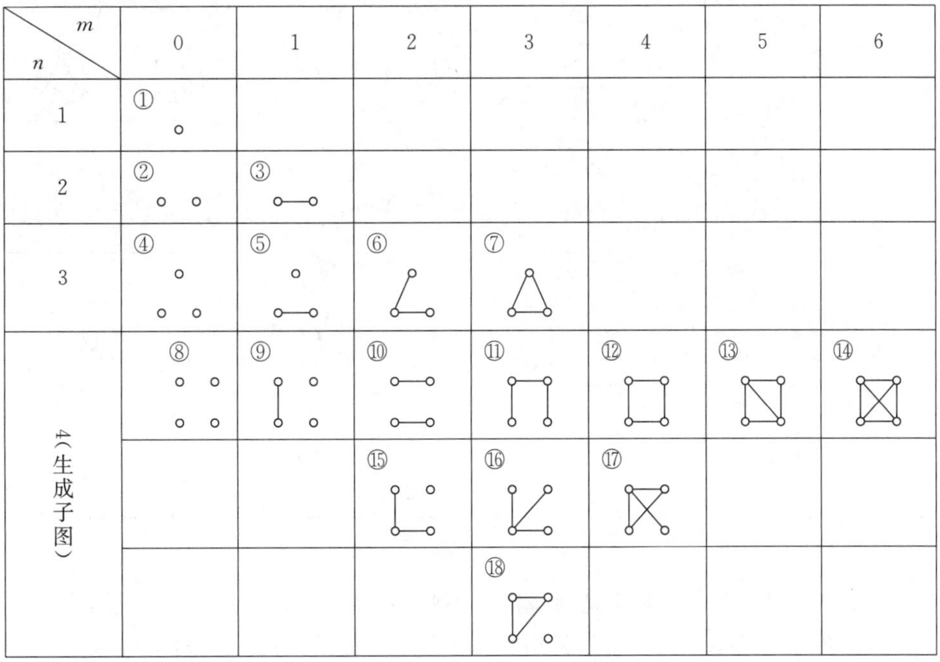

n \ m	0	1	2	3	4	5	6
1	①						
2	②	③					
3	④	⑤	⑥	⑦			
4(生成子图)	⑧	⑨	⑩	⑪	⑫	⑬	⑭
			⑮	⑯	⑰		
				⑱			

图　5-6

5.11　K_4 的生成子图中只有一个(图 5-6⑪)是自补图。

分析　设 K_4 的子图 G 有 m 条边，则 G 的补图有 $6-m$ 条边。如果 G 是自补图，则必有 $m=6-m$，得 $m=3$。于是，只需要考虑图 5-6 中的⑪、⑯和⑱。⑯与⑱互为补图且非同构，所以它们不是自补图。而⑪与自己的补图同构，所以⑪是自补图。

5.12　3 阶有向完全图共有 20 个非同构的子图，如图 5-7 所示，其中⑤～⑳为生成子图，生成子图中⑧、⑬、⑯、⑲为自补图。

分析　设 D 为 3 个顶点 m 条边的简单有向图，它的补图有 $6-m$ 条边。若 D 是自补图，则 $m=6-m$，得 $m=3$。于是，只需考虑图 5-7 中的⑧、⑬、⑯和⑲4 个图，它们都与自己的补图同构，所以都是自补图。

5.13　不能。

分析　只有两个非同构的 4 阶两条边的简单无向图，如图 5-6 中⑩与⑮所示。由鸽巢原理可知，G_1、G_2、G_3 中至少有两个是同构的。

鸽巢原理　m 只鸽子飞进 n 个鸽巢，则必有一个鸽巢飞入至少 $\left\lceil\frac{m}{n}\right\rceil$ 只鸽子。这里 $\lceil x\rceil$ 表

示不小于 x 的最小整数。例如，$\lceil 2 \rceil=2$，$\lceil 2.5 \rceil=3$。

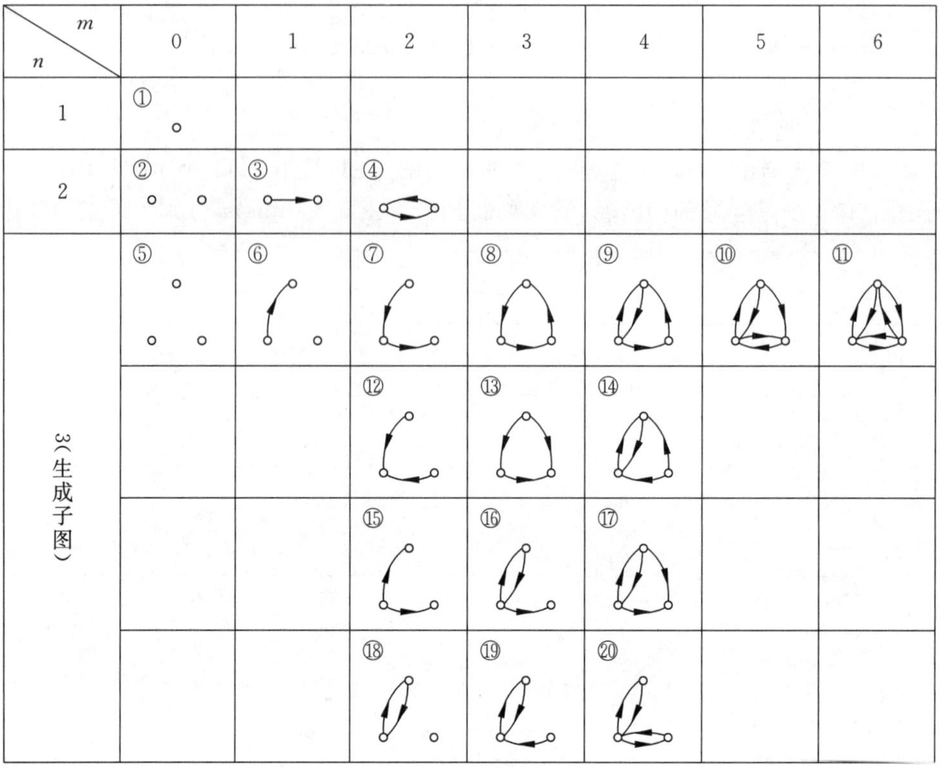

n \ m	0	1	2	3	4	5	6
1	①						
2	②	③	④				
3(生成子图)	⑤	⑥	⑦	⑧	⑨	⑩	⑪
			⑫	⑬	⑭		
			⑮	⑯	⑰		
			⑱	⑲	⑳		

图 5-7

5.14 G 是不唯一的，即使 G 是简单图也不唯一。

分析　由握手定理有 $2m=3n$。又由已知 $2n-3=m$，解得 $n=6,m=9$。

6 个顶点、9 条边、每个顶点的度数都是 3 的非同构的简单图有两个，如图 5-8 所示。注意在图 5-8(a)中不存在 3 个彼此相邻的顶点，而在图 5-8(b)中存在 3 个彼此相邻的顶点，因而它们不同构。此外还有多个非同构的非简单图，请读者自己画出几个。

5.15 设 K_6 的顶点为 $v_1,v_2,\cdots,v_6$，讨论 v_1 所关联的边。由鸽巢原理(见 5.13 题)可知，与 v_1 关联的 5 条边中至少有 3 条边颜色相同。不妨设有 3 条红色边，它们分别关联 v_2、v_4、v_6，如图 5-9(a)所示。若 v_2、v_4、v_6 构成的 K_3 中还有红色边，则这条边与前面 3 条边中的两条构成一个红色 K_3。如边(v_2,v_4)为红色，则 v_1、v_2、v_4 构成红色 K_3，如图 5-9(b)所示。若 v_2、v_4、v_6 构成的 K_3 各边都是蓝色(用虚线表示)，则这是一个蓝色的 K_3，如图 5-9(c)所示。

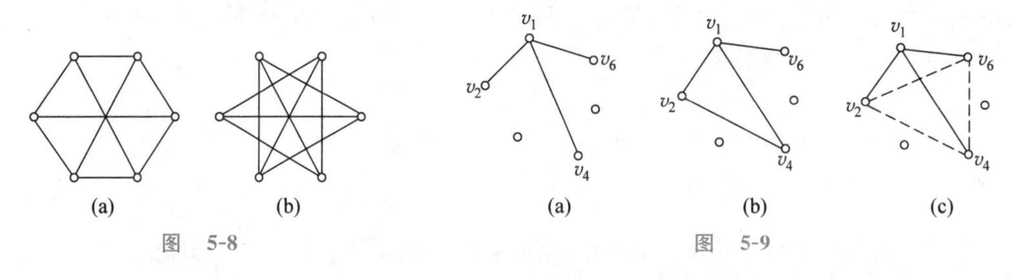

图 5-8　　图 5-9

5.16　在图 5-10 所示的 3 个图中，图 5-10(a)为强连通图。图 5-10(b)为单向连通图，但不是强连通的。图 5-10(c)是弱连通的，但不是单向连通的，更不是强连通的。

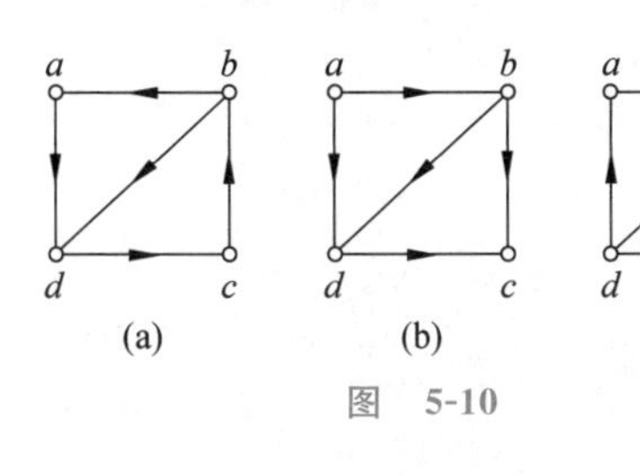

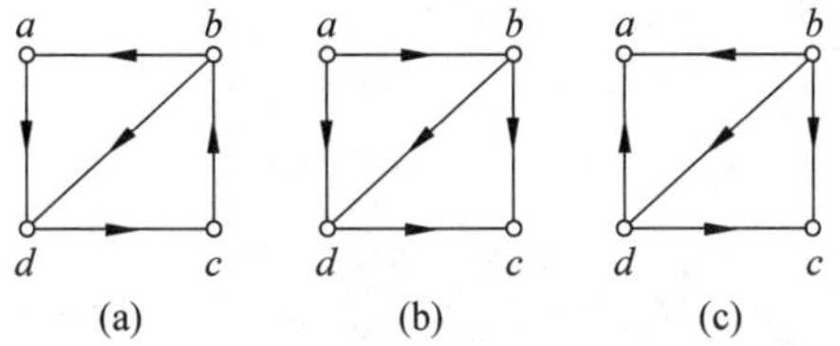

图　5-10

分析　在图 5-10(a)中有一条经过所有顶点的回路 $badcb$，因而任何两个顶点都是相互可达的，所以它是强连通的。如图 5-10(b)中有一条经过所有顶点的通路 $abdc$，任何两个顶点中一个顶点可达另外一个顶点，所以它是单向连通的。又注意到 c 的出度为 0，c 不可达其他 3 个顶点，故不是强连通的。如图 5-10(c)中 a、c 互相均不可达，因而它不是单向连通的，更不是强连通的。如果不考虑边的方向，作为无向图，它是连通的，所以图 5-10(c)是弱连通的。

事实上，关于有向图的连通性有下面两个充分必要条件。

(1) 有向图 D 是强连通的当且仅当 D 中存在经过每个顶点至少一次的回路。

(2) 有向图 D 是单向连通的当且仅当 D 中存在经过每个顶点至少一次的通路。

5.17　$G-E'$的连通分支一定为 2，而 $G-V'$的连通分支数是不确定的。

分析　设 E' 为连通图 G 的边割集，则 $G-E'$ 的连通分支数 $p(G-E')=2$。假若 $p(G-E')=k\geqslant 3$，设 $G-E'$的 k 个连通分支为 $G_i=<V_i,E_i>,i=1,2,\cdots,k$。$E'$中边的两个端点一定分属于两个不同的连通分支。令

$$E_{ij}=\{(u,v)\mid(u,v)\in E \text{ 且 } u\in V_i,v\in V_j\},\quad i\neq j,1\leqslant i,j\leqslant k$$

由于每个连通分支都有与 E'中的边关联的顶点，故必有 t 使得 $E_{1t}\neq\varnothing$。于是，$E''=E'-E_{1t}\subset E'$ 且 $p(G-E'')=k-1$，这与 E'为边割集矛盾。

但 $p(G-V')$可以是任意大于或等于 2 的整数。例如，在图 5-11 中，v 是割点，$p(G'-v)=5$。

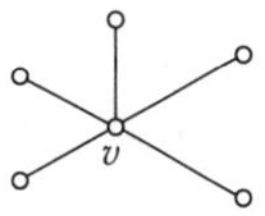

图　5-11

5.18　解此题，只要求出 D 的邻接矩阵的 4 次幂即可。

$$\mathbf{A}=\begin{pmatrix}0&1&1&0\\1&0&0&0\\0&1&0&1\\0&0&0&1\end{pmatrix}\qquad \mathbf{A}^2=\begin{pmatrix}1&1&0&1\\0&1&1&0\\1&0&0&1\\0&0&0&1\end{pmatrix}$$

$$\mathbf{A}^4=(\mathbf{A}^2)^2=\begin{pmatrix}1&2&1&2\\1&1&1&1\\1&1&0&2\\0&0&0&1\end{pmatrix}$$

D 中长度为 4 的通路数为 $\mathbf{A}^4$ 中元素之和，等于 15，其中对角线上元素之和为 3，故 D 中长度为 4 的回路数为 3。v_3 到 v_4 的长度为 4 的通路数等于 $a_{34}^{(4)}=2$。

分析　用邻接矩阵的幂求通路数和回路数应该注意以下 3 点。

1°　这里所谈通路和回路的条数是定义意义下的，不是同构意义下的。例如，不同始点(终点)的回路看成是不同的。例如，$v_1v_2v_1$ 和 $v_2v_1v_2$ 被认为是两条不同的长度为 2 的回路。在同构意义下，它们是一条回路。

2° 这里的通路或回路不但有初级的、简单的,还有复杂的。例如,$v_1v_2v_1v_2v_1$ 是一条长为 4 的复杂回路。

3° 回路看成是通路的特殊情况。

5.19 用 Dijkstra 算法,计算过程列于表 5-3 中。

表 5-3

t	a	b	c	d	e	f	g
1	$(+\infty,\lambda)$	$(0,\lambda)^*$	$(+\infty,\lambda)$	$(+\infty,\lambda)$	$(+\infty,\lambda)$	$(+\infty,\lambda)$	$(+\infty,\lambda)$
2	$(7,b)$		$(1,b)^*$	$(+\infty,\lambda)$	$(+\infty,\lambda)$	$(+\infty,\lambda)$	$(+\infty,\lambda)$
3	$(4,c)^*$			$(+\infty,\lambda)$	$(5,c)$	$(4,c)$	$(+\infty,\lambda)$
4				$(12,a)$	$(5,c)$	$(4,c)^*$	$(+\infty,\lambda)$
5				$(12,a)$	$(5,c)^*$		$(11,f)$
6				$(12,a)$			$(7,e)^*$
7				$(9,g)^*$			

b 到其余各点的最短路径及距离如下:

bca, 4

bc, 1

$bcegd$, 9

bce, 5

bcf, 4

$bceg$, 7

分析 1° Dijkstra 算法仅适用所有边的权非负的情况。

2° 永久标号中第一个分量给出 b 到该点的距离,第二个分量用于回溯找最短路径。例如,g 的永久标号为$(7,e)$,得到 $d(b,g)=7$ 和 b 到 g 的最短路径上 g 的前一个顶点是 e。再查 e 的永久标号是$(5,c)$,得知 e 的前一个顶点是 c。查 c 的永久标号是$(1,b)$,得知 c 的前一个顶点是 b。于是,得到 b 到 g 的最短路径为 $bceg$。

5.20 (1) 项目网络图如图 5-12 所示。

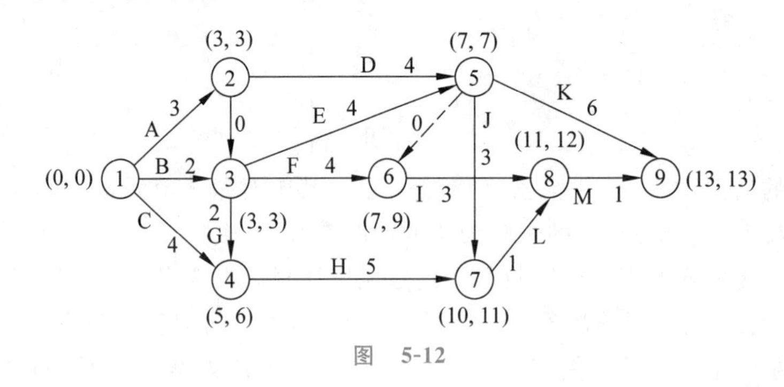

图 5-12

(2) 事件(顶点)的最早开始时间 ES 和最晚完成时间 LF 标在图中顶点的旁边(ES，LF)。工序的有关时间列于表 5-4 中。

表　5-4

工序	A	B	C	D	E	F	G	H	I	J	K	L	M
ES	0	0	0	3	3	3	3	5	7	7	7	10	11
EF	3	2	4	7	7	7	5	10	10	10	13	11	12
LS	0	1	2	3	3	5	4	6	9	8	7	11	12
LF	3	3	6	7	7	9	6	11	12	11	13	12	13
SL	0	1	2	0	0	2	1	1	2	1	0	1	1

(3) 由表 5-4，得到。

关键路径有两条：1—2—5—9，1—2—3—5—9。

关键工序：A，D，E，K。

工期：13 天。

分析　1°　项目网络图用边表示活动(工序)，顶点表示事项，有一个始点(入度为 0)和一个终点(出度为 0)，任何两个顶点之间至多有一条边。当需要的时候，可以引进虚活动(虚工序)，其完成时间为 0，如图 5-12 中的 $<2,3>$ 和 $<5,6>$。项目网络图中没有回路，要求顶点的编号满足所有边的始点编号小于终点编号。

2°　首先计算所有顶点的最早开始时间和最晚完成时间，根据这些数据得到活动(工序)的相关时间和关键路径。

顶点 i 的最早开始时间 $ES(i)$ 等于所有关联到 i 的顶点 j 的最早开始时间 $ES(j)$ 与活动 $<j,i>$ 的时间 w_{ji} 之和中的最大值。

顶点 i 的最晚完成时间 $LF(i)$ 等于所有 i 关联到的顶点 j 的最晚完成时间 $LF(j)$ 与活动 $<i,j>$ 的时间 w_{ij} 之差中的最小值。

从始点开始按编号从小到大逐个计算 $ES(i)$，始点的最早开始时间为 0；反过来，从终点开始按编号从大到小逐个计算 $LF(i)$，终点的最晚完成时间等于它的最早开始时间。即

$$ES(1)=0$$

$$ES(i)=\max\{ES(j)+w_{ji}\mid <j,i>\in E\},\quad i=2,3,\cdots,n$$

$$LF(n)=ES(n)$$

$$LF(i)=\min\{LF(j)-w_{ij}\mid <i,j>\in E\},\quad i=n-1,n-2,\cdots,1$$

3°　活动的最早开始时间等于它的始点的最早开始时间，即 $ES(i,j)=ES(i)$；

活动的最早完成时间等于它的始点的最早开始时间＋活动时间，即 $EF(i,j)=ES(i)+w_{ij}$；

活动的最晚完成时间等于它的终点的最晚完成时间，即 $LF(i,j)=LF(j)$；

活动的最晚开始时间等于它的终点的最晚完成时间－活动时间，即 $LF(i,j)=LF(j)-w_{ij}$；

活动的缓冲时间等于它的最晚开始(完成)时间与最早开始(完成)时间的差，即 $SL(i,j)=$

$LS(i,j)-ES(i,j)=LF(i,j)-EF(i,j)$;

工期等于终点的最早开始时间。

4° 关键路径可能不止一条。

5.21 如下构造无向图 $G=<V,E>$,其中 $V=\{1,2,\cdots,7\}$,每个顶点代表一门课,

$$E=\{(i,j)\mid 有学生同时选修 i 和 j,i\neq j,1\leqslant i,j\leqslant 7\}$$

图 G 如图 5-13 所示。图 5-13 中给出 G 的一种 4-着色。由于 G 中有子图 K_4,故 G 的着色至少要用 4 种颜色。因此,这 7 门课的考试至少要安排在 4 个不同的时间段,根据这个着色有下述安排方案:

时间段 1 考课程 1;　　(红)

时间段 2 考课程 2 和 6;　　(黄)

时间段 3 考课程 3 和 5;　　(蓝)

时间段 4 考课程 4 和 7。　　(绿)

分析　安排考试时间这类避免冲突的问题往往可以转化为图的着色问题。对于这个问题,顶点 i 和 j 关联当且仅当有学生同时选修 i 和 j,于是图的一种着色方案对应一种可行的安排方案:涂同一种颜色的课程安排在同一时间段。所需的最少时间段等于着色所需的最少颜色数。

5.22 这个问题也可以用着色问题解决。作无向图 $G=<V,E>$,其中 $V=\{1,2,\cdots,6\}$,每个顶点代表一家电视台,即

$$E=\{(i,j)\mid i 和 j 的距离小于或等于 150,i\neq j,1\leqslant i,j\leqslant 6\}$$

图 G 如图 5-14 所示,图中给出 G 的一种 3-着色。显然给 G 着色至少要用 3 种颜色,因此至少需要 3 个不同的频率。这个着色方案提供了下述频率分配方案:

频率 1:电视台 1 和 3;

频率 2:电视台 2 和 6;

频率 3:电视台 4 和 5。

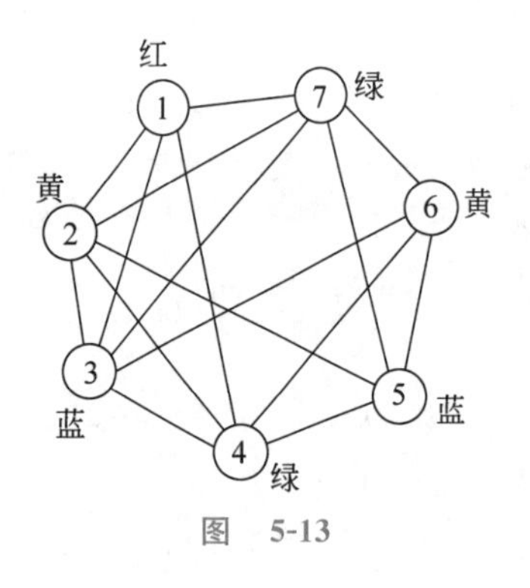

图 5-13

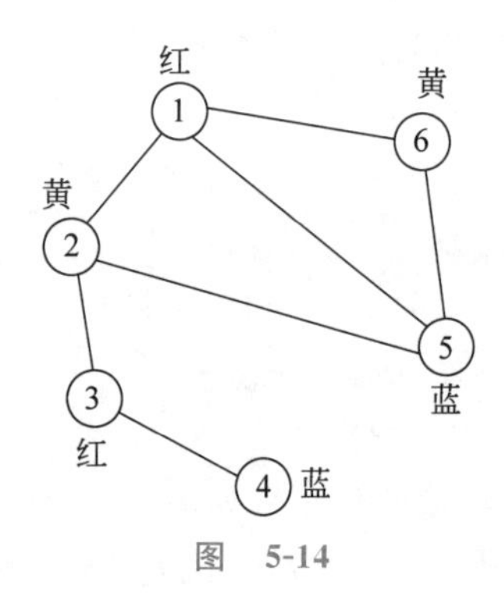

图 5-14

5.23 答案　A:④。

分析　G 中有 N_k 个 k 度顶点,有 $(n-N_k)$ 个 $(k+1)$ 度顶点,由握手定理可知

$$kN_k+(k+1)(n-N_k)=2m$$

解得

$$N_k = n(k+1) - 2m$$

5.24　答案　A：③。

分析　图 5-15(a)～图 5-15(e)是题中图 5-3，它们的补图分别是图 5-15(f)～图 5-15(j)。不难验证图 5-15(a)与图 5-15(f)，图 5-15(c)与图 5-15(h)同构，其他的 3 对都不同构。

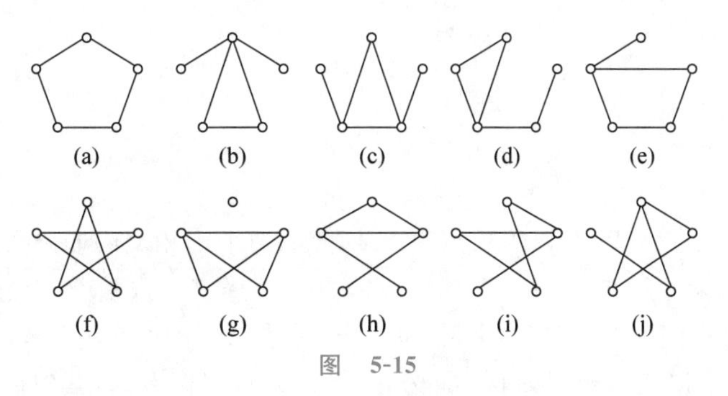

图　5-15

5.25　答案　A：④；B：③。

分析　图 5-4(a)中存在经过每个顶点的回路，如 $adcba$。图 5-4(b)中存在经过每个顶点的通路，但无回路。图 5-4(c)中无经过每个顶点的通路，b、d 两个顶点互不可达。图 5-4(d)中有经过每个顶点至少一次的通路，如 $aedcbd$，但无回路。图 5-4(e)中存在经过每个顶点至少一次的回路，如 $aedbcdba$。图 5-4(f)中也存在经过每个顶点的回路，如 $baebdcb$。由题 5.16 的分析可知，图 5-4(a)、图 5-4(e)、图 5-4(f)是强连通的，当然也是单向连通的；图 5-4(b)、图 5-4(d)是非强连通的单向连通图；图 5-4(c)不是单向连通的，当然也不是强连通的，它只是弱连通图。

第6章 特殊的图

内容提要

1. 二部图

若能将无向图 $G=<V,E>$ 的顶点集 V 划分成两个不相交的非空子集 V_1 和 V_2，使得 G 中任何一条边的两个端点都是一个属于 V_1，另一个属于 V_2，则称 G 为二部图，称 V_1 和 V_2 为互补顶点子集，记为 $G=<V_1,V_2,E>$。若简单二部图 $G=<V_1,V_2,E>$ 中 V_1 的每个顶点与 V_2 的每个顶点都相邻，则称 G 为完全二部图，记作 $K_{r,s}$，其中 $|V_1|=r,|V_2|=s$。

匹配与匹配数 设 $G=<V,E>$ 为无向图，$E'\subseteq E$，若 E' 中任何两条边均不相邻，则称 E' 为 G 中的匹配。若 E' 中再加入任何一条边都不再是 G 中的匹配，则称 E' 为 G 中极大匹配。边数最多的匹配称为最大匹配。最大匹配中边的条数称为 G 的匹配数，记作 $\beta_1(G)$，简记为 β_1。设 M 为 $G=<V,E>$ 中的匹配，$v\in V$，若 v 与 M 中的边关联，则称 v 为 M 饱和点，否则称 v 为 M 非饱和点。若 G 中所有的顶点都是 M 饱和点，则称 M 为 G 中的完美匹配。

设 M 为二部图 $G=<V_1,V_2,E>$ 中的匹配，若 $|M|=\min\{|V_1|,|V_2|\}$，则称 M 为 G 中的完备匹配。

主要定理

定理 6.1 无向图 G 为二部图当且仅当 G 中无奇数长度的回路。

定理 6.2(Hall 定理) 设二部图 $G=<V_1,V_2,E>$ 中，$|V_1|\leqslant|V_2|$，则 G 中存在从 V_1 到 V_2 的完备匹配当且仅当 V_1 中任意 k 个顶点至少与 V_2 中 k 个顶点相邻。

Hall 定理中的条件称为相异性条件。

定理 6.3 在二部图 $G=<V_1,V_2,E>$ 中，若存在正整数 t 使得：

(1) V_1 中每个顶点至少关联 t 条边；

(2) V_2 中每个顶点至多关联 t 条边，

则 G 中存在 V_1 到 V_2 的完备匹配。

定理 6.3 中的条件称为 t 条件。

2. 欧拉图

欧拉回路(通路) 经过图中每条边一次且仅一次并且行遍图中所有顶点的回路(通路)，称为欧拉回路(通路)。有欧拉回路的图称为欧拉图。

主要定理

定理 6.4 无向图 G 有欧拉回路当且仅当 G 连通且无奇度顶点。

定理 6.5 无向图 G 有欧拉通路，但无欧拉回路，当且仅当 G 连通且恰好有两个奇度顶点。这两个奇度顶点是每条欧拉通路的两个端点。

定理 6.6　有向图 D 有欧拉回路当且仅当 D 连通且每个顶点的入度等于出度。

定理 6.7　有向图 D 有欧拉通路，但无欧拉回路，当且仅当 D 连通，且除两个顶点外，其余顶点的入度等于出度，这两个例外的顶点中，一个的入度比出度大 1，另一个的入度比出度小 1。

3. 哈密顿图

哈密顿回路与哈密顿通路　经过图中每个顶点一次且仅一次的回路(通路)称为哈密顿回路(通路)。有哈密顿回路的图称为哈密顿图。

主要定理

定理 6.8　设无向图 $G=\langle V,E\rangle$，$V_1\subset V$ 且 $V_1\neq\varnothing$。若 G 中有哈密顿回路，则

$$p(G-V_1)\leqslant |V_1|$$

若 G 中有哈密顿通路，则

$$p(G-V_1)\leqslant |V_1|+1$$

其中，$p(G-V_1)$ 为 $G-V_1$ 的连通分支数。

定理 6.9　设 G 为 $n(n\geqslant 3)$ 阶无向简单图，若 G 中任何一对不相邻的顶点度数之和都大于或等于 $n-1$，则 G 中有哈密顿通路；若 G 中任何一对不相邻的顶点度数之和都大于或等于 n，则 G 中有哈密顿回路。

4. 平面图

平面图与平面嵌入　如果能将无向图 G 画在平面上，使其除在顶点处外没有边相交，则称 G 为平面图。画出的无边相交的图称为 G 的平面嵌入。

平面图的面与次数　平面图 G 的平面嵌入中的边将平面分成若干区域，每个区域称为 G 的一个面，其中有一个面积无限的面称为无限面或外部面，其余面积有限的面称为有限面或内部面。包围一个面的所有边构成的回路称为该面的边界，边界的长度称为面的次数，面 R 的次数记作 $\deg(R)$。这里所谈回路可能是初级的，也可能是简单的、复杂的，还可能是几条回路。

极大平面图　如果在简单平面图 G 的任意两个不相邻的顶点之间再加一条边，所得图为非平面图，则称 G 为极大平面图。

极小非平面图　若在非平面图 G 中任意删除一条边，所得图为平面图，则称 G 为极小非平面图。

平面图的对偶图　设 G 是一个平面图的平面嵌入，构造图 G^* 如下：在 G 的每个面 R_i 中放置一个顶点 v_i^*。对 G 的每条边 e，若 e 在 G 的面 R_i 与 $R_j(i\neq j)$ 的公共边界上，则作边 $e^*=(v_i^*,v_j^*)$ 与 e 相交，且不与其他任何边相交。若 e 为 G 中的桥且在面 R_i 的边界上，则作以 v_i^* 为端点的环 $e^*=(v_i^*,v_i^*)$ 与 e 相交，且不与其他任何边相交，称 G^* 为 G 的对偶图。

地图着色　地图是连通的无桥平面图的平面嵌入，每个面是一个国家。对地图的每个

国家涂一种颜色,使相邻的国家涂不同的颜色,称为地图着色。地图着色问题就是要用尽可能少的颜色给地图着色。地图着色可以转化成平面图的点着色。

主要定理

定理 6.10 平面图的所有面的次数之和等于边数的 2 倍。

定理 6.11 极大平面图是连通的。

定理 6.12 设 G 是 $n(n\geqslant 3)$ 阶简单的连通平面图,则 G 为极大平面图当且仅当 G 的每个面的次数均为 3。

定理 6.13(欧拉公式) 设 G 为连通的平面图,则有

$$n-m+r=2$$

其中,n、m、r 分别为 G 的顶点数、边数和面数。

定理 6.14(欧拉公式的推广) 设平面图 G 有 p 个连通分支,则有

$$n-m+r=p+1$$

定理 6.15 设 n 阶连通平面图 G 有 m 条边,每个面的次数至少为 $l(l\geqslant 3)$,则

$$m\leqslant \frac{l}{l-2}(n-2)$$

若 G 有 p 个连通分支,其他条件不变,则

$$m\leqslant \frac{l}{l-2}(n-p-1)$$

定理 6.16(库拉图斯基定理) 图 G 为平面图当且仅当 G 中没有可以收缩成 K_5 或 $K_{3,3}$ 的子图。

定理 6.17(库拉图斯基定理) 图 G 为平面图当且仅当 G 中没有与 K_5 或 $K_{3,3}$ 同胚的子图。

定理 6.18 任何平面图都是 4-可着色的。

5. 小结

本章介绍 4 种特殊的图,在学习这些特殊的图时应注意以下 3 点。

(1) 弄清完美匹配与完备匹配的区别。

(2) 注意定理 6.8 是有哈密顿回路或哈密顿通路的必要条件,而不是充分条件。例如,彼德森图满足定理中条件,但它不是哈密顿图。而定理 6.9 中的条件是有哈密顿回路或哈密顿通路的充分条件,但不是必要条件。例如,$n(n\geqslant 5)$ 阶圈不满足这个条件,但 n 阶圈为哈密顿图。

(3) 注意 K_5 和 $K_{3,3}$ 在平面图理论中的特殊地位,掌握库拉图斯基定理。

习　题

6.1 画出完全二部图 $K_{1,3}$、$K_{2,3}$ 和 $K_{2,2}$。

6.2 设 G 为 $n(n\geqslant 2)$ 阶无环图,证明:G 是二部图当且仅当它是 2-可着色的。

6.3 完全二部图 $K_{r,s}$ 中,边数 m 为多少?

6.4　完全二部图 $K_{r,s}$ 的匹配数 β_1 为多少？

6.5　今有工人甲、乙、丙要完成三项任务 a、b、c。已知甲能胜任 a、b、c 三项任务；乙能胜任 a、b 两项任务；丙能胜任 b、c 两项任务。你能给出一种安排方案，使每个工人各去完成一项他们能胜任的任务吗？

6.6　有 n 台计算机和 n 个磁盘驱动器，每台计算机可以与 $k(k>0)$ 个磁盘驱动器兼容，并且每个磁盘驱动器可以与 k 台计算机兼容。能够给每台计算机配置一个兼容的磁盘驱动器吗？

6.7　图 6-1 所示各图中哪些是欧拉图？

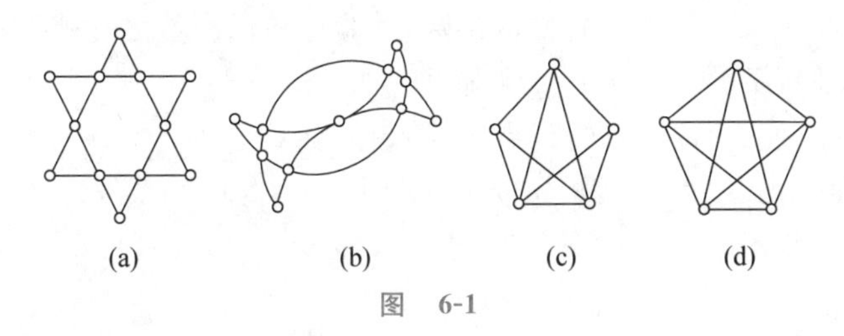

图　6-1

6.8　画一个无向欧拉图，使它具有

(1) 偶数个顶点，偶数条边；

(2) 奇数个顶点，奇数条边；

(3) 偶数个顶点，奇数条边；

(4) 奇数个顶点，偶数条边。

6.9　画一个有向的欧拉图，要求同题 6.8。

6.10　画一个无向图，使它

(1) 既是欧拉图，又是哈密顿图；

(2) 是欧拉图，而不是哈密顿图；

(3) 是哈密顿图，而不是欧拉图；

(4) 既不是欧拉图，也不是哈密顿图。

6.11　画一个有向图，要求同题 6.10。

6.12　若 D 为有向欧拉图，则 D 一定为强连通图。其逆命题成立吗？

6.13　在什么条件下无向完全图 $K_n(n\geqslant 2)$ 为哈密顿图？又在什么条件下为欧拉图？

6.14　有割点的无向图 G 不可能为哈密顿图，G 也一定不是欧拉图吗？

6.15　今有 a、b、c、d、e、f、g 7 个人，已知下列事实：

a 会讲英语；

b 会讲英语和汉语；

c 会讲英语、意大利语和俄语；

d 会讲日语和汉语；

e 会讲德语和意大利语；

f 会讲法语、日语和俄语；

g 会讲法语和德语。

这 7 个人要围成一圈,应如何排座位才能使每个人都能和他身边的人交谈?

6.16 某工厂生产由 6 种不同颜色的纱织成的双色布。已知在品种中,每种颜色至少分别和其他 5 种颜色中的 3 种颜色搭配。证明:可以挑出 3 种双色布,它们恰有 6 种不同的颜色。

6.17 一副骨牌有 49 张,每张骨牌上有一对数字$[a,b]$,$a,b=,0,1,\cdots,6$,证明可以把骨牌排成一个圆圈使得相邻两张骨牌连接处的数字相同。

6.18 一座楼房底层的建筑平面图如图 6-2 所示。能否从南门进入,北门离开,走遍所有的房间且每个房门恰好经过一次?

6.19 指出图 6-3 所示平面图各面的次数,并验证各面次数之和等于边数的 2 倍。

6.20 求图 6-3 所示的平面图 G 的对偶图 G^*。

6.21 设 G 为连通平面图,它的顶点数、边数和面数分别为 n、m 和 r,G 的对偶图 G^* 的顶点数、边数和面数分别为 n^*、m^* 和 r^*。证明 $n^*=r$,$m^*=m$,$r^*=n$。

6.22 求图 6-4 所示平面图 G 的对偶图 G^*,再求 G^* 的对偶图 G^{**},G^{**} 与 G 同构吗?

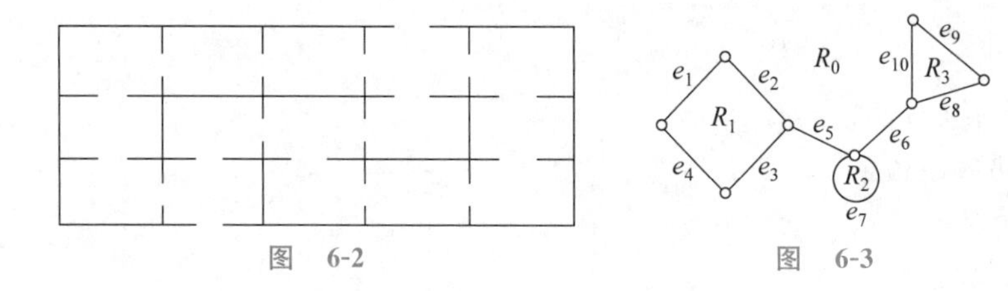

图 6-2 图 6-3

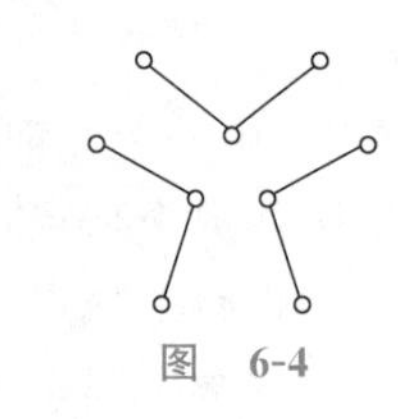

图 6-4

6.23 用 4 种颜色给图 6-5 中的地图着色。

6.24 证明彼德森图(见图 6-6)不是二部图,也不是欧拉图。

6.25 证明图 6-7 所示图 G 是哈密顿图,但不是平面图。

6.26 图 6-8 是一个平面图,试给出它的一个平面嵌入。它是极大平面图吗?

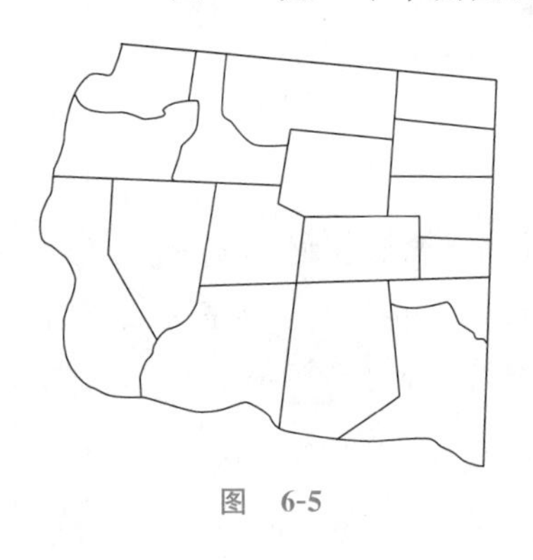

图 6-5

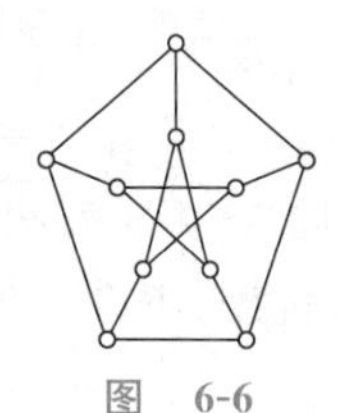

图 6-6

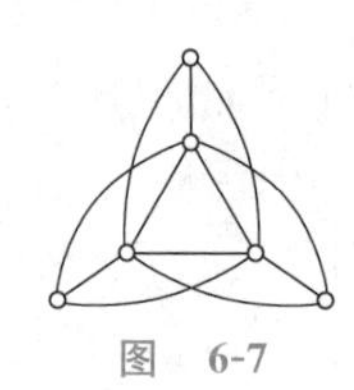

图 6-7

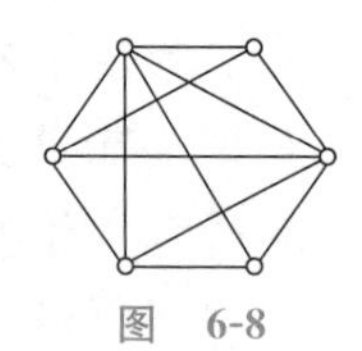

图 6-8

题 6.27~题 6.29 的要求是从供选择的答案中选出应填入叙述中的方框□内的正确答案。

6.27 (1) 完全图 $K_n(n\geqslant 1)$都是欧拉图。这个命题为$\boxed{A}$。

(2) 完全图 $K_n(n\geqslant 1)$都是哈密顿图。这个命题为$\boxed{B}$。

(3) 完全二部图 $K_{n,m}(n\geqslant 1,m\geqslant 1)$都是欧拉图。这个命题为$\boxed{C}$。

(4) 完全二部图 $K_{n,m}(n\geqslant 1,m\geqslant 1)$都是哈密顿图。这个命题为$\boxed{D}$。

供选择的答案

A、B、C、D：① 真；　② 假。

6.28　(1) 设 G_1 与 G_2 是两个平面图，若 $G_1\cong G_2$，则它们的对偶图 $G_1^*\cong G_2^*$。这个命题为$\boxed{A}$。

(2) 任何平面图 G 的对偶图 G^* 的对偶图 G^{**} 与 G 同构。这个命题为$\boxed{B}$。

(3) 任何平面图 G 的对偶图 G^* 的面数 r^* 都等于 G 的顶点数 n。这个命题为$\boxed{C}$。

供选择的答案

A、B、C：① 真；　② 假。

6.29　6 个顶点、11 条边的所有非同构的连通的简单非平面图有$\boxed{A}$个，其中有$\boxed{B}$个含子图 $K_{3,3}$，有$\boxed{C}$个含与 K_5 同胚的子图。

供选择的答案

A、B、C：① 1；　② 2；　③ 3；　④ 4；　⑤ 5；　⑥ 6；　⑦ 7；　⑧ 8。

习 题 解 答

6.1　图 6-9 中，图 6-9(a)、图 6-9(b)、图 6-9(c)分别是 $K_{1,3}$、$K_{2,3}$、$K_{2,2}$。

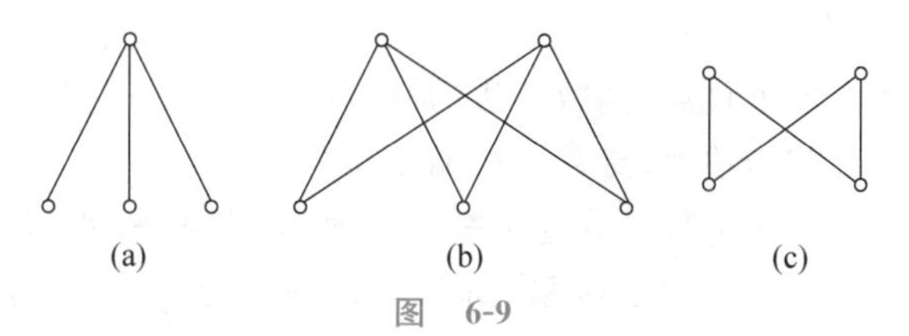

图　6-9

6.2　设 $G=<V_1,V_2,E>$为二部图，令

$$f(v)=\begin{cases}1, & v\in V_1\\ 2, & v\in V_2\end{cases}$$

则 f 是 G 的一个 2-着色，从而 G 是 2-可着色的。

反之，设 $G=<V,E>$是 2-可着色的，$f:V\to\{1,2\}$是 G 的一个着色。不妨设存在 v_1 和 v_2 使得 $f(v_1)=1,f(v_2)=2$(假如不然，如对所有的顶点 $v,f(v)=1$。此时 G 为零图。可以任取一个顶点 u，重新令 $f(u)=2$。f 仍是 G 的 2-着色。由于 $n\geqslant 2$，仍有顶点 v 使得 $f(v)=1$)。令

$$V_i=\{v\mid f(v)=i,v\in V\},\quad i=1,2$$

显然，$V=V_1\cup V_2,V_1\cap V_2=\varnothing,V_1\neq\varnothing,V_2\neq\varnothing$，且 G 中每条边都是一个端点在 V_1 中，另一个端点在 V_2 中，即 V_1、V_2 是 G 的互补顶点子集，$G=<V_1,V_2,E>$是二部图。

6.3　完全二部图 $K_{r,s}$ 中的边数 $m=rs$。

分析　设完全二部图 $K_{r,s}$ 的顶点集 $V=V_1\cup V_2,V_1\cap V_2=\varnothing$，且$|V_1|=r,|V_2|=s$。$K_{r,s}$是简单图，且 V_1 中每个顶点与 V_2 中每个顶点相邻，所以边数 $m=rs$。

6.4　完全二部图 $K_{r,s}$ 中,匹配数 $\beta_1=\min\{r,s\}$。

分析　不妨设 $r\leqslant s$,$|V_1|=r$,$|V_2|=s$。由 Hall 定理可知,图中存在 V_1 到 V_2 的完备匹配。设 M 为一个完备匹配,则 V_1 中顶点全为 M 饱和点,所以,$\beta_1=r$。

6.5　能安排多种方案,使每个工人去完成一项他们各自能胜任的任务。

分析　设 $V_1=\{$甲,乙,丙$\}$,$V_2=\{a,b,c\}$。作二部图 $G=\langle V_1,V_2,E\rangle$,其中 $E=\{(x,y)\,|\,x$ 能胜任 $y\}$,如图 6-10 所示。图中一个完美匹配就对应一个分配方案。图 6-10 满足 Hall 定理中的相异性条件,所以存在完备匹配。又因为 $|V_1|=|V_2|=3$,所以完备匹配是完美匹配。其实,容易给出这个图的多个完美匹配。如取 $M=\{($甲$,a),($乙$,b),($丙$,c)\}$,见图 6-10 中的粗线边。此匹配对应的方案为甲完成 a,乙完成 b,丙完成 c。

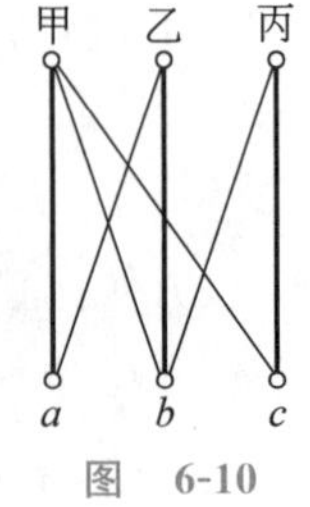

图　6-10

请读者再找出几个完美匹配,给出对应的分配方案。

6.6　令 $V_1=\{$计算机 $i\,|\,i=1,2,\cdots,n\}$,$V_2=\{$磁盘驱动器 $j\,|\,j=1,2,\cdots,n\}$。作二部图 $G=\langle V_1,V_2,E\rangle$,其中 $E=\{($计算机 i,磁盘驱动器 $j)\,|\,$计算机 i 与磁盘驱动器 j 兼容,$1\leqslant i,j\leqslant n\}$。$G$ 满足定理 6.3 中的 t 条件,这里取 $t=k$,故 G 中存在完备匹配。

6.7　图 6-1(a)、图 6-1(b)、图 6-1(d)中都没有奇度顶点,根据定理 6.4,它们都是欧拉图。而图 6-1(c)中恰好有两个奇度顶点,由定理 6.5 可知,它有欧拉通路,但没有欧拉回路,不是欧拉图。请读者画出图 6-1(a)、图 6-1(b)、图 6-1(d)中的欧拉回路和图 6-1(c)中的欧拉通路。

6.8　本题的答案很多。例如:

(1) 偶数阶圈都是偶数个顶点、偶数条边的欧拉图。

(2) 奇数阶圈都是奇数个顶点、奇数条边的欧拉图。

(3) 在偶数阶圈上的任一个顶点处连接一个三角形,所得图为偶数个顶点、奇数条边的欧拉图,如图 6-11(a)所示。

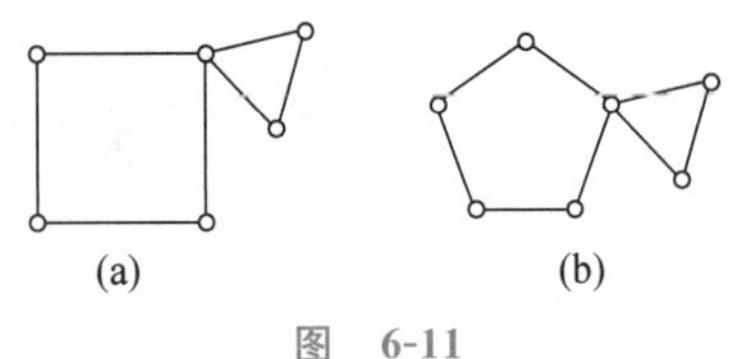

图　6-11

(4) 在奇数阶圈上的任一个顶点处连接一个三角形,所得图为奇数个顶点、偶数条边的欧拉图,如图 6-11(b)所示。

分析　实际上可以证明,欧拉图是若干边不重的圈的并。设 $G_1,G_2,\cdots,G_k$ 是 k 个圈,G_i 有 n_i 个顶点,n_i 条边。依次将 G_1 的一个顶点与 G_2 的一个顶点重合,G_2 的一个顶点与 G_3 的一个顶点重合……G_{k-1} 的一个顶点与 G_k 的一个顶点重合,但边都不重合,这样把 k 个图连接成一个图 G。G 的所有顶点度数均为偶数,是欧拉图。它有 $\sum_{i=1}^{k}n_i-k+1$ 个顶点、$\sum_{i=1}^{k}n_i$ 条边,只要适当地选择 $n_1,n_2,\cdots,n_k$ 和 k 的奇偶性就能使 G 满足所要求的条件。例如,所有的 n_i 为偶数、k 为奇数,则 G 有偶数个顶点和偶数条边;$n_1,n_2,\cdots,n_{k-1}$ 为偶数、n_k 为奇数、k 为奇数,则 G 有奇数个顶点和奇数条边;所有的 n_i 为偶数、k 为偶数,则 G 有奇数个顶点和偶数条边;$n_1,n_2,\cdots,n_{k-1}$ 为偶数、n_k 为奇数、k 为偶数,则 G 有偶数个顶点和奇数条边。(1)～(4)是它们的特例。

6.9　类似题 6.8,只需将无向圈换成有向圈。

6.10　本题的答案也很多，这里给出满足要求的一些最简单的图族，它们都是简单图。

(1) $n(n\geqslant 3)$阶圈都是欧拉图和哈密顿图。

(2) $k(k\geqslant 2)$个长度大于或等于 3 的圈用题 6.8 中的方法连接成的图均为欧拉图，但不是哈密顿图，如图 6-11 中的两个图。

(3) 在 $n(n\geqslant 4)$阶圈上两个不相邻的顶点之间加一条边，所得到的图均为哈密顿图，但不是欧拉图。

(4) 设(2)构造的图中有一个长度大于或等于 4 的圈，在这个圈上两个不相邻的顶点之间加一条边，所得到的图既不是欧拉图，也不是哈密顿图，是如图 6-12 所示的图。

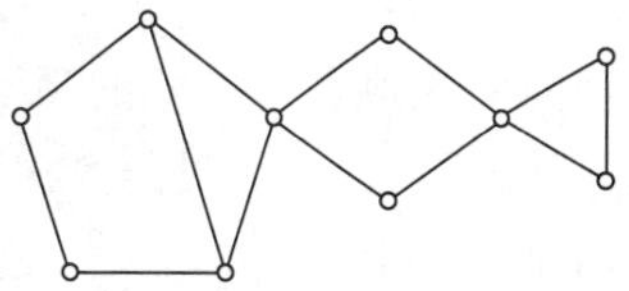

图　6-12

6.11　类似题 6.10。

6.12　其逆命题不真。

分析　若 D 是强连通的有向图，则 D 中任何两个顶点都是相互可达的，但并没有要求 D 中每个顶点的入度都等于出度。在图 5-4(a)、图 5-4(e)、图 5-4(f)所示的 3 个强连通的有向图都不是欧拉图。

6.13　除 K_2 不是哈密顿图之外，$K_n(n\geqslant 3)$全是哈密顿图。当 n 为奇数时，K_n 为欧拉图。规定 K_1(平凡图)既是欧拉图，又是哈密顿图。

分析　当 $n\geqslant 3$ 时，n 个顶点的任意排列都是 K_n 中的哈密顿回路，所以 $K_n(n\geqslant 3)$都是哈密顿图。在 K_n 中，各顶点的度数均为 $n-1$。当 n 为奇数时，$n-1$ 是偶数，K_n 是欧拉图。当 n 为偶数时，$n-1$ 是奇数，K_n 不是欧拉图。

6.14　有割点的图也可以为欧拉图。

分析　无向图 G 为欧拉图当且仅当 G 连通且没有奇度顶点。只要 G 连通且无奇度顶点(割点的度数也为偶数)，G 就是欧拉图。图 6-11 中的两个图都有割点，但它们都是欧拉图。

6.15　在圆桌周围将 7 个人排座，其排法为 $abdfgeca$。

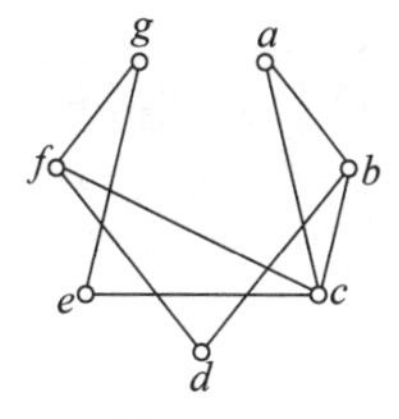

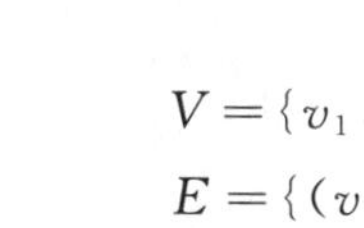

图　6-13

分析　做无向图 $G=\langle V,E\rangle$，其中，

$$V=\{a,b,c,d,e,f,g\}$$

$$E=\{(u,v)\mid u,v\in V\text{ 且 }u\text{ 与 }v\text{ 会讲同一种语言}\}$$

图 G 如图 6-13 所示。于是，能否将这 7 个人排坐在圆桌周围使得每个人能与两边的人交谈，就转化成图 G 中是否存在哈密顿回路。通过观察发现 $abdfgeca$ 是一条哈密顿回路。

6.16　用 v_i 表示颜色 i，$i=1,2,\cdots,6$。做无向图 $G=\langle V,E\rangle$，其中

$$V=\{v_1,v_2,v_3,v_4,v_5,v_6\}$$

$$E=\{(v_i,v_j)\mid i\neq j,1\leqslant i,j\leqslant 6,\text{并且 }v_i\text{ 与 }v_j\text{ 在某块双色布中搭配}\}$$

G 是简单图，且对于任意的 $i,j(i\neq j,1\leqslant i,j\leqslant 6)$，均有 $d(v_i)+d(v_j)\geqslant 3+3=6$。由定理 6.9 可知，$G$ 中存在哈密顿回路。设 $v_{i_1}v_{i_2}v_{i_3}v_{i_4}v_{i_5}v_{i_6}v_{i_1}$ 是一条哈密顿回路，则在这个回路上每个顶点代表的颜色都与它相邻顶点代表的颜色在某块双色布中搭配。于是，v_{i_1} 与 v_{i_2}、v_{i_3} 与 v_{i_4}、v_{i_5} 与 v_{i_6} 所代表的颜色在双色布中搭配，从而这 3 种双色布包含了 6 种不同的颜色。

6.17 作有向图 $D=\langle V,E\rangle$，其中 $V=\{0,1,\cdots,6\}$，$E=\{\langle i,j\rangle \mid 0\leqslant i,j\leqslant 6\}$。$D$ 的一条边对应一张骨牌，一条欧拉回路对应把骨牌排成一个圆圈使得相邻两张骨牌连接处的数字相同。D 的每个顶点的出度和入度相等，都等于 7。由定理 6.6 可知，D 中存在欧拉回路，从而可以把骨牌排成一个圆圈使得相邻两张骨牌连接处的数字相同。

6.18 作无向图 G：每个房间内放一个顶点，从北到南、从东到西依次为 $v_1,v_2,\cdots,v_{15}$。楼外放一个顶点 v_0。一条边对应一扇门，它连接这扇门连接的两个房间中的顶点或一个房间中的顶点与楼外的顶点。如图 6-14 中实线所示，虚线是原来的楼房底层建筑平面图。从外面进入，经过每个房间且恰好通过每个房门一次，再回到外面对应 G 中的一条欧拉回路。由于 v_8 和 v_{12} 是 3 度，G 中不存在欧拉回路，因此不可能有题中要求的走法。

6.19 $\deg(R_1)=4$，$\deg(R_2)=1$，$\deg(R_3)=3$，而 $\deg(R_0)=12$。$\sum_{i=0}^{3}\deg(R_i)=20=2\times 10$，本图边数 $m=10$。

分析 平面图(平面嵌入)的面的次数等于包围它的边界的回路的长度，这里所说的回路，可能是初级的，也可能是简单的、复杂的，还可能由若干回路组成。图 6-3 所示的图中，R_1、R_2、R_3 的边界都是初级回路，而 R_0 的边界 $e_1e_2e_5e_7e_6e_8e_9e_{10}e_6e_5e_3e_4$ 为复杂回路(e_5 和 e_6 在回路中重复出现)，长度为 12。

6.20 在图 6-15 中，实线边为图 6-3 中的图，虚线边、实心点为它的对偶图。

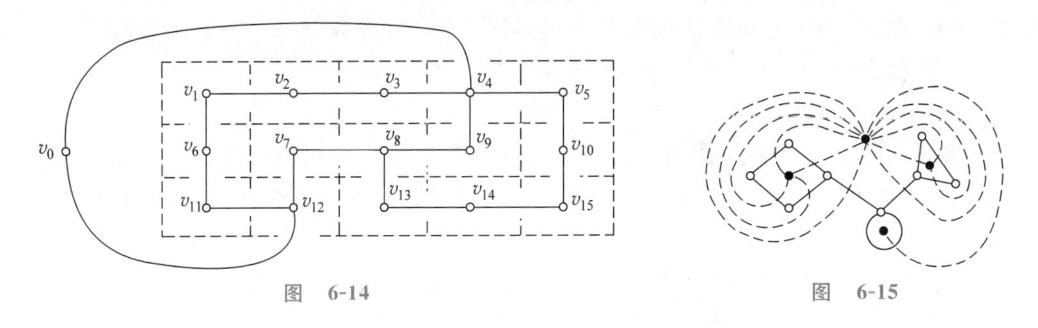

图 6-14　　　　图 6-15

6.21 根据对偶图的构造，有 $n^*=r$，$m^*=m$。G 是连通的平面图，由欧拉公式可知

$$n-m+r=2$$

而对偶图都是连通的平面图，有

$$n^*-m^*+r^*=2$$

可推出 $r^*=n$。

6.22 G^{**} 不能与 G 同构。

分析 任意平面图的对偶图都是连通的，因而 G^* 与 G^{**} 都是连通图，而 G 是具有 3 个连通分支的非连通图，连通图与非连通图显然是不能同构的。

图 6-16 中，实线边图为图 6-4 中的图 G，虚线边图为 G 的对偶图 G^*，带小杠的边组成的图是 G^* 的对偶图 G^{**}，显然 $G^{**}\ncong G$。

6.23 图 6-17 直接给出地图的面着色。

分析 地图的面着色对应它的对偶图的点着色。可以先画出图 6-5 的对偶图，再给这个对偶图着色。由四色定理可知，地图着色只需要 4 种颜色。

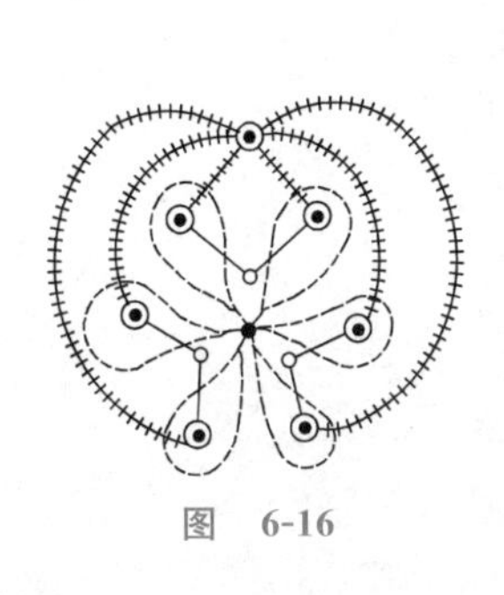
图　6-16

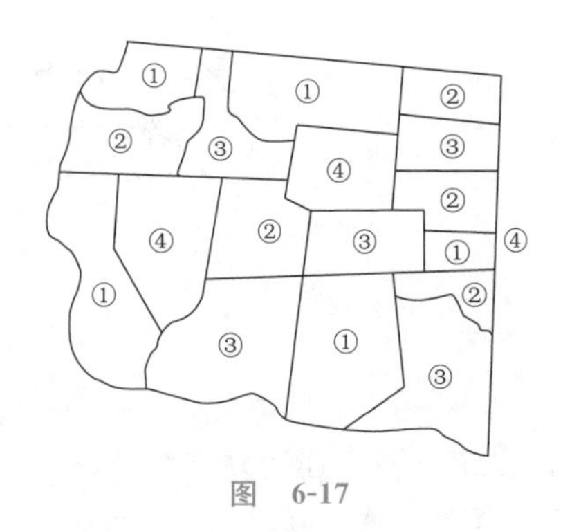

图　6-17

6.24　因为彼德森图中有长度为奇数的圈，根据定理 6.1，它不是二部图。图中每个顶点的度数均为 3，由定理 6.4 可知，它不是欧拉图。

配套教材《离散数学(第六版)》中例 6.6 已证明彼德森图不是平面图。其实，彼德森图也不是哈密顿图，这里就不给出证明了。

6.25　将图 6-7 重画在图 6-18 中，并且将顶点标定。图中 $afbdcea$ 为一条哈密顿回路，图中用粗线给出，所以该图为哈密顿图。

将图中 3 条边(d,e)、(e,f)、(f,d)去掉，所得子图为 $K_{3,3}$，其中 $V_1=\{a,b,c\}$，$V_2=\{d,e,f\}$。由库拉图斯基定理可知，该图不是平面图。

6.26　图 6-19 为图 6-8 的平面嵌入，该图为极大平面图。

分析　图 6-19 中每个面的次数均为 3，根据定理 6.12，该图为极大平面图。

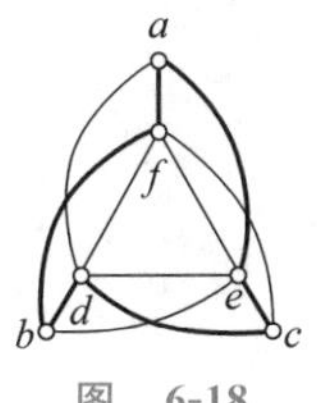

图　6-18

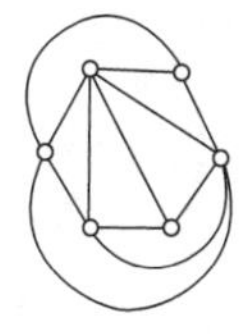
图　6-19

6.27　答案　A、B、C、D 全为②。

分析　(1) 只有 n 为奇数时 K_n 才是欧拉图，见题 6.13 的解答与分析。

(2) K_2 不是哈密顿图，见题 6.13 的解答与分析。

(3) 只有当 n、m 都是偶数时，$K_{n,m}$ 中才无奇度数顶点，是欧拉图。当 n 或 m 是奇数时，$K_{n,m}$ 不是欧拉图。

(4) 只有 $n=m$ 时，$K_{n,n}$ 中存在哈密顿回路，是哈密顿图。当 $n\neq m$ 时，不妨设 $n<m$，$|V_1|=n$，$|V_2|=m$，则 $p(K_{n,m}-V_1)=m>n=|V_1|$，根据定理 6.8，$K_{n,m}$ 不是哈密顿图。

6.28　答案　A：②；　B：②；　C：②。

分析　(1) 图 6-20 中，两个实线边图是同构的，但它们的对偶图(虚线边图)是不同构的。在图 6-20(a)中有一个 5 度顶点和 5 个 3 度顶点，而在图 6-20(b)中有 2 个 4 度顶点和 4 个 3 度顶点。

(2) 任何平面图的对偶图都是连通图。当 G 是非连通的平面图时，显然有 $G\ncong G^{**}$。

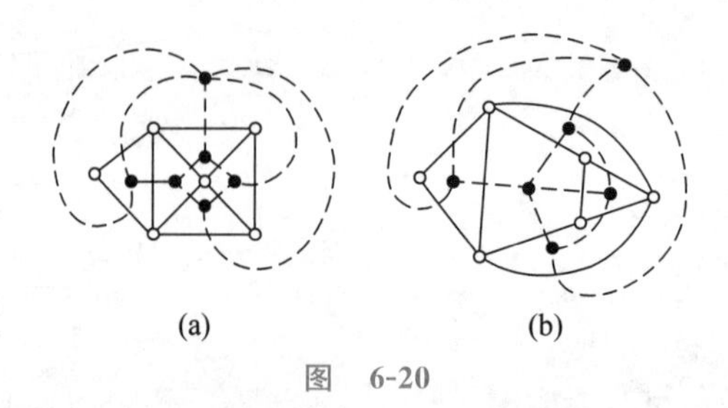

图 6-20

(3) 当 G 有 p 个连通分支数时,$r^*=n-p+1$。

6.29 答案 A:④; B:②; C:②。

分析 根据库拉图斯基定理,所求的图必含有与 K_5 或 $K_{3,3}$ 同胚的子图,或含可收缩成 K_5 或 $K_{3,3}$ 的子图。由于有 6 个顶点、11 条边,因而它是 $K_{3,3}$ 加两条边或比 K_5 多一个顶点和一条边的图。共有 4 个这种非同构的简单图,其中由 $K_{3,3}$ 产生两个,由 K_5 产生两个,如图 6-21 所示。

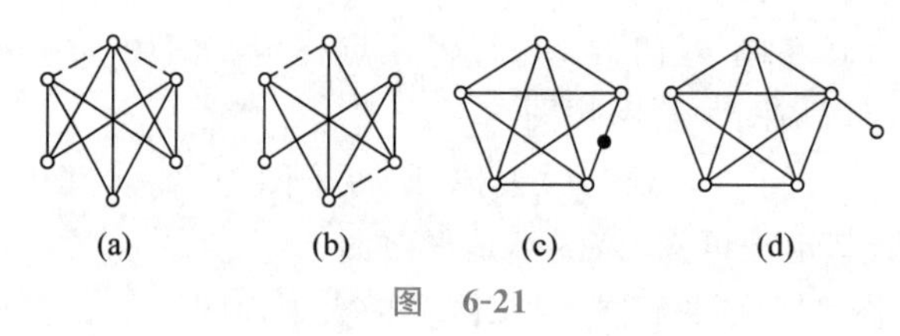

图 6-21

第7章 树

内容提要

1. 无向树及生成树

无向树　连通不含回路(初级回路或简单回路)的无向图称为无向树,常用 T 表示。每个连通分支都是无向树的非连通无向图称为森林。在树 T 中,度数为 1 的顶点称为树叶,非树叶的顶点称为分支点。平凡图称为平凡树,它没有树叶,也没有分支点。

生成树　若无向图 G 的生成子图 T 是一棵树,则称 T 为 G 的生成树。G 在 T 中的边称为 T 的树枝,G 不在 T 中的边称为 T 的弦。T 的全体弦组成的集合的导出子图称为 T 的余树。注意,T 的余树不一定是树,它可能不连通,也可能含回路。

基本回路与基本回路系统　设 T 是无向图 G 的生成树,对每条弦 e,G 中有唯一一条由 e 和 T 的树枝构成的初级回路,称为对应弦 e 的基本回路。G 中所有基本回路的集合称为对应 T 的基本回路系统。

基本割集与基本割集系统　对 T 的每条树枝 a,G 中有唯一一个由 a 和 T 的弦构成的割集,称为对应树枝 a 的基本割集。G 中所有基本割集的集合称为对应 T 的基本割集系统。

最小生成树　无向带权连通图 G 的权最小的生成树称为最小生成树。可用避圈法(Kruskal 算法)求最小生成树。

主要定理

定理 7.1　设无向图 $G=\langle V,E\rangle$,$|V|=n$,$|E|=m$,则下面命题等价。

(1) G 连通且不含回路,即 G 是一棵树。

(2) G 的每对顶点之间有唯一的一条路径。

(3) G 连通且 $m=n-1$。

(4) G 中无回路且 $m=n-1$。

(5) G 中无回路,但在 G 中任何两个不相邻顶点之间加一条新边,所得图中含唯一的一条初级回路。

(6) G 连通且每条边都是桥。

定理 7.2　$n(n\geqslant 2)$阶无向树至少有两片树叶。

定理 7.3　任何连通的无向图 G 都有生成树。

定理 7.4　设 T 是 n 阶 m 条边无向连通图 G 中的生成树,则 T 有 $n-1$ 条树枝、$m-n+1$ 条弦。

2. 根树及其应用

有向树及根树　若略去有向图所有边的方向所得无向图为无向树，则称 D 为有向树。一棵非平凡的有向树 T，如果有一个顶点的入度为 0，其余顶点的入度均为 1，则称 T 为根树。在根树中，入度为 0 的顶点称为树根。入度为 1、出度为 0 的顶点称为树叶。入度为 1、出度不为 0 的顶点称为内点。树根与内点统称为分支点。在根树中，从树根到一个顶点的通路长度称为该顶点的层数。顶点的最大层数称为树高。

家族树　一棵根树可被看成一个家族。若在树中有有向边 $\langle u,v\rangle$，则称 u 是 v 的父亲，v 是 u 的儿子。若 v_1、v_2 的父亲相同，则称它们是兄弟。又若 u 可达 v，则称 u 为 v 的祖先，v 为 u 的后代。

根子树　设 v 为根树 T 中非根顶点，称由 v 及其后代的导出子图为 T 的以 v 为根的根子树。

有序树　若对根树 T 中每层上的顶点指定顺序，则称 T 为有序树。

根树的分类　设 T 为一棵根树。

(1) 若 T 的每个分支点至多有 r 个儿子，则称 T 为 r 叉树。若 T 的每个分支点都恰好有 r 个儿子，则称 T 为 r 叉正则树。此时又若 T 的所有树叶层数相同，则称 T 为 r 叉完全正则树。

(2) 有序的 r 叉树，称为 r 叉有序树。有序的 r 叉正则树称为 r 叉有序正则树。有序的 r 叉完全正则树称为 r 叉有序完全正则树。

最优树　设二叉树 T 的 t 片树叶 $v_1,v_2,\cdots,v_t$ 的权分别为 $w_1,w_2,\cdots,w_t$，称 $W(T)=\sum_{i=1}^{r} w_i l(v_i)$ 为 T 的权，其中 $l(v_i)$ 为树叶 v_i 的层数。在所有 t 片树叶的权为 $w_1,w_2,\cdots,w_t$ 的二叉树中权最小的称为最优二叉树。用 Huffman 算法求最优二叉树。

前缀码与最佳前缀码　设符号串 $\beta=\alpha_1\alpha_2\cdots\alpha_{n-1}\alpha_n$，称 $\alpha_1\alpha_2\cdots\alpha_j\ (1\leqslant j\leqslant n)$ 为 β 的前缀。设符号串集合 $B=\{\beta_1,\beta_2,\cdots,\beta_m\}$，若 B 中任何两个符号串 β_i、$\beta_j\ (i\neq j)$ 互不为前缀，则称 B 为前缀码。符号串均由两个元素(如 0 和 1)构成的前缀码称为二元前缀码。

一棵带 t 片树叶的二叉树可以产生一个含 t 个符号串的二元前缀码。给定字符串出现的频率，使得编码期望长度最小的前缀码称作最佳前缀码。可以用以频率为权的最优二叉树产生最佳前缀码。

3. 二叉有序树与算式

可以用二叉有序树表示算式，做法如下：运算符放在分支点上，数或变量放在树叶上，每个运算符的运算对象放在它的子树上，并规定被减数和被除数放在左子树上。

行遍(周游)二叉有序树

(1) 中序行遍法访问次序为左子树、树根、右子树。

(2) 前序行遍法访问次序为树根、左子树、右子树。

(3) 后序行遍法访问次序为左子树、右子树、树根。

其中，左子树或右子树可以缺省。对表示算式的二叉有序树采用中序行遍法可以还原算式。用前序行遍法可以产生波兰符号法。用后序行遍法可以产生逆波兰符号法。

4. 小结

学习本章要注意以下 4 点。

(1) 在求解无向树时，一定注意将树的主要性质之一的 $m=n-1$(m、n 分别为树的边数和顶点数)与握手定理配合在一起用，即

$$\sum_{i=1}^{n} d(v_i)=2m=2(n-1)$$

此公式在解无向树时起很大作用。

(2) 画 n 阶非同构的无向树时，也要用到树的性质 $m=n-1$。由此就知道了所求树的度数之和，因而能给出不同度数序列的分配方案。在写度数序列时注意非平凡树所有顶点的度数都大于或等于 1 且小于或等于 $n-1$。根据不同的度数序列画出的无向树是非同构的。但同一个度数序列，由于顶点之间的相邻关系的不同，可能产生多个非同构的树。

(3) 画 n 阶非同构的根树时，要先画出 n 阶非同构的无向树，然后由每个无向树再派生出非同构的根树，就可以得到全体 n 阶非同构的根树了。

(4) 在用 Huffman 算法求最佳前缀码时，若先将各符号出现频率乘 100，所得数作为权求最优树，则最优树的权 $W(T)$ 为传输 100 个按给定频率出现的符号所用二进制数字的期望个数。另外，还应注意，最优树不一定唯一，因而所得前缀码可能不同。

习　题

7.1　设无向树 T 有 3 个 3 度、2 个 2 度顶点，其余顶点都是树叶，T 有几片树叶?

7.2　设无向树 T 有 7 片树叶，其余顶点的度数均为 3，求 T 中 3 度顶点数，能画出几棵具有此种度数的非同构的无向树?

7.3　对于具有 $k(k\geqslant 2)$ 个连通分支的森林，恰好加多少条新边能使所得图为无向树?

7.4　已知 $n(n\geqslant 2)$ 阶无向简单图 G 有 $n-1$ 条边，G 一定为树吗?

7.5　试画出度数序列为 1,1,1,1,2,2,4 的所有非同构的 7 阶无向树。

7.6　画出图 7-1 所示无向图的所有非同构的生成树。

7.7　在图 7-2 所示的无向图 G 中，实线边所示的子图为 G 的一棵生成树 T，求 G 对应于 T 的基本回路系统和基本割集系统。

7.8　求图 7-3 所示两个带权图的最小生成树，并计算它们的权。

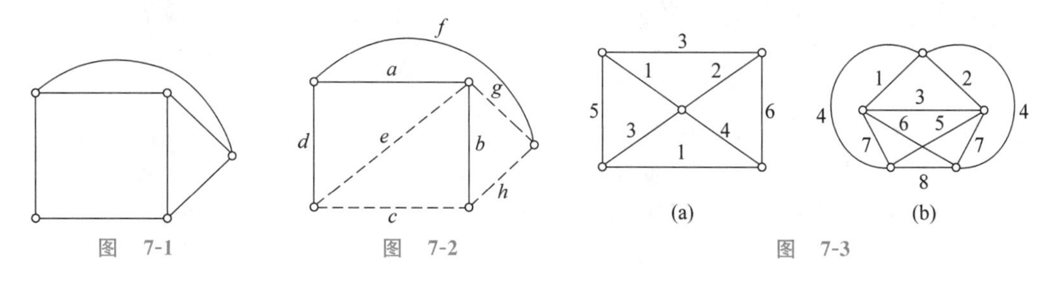

图　7-1　　图　7-2　　图　7-3

7.9　8421 码用 4 位二进制串的前 10 个作为十进制数字的代码，即 0—0000，1—0001，…，9—1001。

(1) 写出 7201 和 1509 的编码。

(2) 写出 0101000110000111 和 0011010100100100 代表的十进制数。

7.10 下面给出的符号串集合中,哪些是前缀码?

$$B_1=\{0,10,110,1111\}$$
$$B_2=\{1,01,001,000\}$$
$$B_3=\{1,11,101,001,0011\}$$
$$B_4=\{b,c,aa,ac,aba,abb,abc\}$$
$$B_5=\{b,c,a,aa,ac,aba,abb,abc\}$$

7.11 利用图 7-4 中给出的二叉树和三叉树,分别产生一个二元前缀码和一个三元前缀码。

7.12 利用图 7-5 中的二叉树产生一个二元前缀码,用它作为八进制数字的代码,对应关系标在图中的树叶处。

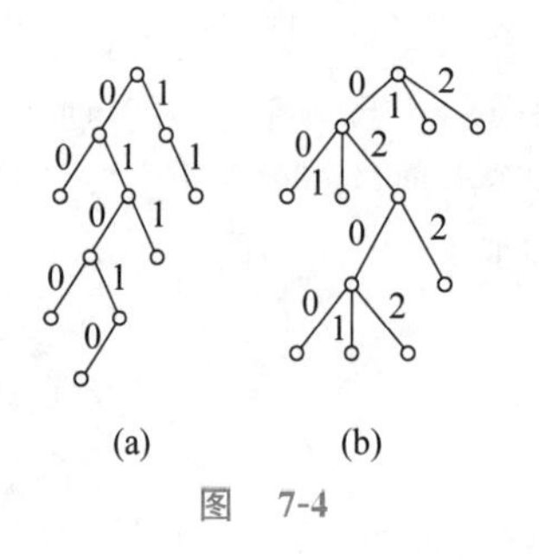

图 7-4

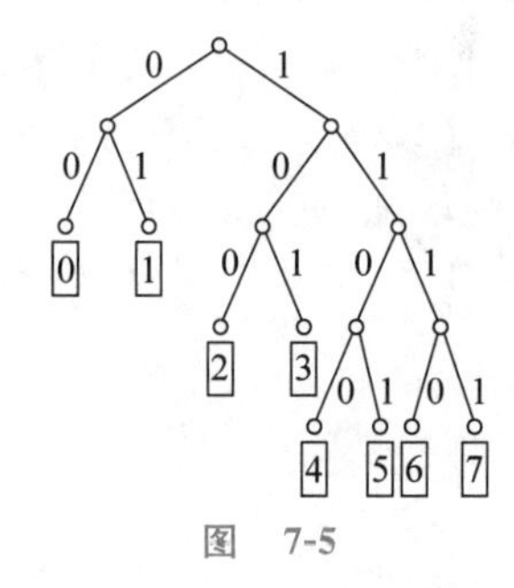

图 7-5

(1) 写出八进制数字的代码。

(2) 写出八进制数 6014 和 1725 的编码。

(3) 写出 11001010100 和 01111100100 代表的八进制数。

7.13 证明配套教材《离散数学(第六版)》中定义 7.11 下面叙述的用二叉树产生二元前缀码的做法是正确的。

7.14 图 7-6 给出的二叉树表达一个算式。

(1) 给出这个算式的表达式;

(2) 给出算式的波兰符号法表达式;

(3) 给出算式的逆波兰符号法表达式。

(4) 设 $a=4,b=3,c=1,d=3,e=3,f=1,g=2,h=3,i=2,j=1$,分别用波兰符号法表达式和逆波兰符号法表达式计算这个算式。

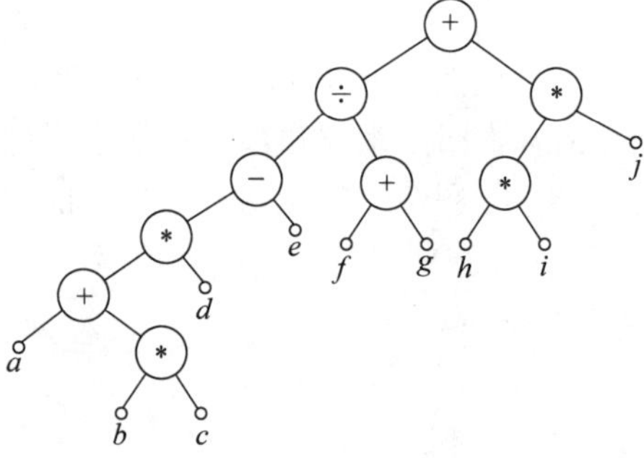

图 7-6

7.15 用一棵二叉树表示下述命题公式,并写出它的前缀符号法表达式和后缀符号法表达式

$$((p\vee q)\wedge\neg r)\rightarrow((\neg p\wedge q)\rightarrow(q\vee r))$$

题 7.16~题 7.18 的要求是从供选择的答案中选出填入叙述中的方框□内的正确答案。

7.16 计算非同构的根树的个数。

(1) 2 个顶点非同构的根树有[A]个；

(2) 3 个顶点非同构的根树有[B]个；

(3) 4 个顶点非同构的根树有[C]个；

(4) 5 个顶点非同构的根树有[D]个。

供选择的答案

A、B、C、D：

① 1；　② 2；　③ 3；　④ 4；　⑤ 5；

⑥ 6；　⑦ 7；　⑧ 8；　⑨ 9；　⑩ 10。

7.17　设 7 个字母在通信中出现的频率如下：

$$a：35\%，\quad b：20\%，\quad c：15\%，\quad d：10\%，$$
$$e：10\%，\quad f：5\%，\quad g：5\%$$

编一个最佳二元前缀码。在这个前缀码中，a、b、c、d、e、f、g 的码长分别是[A]、[B]、[C]、[D]、[E]、[F]、[G]。

传输 10^4 个按上述比例出现的字母平均需要[H]个二进制数字。

供选择的答案

A、B、C、D、E、F、G：① 1；　② 2；　③ 3；　④ 4；　⑤ 5；　⑥ 6。

H：① 20 000；　② 25 000；　③ 25 500。

7.18　给定算式

$$\{[(a+b)*c]*(d+e)\}-[f-(g*h)]$$

此算式的波兰符号法表达式为[A]，逆波兰符号法表达式为[B]。

供选择的答案

A、B：① $-**a+bc+def-g*h$；　② $-**+abc+de-f*gh$；

③ $*-*+abc+de-f*gh$；　④ $ab+c*de+*fgh*--$；

⑤ $ab+c*de+*gh*f--$。

习题解答

7.1　有 5 片树叶。

分析　设 T 有 x 个 1 度顶点(即树叶)，则 T 的顶点数 $n=3+2+x=5+x$，T 的边数 $m=n-1=4+x$。由握手定理得方程

$$2m=2(4+x)=3\times3+2\times2+x=13+x$$

解得 $x=5$。

所求无向树 T 的度数序列为 1,1,1,1,1,2,2,3,3,3。由这个度数序列可以画多棵非同构的无向树，图 7-7 给出 4 棵这样的树。

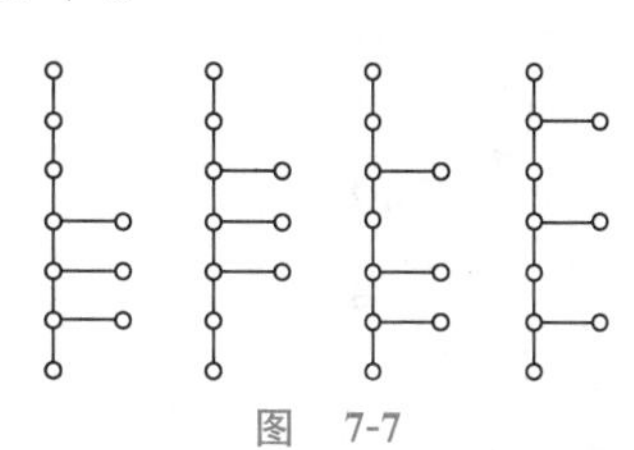

图　7-7

7.2　T 中有 5 个 3 度顶点。

分析　设 T 中有 x 个 3 度顶点，则 T 中的顶点数 $n=7+x$，边数 $m=n-1=6+x$。由握手定理得方程

$$2m=12+2x=3x+7$$

解得 $x=5$，即 T 中有 5 个 3 度顶点。T 的度数序列为 1,1,1,1,1,1,1,3,3,3,3,3。由于 T 中只有树叶和 3 度顶点，因而 3 度顶点可依次相邻，如图 7-8 所示。还有一棵与它非同构的树，请读者自己画出。

7.3　恰好加 $k-1$ 条新边能使所得图为无向树。

分析　设 G 有 k 个连通分支 $T_1,T_2,\cdots,T_k$，其中 T_i 全为树。在两棵树之间加一条新边把这两棵树连成一棵树，重复进行，加 $k-1$ 条新边把 k 棵树连成一棵树，如图 7-9 所示。

图　7-8　　　图　7-9

7.4　不一定。

分析　n 阶无向树 T 有 $n-1$ 条边，这是无向树 T 的必要条件，但不是充分条件。例如，$n-1$ 个顶点的初级回路和一个孤立点组成的 n 阶无向简单图有 $n-1$ 条边，但它显然不是树。

7.5　非同构的 7 阶无向树共有两棵，如图 7-10 所示。

分析　由度数序列 1,1,1,1,2,2,4 不难看出，唯一的 4 度顶点必须与 2 度顶点相邻。它与一个 2 度顶点相邻，还是与两个 2 度顶点都相邻，所得树是非同构的，再没有其他情况，因而是两棵非同构的树。

7.6　有两棵非同构的生成树，如图 7-11 所示。

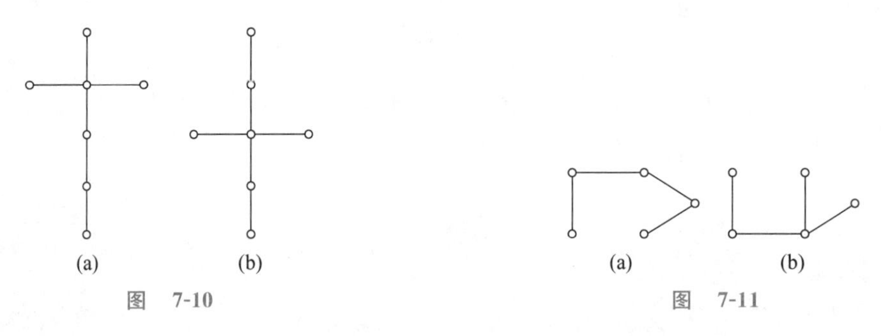

(a)　(b)

图　7-10

(a)　(b)

图　7-11

分析　图 7-1 是 5 阶图，5 阶非同构的无向树只有 3 棵，理由如下：5 阶无向树中，顶点数 $n=5$，边数 $m=4$，各顶点度数之和为 8，度数分配方案有 3 种，分别如下：

① 1,1,1,1,4；

② 1,1,1,2,3；

③ 1,1,2,2,2。

每种方案只有一棵非同构的树。图 7-1 中顶点的最大度数是 3，所以不可能有度数序列为①的生成树。于是，该图最多有两棵非同构的生成树。在图 7-11 中是它的两个非同构的生成树，其中图 7-11(a)的度数序列为③，图 7-11(b)的度数序列为②。

7.7　基本回路为

$$C_c = cbad, \quad C_e = ead, \quad C_g = gfa, \quad C_h = hfab$$

基本回路系统为$\{C_c, C_e, C_g, C_h\}$

基本割集为

$$S_a = \{a, e, c, g, h\}, \quad S_b = \{b, c, h\},$$
$$S_d = \{d, e, c\}, \quad S_f = \{f, g, h\}$$

基本割集系统为$\{S_a, S_b, S_d, S_f\}$。

分析　1°　注意基本回路用边的序列表示，而基本割集用边的集合表示。

2°　在基本回路中，只含一条弦，其余的边全为树枝，其求法如下：设弦$e=(v_i, v_j)$，则在生成树T中v_i、v_j之间存在唯一的路径Γ_{ij}，则Γ_{ij}与$e=(v_i, v_j)$组成的回路为G中对应弦e的基本回路。

3°　在基本割集中，只含一条树枝，其余的边都是弦，其求法如下：设树枝$e=(v_i, v_j)$，则e为T中的桥，将e从T中去掉产生两棵小树T_1与T_2，则对应树枝e的基本割集

$$S_e = \{e' \mid e' \text{在} G \text{中且} e' \text{的两个端点分别在} T_1 \text{和} T_2 \text{中}\}$$

注意，两棵小树T_1与T_2中很可能有平凡树(一个顶点)。

对于图7-2，$T-a$产生的两棵小树，如图7-12(a)所示。G中一个端点在T_1中，另一个端点在T_2中的边为a(树枝)、e、c、g和h，后4条边全是弦。于是

$$S_a = \{a, e, c, g, h\}$$

$T-b$产生的两棵小树，如图7-12(b)所示，其中有一棵为平凡树。G中一个端点在T_1中，另一个端点在T_2中的边，除树枝b外，还有弦c、h，所以

$$S_b = \{b, c, h\}$$

$T-d$产生的两棵小树，如图7-12(c)所示。G中一个端点在T_1中，另一个端点在T_2中的边，除树枝d外，还有两条弦c、e，所以

$$S_d = \{d, c, e\}$$

$T-f$产生的两棵小树，如图7-12(d)所示。由它产生的基本割集为

$$S_f = \{f, g, h\}$$

7.8　用Kruskal算法求解，求出的图7-3(a)的最小生成树T如图7-13(a)所示，其$W(T)=7$。图7-3(b)的最小生成树T如图7-13(b)所示，其$W(T)=11$。

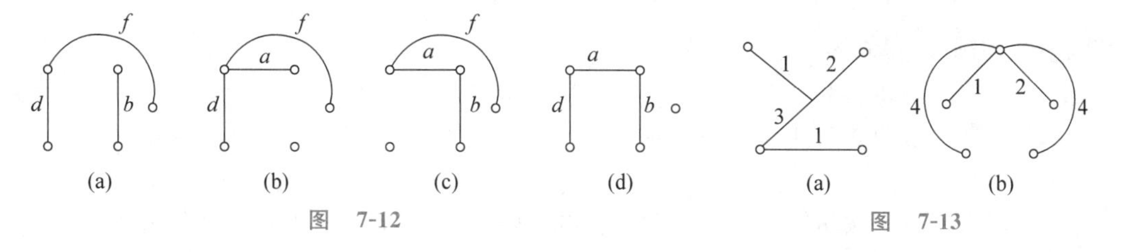

图　7-12　　　　图　7-13

7.9　(1) 7201的编码是0111001000000001，1509的编码是0001010100001001。

(2) 0101000110000111的原文是5187，0011010100100100的原文是3524。

分析　8421码是等长码，每个数字的代码长为4，因此在译码时把编码划分成小段，每

段 4 位,对应一个十进制数字。例如,把 0101000110000111 划分成 0101,0001,1000,0111,分别对应 5,1,8,7,故原文是 5187。

7.10　B_1、B_2、B_4 为前缀码。

分析　在 B_1、B_2、B_4 中任何符号串都不是另外符号串的前缀,因而它们都是前缀码。而在 B_3 中,1 是 11、101 的前缀。在 B_5 中,a 是 aa、ac 等的前缀,因而 B_3 和 B_5 都不是前缀码。

7.11　由图 7-4(a)给出的二元前缀码为

$$B_1=\{00,0100,01010,011,11\}$$

由图 7-4(b)给出的三元前缀码为

$$B_2=\{00,01,0200,0201,0202,022,1,2\}$$

分析　一般地,由 r 叉树产生 r 元前缀码。

7.12　(1) 八进制数字的代码如下:

0—00　　1—01　　2—100　　3—101

4—1100　　5—1101　　6—1110　　7—1111

(2) 6014 的编码是 111000011100,1725 的编码是 0111111001101。

(3) 11001010100 代表的八进制数是 4310,01111100100 代表的八进制数是 1702。

分析　这个二元前缀码不是等长的。在译码时,从左到右发现一个代码就把它译出来,然后继续往下。如 11001010100、1、11 和 110 都不是代码,1100 是 4 的代码,译出 4。继续往下,1 和 10 都不是代码,101 是 3 的代码,译出 3。再往下,01、00 分别是 1、0 的代码。于是,它的原文是 4310。

7.13　将教材中的叙述重新抄录如下:设 T 为一棵二叉树,有 t 片树叶。将 T 的每个分支点关联的两条边,左边标 0,右边标 1。若分支点只有一个儿子,这条边可以标 0、也可以标 1。从树根到树叶的通路上标注的数字组成一个符号串,把它记在这片树叶处。这样得到的 t 个二进制串构成一个二元前缀码。

证明上述做法是正确的。每个代码是从树根到树叶的通路上标注的数字组成的二进制串,它的前缀只能是这条通路上从树根到某个顶点为止所标注的数字组成的子串。而任何其他的树叶都不可能出现在这条通路上,从而所有其他的代码都不可能是这个代码的前缀。因此,这 t 个二进制串构成一个二元前缀码。

7.14　(1) 用中序行遍法访问这棵树,得到

$$(((a+(b*c))*d-e)\div(f+g))+((h*i)*j)$$

省去一些圆括号,得到算式的表达式

$$((a+b*c)*d-e)\div(f+g)+h*i*j$$

(2) 用前序行遍法访问这棵树并删去所有的圆括号,得到算式的波兰符号法表达式

$$+\div-*+a*bcde+fg**hij$$

(3) 用后序行遍法访问这棵树并删去所有的圆括号,得到算式的逆波兰符号法表达式

$$abc*+d*e-fg+\div hi*j*+$$

(4) 将变量的值代入波兰符号法表达式

$$+\div-*+4*3133+12**321$$

计算如下:

$$+\div-*+4*3133+12**\underline{321}$$
$$+\div-*+4*3133+12\underline{*61}$$
$$+\div-*+4*3133\underline{+126}$$
$$+\div-*+4\underline{*313}336$$
$$+\div-*\underline{+433}336$$
$$+\div-\underline{*73}336$$
$$+\div\underline{-(21)3}36$$
$$+\underline{\div(18)3}6$$
$$\underline{+66}$$
$$(12)$$

在上面为了区分一位数和二位数，用圆括号把二位数括起来。

将变量的值代入逆波兰符号法表达式

$$431*+3*3-12+\div 32*1*+$$

计算如下：

$$\underline{431*}+3*3-12+\div 32*1*+$$
$$\underline{43+}3*3-12+\div 32*1*+$$
$$\underline{73*}3-12+\div 32*1*+$$
$$\underline{(21)3-}12+\div 32*1*+$$
$$(18)\underline{12+}\div 32*1*+$$
$$\underline{(18)3\div} 32*1*+$$
$$6\underline{32*}1*+$$
$$6\underline{61*}+$$
$$\underline{66+}$$
$$(12)$$

7.15　表示命题公式的二叉树如图 7-14 所示。用前序行遍法访问该树并删去所有圆括号，得到命题公式的前缀符号法表达式

$$\rightarrow\wedge\vee pq\neg r\rightarrow\wedge\neg pq\vee qr$$

用后序行遍法访问该树并删去所有圆括号，得到命题公式的后缀符号法表达式

$$pq\vee r\neg\wedge p\neg q\wedge qr\vee\rightarrow\rightarrow$$

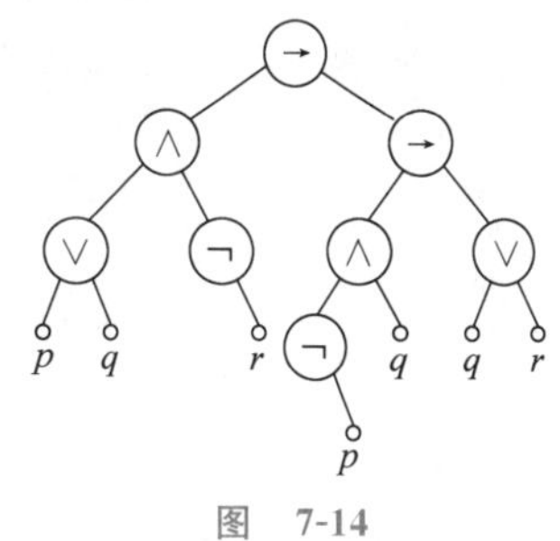

图　7-14

分析　逻辑运算中有一元运算符 ¬，因此表示命题公式的二叉树不是正则的。由于 ¬ 的运算对象跟在它的后面，所以为了用中序行遍法访问能恢复原式，¬ 所在顶点的儿子应为右儿子。不过这对用前序行遍法访问和用后序行遍法访问的结果没有影响。

7.16　答案　A：①；　B：②；　C：④；　D：⑨。

分析　对于每种情况都先求出非同构的无向树，然后求出每棵无向树派生出来的所有非同构的根树。

2 阶无向树只有一棵,它有两个 1 度顶点,如图 7-15(a)所示。以一个顶点为树根,另一个顶点为树叶,得到一棵根树,如图 7-16(a)所示。

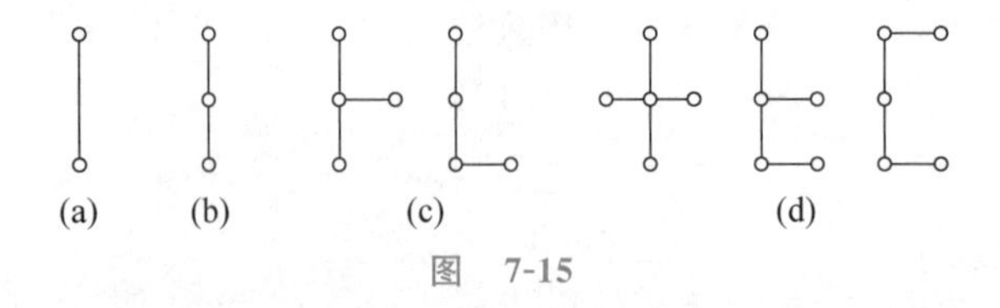

图　7-15

3 阶非同构的无向树也只有一棵,如图 7-15(b)所示。它有两个 1 度顶点,一个 2 度顶点。有两棵非同构的 3 阶根树,一棵以一个 1 度顶点为根,另一棵以 2 度顶点为根,如图 7-16(b)所示。

4 阶非同构的无向树有两棵,如图 7-15(c)所示。第一棵树有 3 片树叶和一个 3 度顶点。它能生成两棵非同构的根树,一棵以一片树叶为根,另一棵以 3 度顶点为根,如图 7-16(c)所示。第二棵树有两片树叶和两个 2 度顶点,它也能生成两棵非同构的根树,一棵以一片树叶为根,另一棵以一个 2 度顶点为根,如图 7-16(d)所示。所以 4 阶非同构的根树有 4 棵。

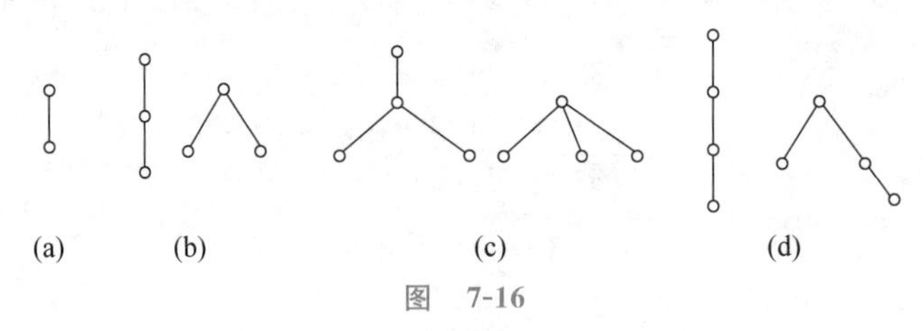

图　7-16

5 阶非同构的无向树有 3 棵,如图 7-15(d)所示。第一棵能派生两棵非同构的根树,第二棵能派生 4 棵非同构的根树,第三棵能派生 3 棵非同构的根树,共有 9 棵 5 阶非同构的根树。请读者将它们都画出来。

7.17　答案　A:②;　B:②;　C:③;　D:③;　E:③;　F:④;　G:④;　H:③。

分析　将所有的频率都乘 100,所得结果按从小到大顺序排列:

$$w_g=5,\quad w_f=5,\quad w_e=10,\quad w_d=10,\quad w_c=15,\quad w_b=20,\quad w_a=35$$

以上各数为权,用 Huffman 算法求一棵最优二叉树,如图 7-17 所示。

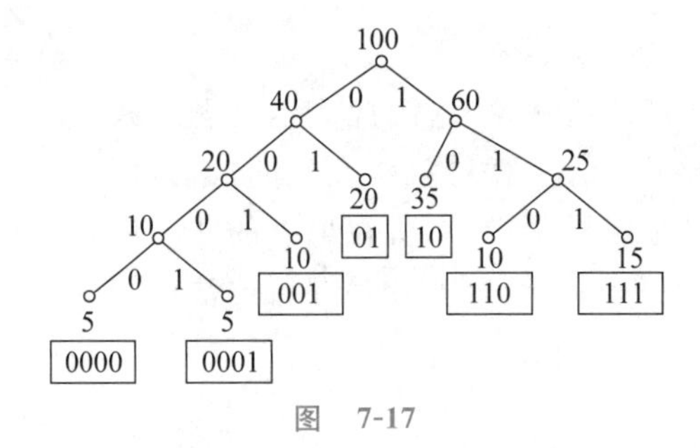

图　7-17

对照各个权可知各字母的前缀码如下:

a—10，　　b—01，　　c—111，　　d—110，

e—001，　　f—0001，　　g—0000

于是，a、b 的码长为 2，c、d、e 的码长为 3，f、g 的码长为 4。

$W(T)=255$(各分支点的权之和)，$W(T)$是传输 100 个按给定频率出现的字母所用的二进制数字的个数，因而传输 10^4 个按上述频率出现的字母要用 $2.55\times10^4=25\,500$ 个二进制数字。

最后还应指出一点，在画最优树时，由于顶点位置的不同，可能得到不同的前缀码。事实上，交换相同码长的代码和交换频率相同的字母的代码不会改变需要的二进制数字的期望个数。从而，只要它们中有一个是最佳前缀码，其他的也都是最佳前缀码。

7.18　答案　A：②；　　B：④。

分析　表示算式的二叉有序树如图 7-18 所示。用前序行遍法访问此树，得波兰符号法表达式为

$$-**+abc+de-f*gh$$

用后序行遍法访问此树，得逆波兰符号法表达式为

$$ab+c*de+*fgh*--$$

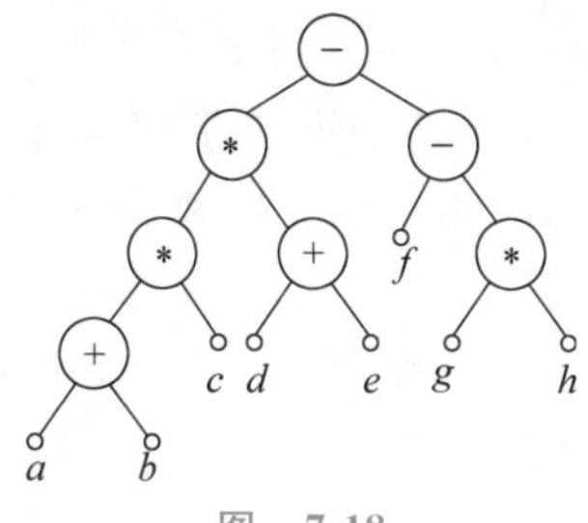

图　7-18

第8章　组合分析初步

内容提要

1. 加法法则和乘法法则

加法法则　如果事件 A 有 p 种产生的方式，事件 B 有 q 种产生的方式，则事件“A 或 B”有 $p+q$ 种产生的方式。

乘法法则　如果事件 A 有 p 种产生的方式，事件 B 有 q 种产生的方式，则事件“A 与 B”有 pq 种产生的方式。

加法法则与乘法法则可以推广到 n 个事件。

2. 排列与组合的定义

设 S 为 n 元集。从 S 中有序选取的 r 个元素称为 S 的一个 r 排列，不同排列的总数记作 P_n^r。如果 $r=n$，则称这个排列为 S 的全排列，简称 S 的排列。

设 S 为 n 元集，从 S 中无序选取的 r 个元素称为 S 的一个 r 组合，不同组合的总数记作 C_n^r。

集合$\{n_1 \cdot a_1, n_2 \cdot a_2, \cdots, n_k \cdot a_k\}$称为多重集，其中 n_i 表示元素 a_i 在 S 中出现的次数，称为 a_i 的重复度。通常 $1 \leqslant n_i \leqslant \infty, i=1,2,\cdots,k$。当 $n_i=\infty$时，表示 S 中含有足够多的 a_i 以供选取。

从多重集 S 中有序选取的 r 个元素称为 S 的一个 r 排列。当 $r=n_1+n_2+\cdots+n_k$ 时，称为 S 的全排列，也称 S 的排列。

从多重集 S 中无序选取的 r 个元素，也就是 S 的一个 r 个元素的子多重集，称为 S 的一个 r 组合。

3. 排列组合的基本公式

(1) 集合的排列组合公式。

令 $n!=n(n-1)\cdots 2\times 1$，规定 $0!=1$。

$$P_n^r=\begin{cases}\dfrac{n!}{(n-r)!}, & r \leqslant n \\ 0, & r>n\end{cases}$$

r 环排列数为$\dfrac{P_n^r}{r}$。

$$C_n^r=\begin{cases}\dfrac{n!}{(n-r)!\ r!}, & r \leqslant n \\ 0, & r>n\end{cases}$$

$$C_n^r = C_n^{n-r}$$
$$C_n^0 + C_n^1 + \cdots + C_n^n = 2^n$$

(2) 多重集 $S=\{n_1 \cdot a_1, n_2 \cdot a_2, \cdots, n_k \cdot a_k\}$，令 $n=n_1+n_2+\cdots+n_k$。且将 S 的 r 排列数与 r 组合数分别记作 N_p 与 N_c。

$$N_p = \begin{cases} k^r, & r < n \text{ 且所有的 } n_i \geqslant r \\ \dfrac{n!}{n_1!n_2!\cdots n_k!}, & r = n \end{cases}$$

$$N_c = \begin{cases} C_{k+r-1}^r, & r < n \text{ 且所有的 } n_i \geqslant r \\ 1, & r = n \\ 0, & r > n \end{cases}$$

上面公式中的$\dfrac{n!}{n_1!n_2!\cdots n_k!}$可简记为$\dbinom{n}{n_1 n_2 \cdots n_k}$，如果限定多重集 $S=\{\infty \cdot a_1, \infty \cdot a_2, \cdots, \infty \cdot a_k\}$，$r \geqslant k$，且 S 中每种元素在 r 组合中至少出现一次，则 S 的 r 组合数是 C_{r-1}^{k-1}。

4. 递推方程的求解方法

递推方程的定义：设序列 $a_0, a_1, \cdots, a_n \cdots$ 简记为 $\{a_n\}$，一个把 a_n 与某些个 $a_i (i<n)$ 联系起来的等式称为关于序列 $\{a_n\}$ 的递推方程。

通过递推方程和初值求得函数 a_n 的显示表达式(非递归表示)称为求解递推方程。

递推方程的求解方法有迭代归纳法和递归树法。这些方法的基本思想：对于所有的 $n, n-1, n-2 \cdots$ 不断用方程的右部替换表达式或者递归树中的函数项，直到初值为止，从而得到一系列的项之和。然后通过求和公式把这个和求出来，或者估计出这个和的渐近的上界。所得到的解是否正确，可以通过归纳法进行验证。

递推方程在递归算法的分析中有着重要的应用。分治算法的递推方程通常具有下述形式：设 a、b 为正整数，n 为问题的输入规模(不妨设 $n=b^k$)，n/b 为子问题的输入规模，a 为子问题的个数，$d(n)$ 为将原问题分解成子问题以及将子问题的解综合得到原问题解的代价。那么算法的时间复杂度函数满足下述递推方程：

$$\begin{cases} T(n) = aT(n/b) + d(n), & n = b^k \\ T(1) = t, & t \text{ 为某个常数} \end{cases}$$

当 $d(n)=c$ 时，c 代表某个常数，则该递推方程的解是

$$T(n) = \begin{cases} O(n^{\log_b a}), & a \neq 1 \\ O(\log n), & a = 1 \end{cases}$$

当 $d(n)=cn$ 时，c 代表某个常数，则该递推方程的解是

$$T(n) = \begin{cases} O(n), & a < b \\ O(n\log n), & a = b \\ O(n^{\log_b a}), & a > b \end{cases}$$

5. 小结

通过本章的学习应该达到下面的基本要求：使用加法法则、乘法法则等计数规则进行

组合计数。正确使用排列、组合、多重集排列、多重集组合公式解决实际的计数问题。能够针对实际计数问题确定相应的递推方程和初值,并加以求解。

习　题

题 8.1～题 8.5 的要求是从供选择的答案中选出应填入叙述中的□内的正确答案。

8.1 某产品加工需要 1、2、3、4、5 道工序。那么安排这些加工工序共有[A]种方法。若工序 1 必须先加工,则有[B]种方法。若工序 4 不能放在最后加工,则有[C]种方法。若工序 3 必须紧跟在工序 2 的后边,则有[D]种方法。若工序 3 必须在工序 5 的前边,则有[E]种方法。

供选择的答案

A、B、C、D、E:

① 6;　② 12;　③ 24;　④ 30;　⑤ 48;

⑥ 60;　⑦ 80;　⑧ 96;　⑨ 100;　⑩ 120。

8.2 100 件产品,从其中任意抽出 3 件共有[A]种方法。如果 100 件产品中有 2 件次品,则抽出的产品中恰好有 2 件次品的有[B]种方法,至少有 1 件次品的有[C]种方法,恰好有 1 件次品的有[D]种方法,没有次品的有[E]种方法。

供选择的答案

A、B、C、D、E:

① 1;　② 100;　③ 98;　④ 4753;　⑤ 9506;

⑥ 9604;　⑦ 152 096;　⑧ 156 947;　⑨ 161 700;　⑩ 以上答案都不对。

8.3 从整数 1,2,…,50 中选出两个数,共有[A]种方法。若这两个数之和是偶数,则有[B]种方法。若其和为奇数,则有[C]种方法。若其差等于 7,则有[D]种方法。若其差小于或等于 7,则有[E]种方法。

供选择的答案

A、B、C、D、E:

① 43;　② 100;　③ 300;　④ 322;　⑤ 600;

⑥ 625;　⑦ 672;　⑧ 1200;　⑨ 1225;　⑩ 以上答案都不对。

8.4 书架上有 9 本不同的书,其中 4 本是红皮的,5 本是白皮的,则

(1) 9 本书的排列有[A]种方法。

(2) 若白皮书必须排在一起,则有[B]种方法。

(3) 若白皮书排在一起,红皮书也排在一起,则有[C]种方法。

(4) 若所有的白皮书必须排在红皮书的前边,则有[D]种方法。

(5) 若红皮书与白皮书必须相间,则有[E]种方法。

供选择的答案

A、B、C、D、E:

① 576;　② 1152;　③ 1440;　④ 2880;　⑤ 5760;

⑥ 7200；　⑦ 14 400；　⑧ 28 800；　⑨ 362 880；　⑩ 以上答案都不对。

8.5 从去掉大小王的 52 张扑克牌中任意选出 5 张牌，则有[A]种方法。

(1) 如果其中含有 4 张 K，则有[B]种方法。

(2) 如果这 5 张牌的点数恰好是连续分布的，例如，9、8、7、6、5，那么有[C]种方法。

(3) 如果这 5 张牌是同种花色的，则有[D]种方法。

(4) 如果这 5 张牌的点数都不相同，则有[E]种方法。

供选择的答案

A：　① P_{52}^{5}；　② C_{52}^{5}。

B、C、D、E：　③ 48；　④ 196；　⑤ 1024；　⑥ 1287；

⑦ 5148；　⑧ 10 240；　⑨ 1 317 888；　⑩ 以上数字都不对。

8.6 (1) 15 名篮球队员被分到 A、B、C 3 组，使得每组有 5 名运动员，那么有多少种方法？

(2) 15 名篮球队员被分成 3 组，使得每组有 5 名运动员，那么有多少种方法？

8.7 从整数 1,2,…,100 中选出 3 个数，使得它们的和正好能被 4 整除，有多少种方法？

8.8 有相同的红球 4 个，黄球 3 个，白球 3 个，如果把它们排成一条直线，则有多少种方法？

8.9 从 0、1、2 这 3 个数字中可重复地选择 n 个数字排列，有多少种排法？若不允许相邻位置的数字相同，又有多少种排法？

8.10 从集合 $\{a_1,a_2,\cdots,a_9\}$ 中无序选取 4 个元素，求

(1) a_1、a_2、a_3 中至多选取其一的方法数。

(2) a_1、a_2、a_3 中不能同时选取 2 个但可以同时选取 3 个的方法数。

(3) a_1、a_2、a_3 中不能同时选取 3 个且 a_4 和 a_5 或者不取或者全取的方法数。

8.11 多重集合 $\{5\cdot a,1\cdot b,1\cdot c,1\cdot d,1\cdot e\}$ 中的全体元素构成字母序列，求其中

(1) 任何 2 个 a 都不相邻的序列数。

(2) b、c、d、e 中任何 2 个字母不相邻的序列数。

8.12 求满足不等式 $x_1+x_2+x_3\leqslant 6$ 的正整数解的个数。

8.13 求多重集 $S=\{3\cdot a,4\cdot b,2\cdot c\}$ 中的所有元素构成的，且同类字母的全体不能相邻的排列数。例如，排列 $aabbbacbc$ 符合要求，而排列 $abbbbcaac$ 不符合要求。

8.14 (1) 设有一排 n 个座位，顺序标记为 $1,2,\cdots,n$，若从其中选出 k 个座位并使得没有两个座位是相邻的，有多少种选法？

(2) 和(1)类似，如果这 n 个座位围成一个圆圈，若从其中选出 k 个座位并使得没有两个座位是相邻的，有多少种选法？

8.15 一个商店出售 20 种冰激凌。一个顾客买 4 盒冰激凌，有多少种选法？如果 4 盒中只有 3 种冰激凌，有多少种选法？

8.16 有 3 类明信片，分别是 3、4、5 张。把它们全部送给 5 个朋友(允许有的人得到 0 张)，问有多少种不同的方式？

8.17 有多少种方法把 $2n+1$ 个苹果分给 3 个孩子，使得任 2 个孩子的苹果数加在一

起比剩下那个孩子的苹果数多?

8.18　有3个蓝球、2个红球、2个黄球排成一排。若要求黄球不相邻,问有多少种排法?

8.19　由2个1、3个2、2个3组成7位数,要求在这些数中不出现连续的2个1、连续的3个2和连续的2个3,问这样的7位数有多少个?

8.20　在空间直角坐标系中,如果一个点的x、y、z坐标都是整数就称这个点为整点。求由平面$x+y+z=n$和$x=0$、$y=0$、$z=0$的所围成区域(包括围成区域的平面在内)的整点个数,这里的n是给定的正整数。

8.21　求以凸n边形的顶点作为顶点,以n边形内部的对角线作为边的三角形有多少个?

8.22　设$N=\{1,2,\cdots,n\}$,$f:N\rightarrow N$。

(1) 如果f是单调递增的,不同的f有多少个?

(2) 如果f是严格单调函数,不同的f有多少个?

8.23　从$\{1,2,\cdots,9\}$中选取不同的数字构成7位数。如果5和6不相邻,则有多少个不同的7位数?

8.24　1~1000(包括1和1000在内)有多少个整数,其各位数字之和小于7?

8.25　设A为n元集,A上可定义多少个不同的二元关系?

(1) 有多少个二元关系是自反并且对称的?

(2) 有多少个二元关系既不是对称的,也不是反对称的?

8.26　求解下列递推方程。

(1) $T(n)=T(n/2)+n, n=2^k, T(2)=1$。

(2) $T(n)=T(n-1)+n^2, T(1)=1$。

(3) $T(n)=4T(n/2)+O(n)$。

(4) $T(n)=2T(n/2)+O(n)$。

8.27　设a为实数,n为正整数且恰好是2的幂。用下述算法计算a^n。算法的思路:如果已经计算出了$a^{n/2}$,那么将这个数与自己相乘,就可以得到a^n。

(1) 设算法对给定n所做的乘法次数是$T(n)$,列出$T(n)$满足的递推方程和初值。

(2) 估计$T(n)$的阶。

(3) 下面的数列$\{F_n\}$称作Fibonacci数列:

$$1,1,2,3,5,8,\cdots$$

其中,F_n满足$F_n=F_{n-1}+F_{n-2}$,$F_1=1$,$F_2=1$。在该数列的前面加上一个0,用数学归纳法证明

$$\begin{pmatrix} F_{n+1} & F_n \\ F_n & F_{n-1} \end{pmatrix}=\begin{pmatrix} 1 & 1 \\ 1 & 0 \end{pmatrix}^n$$

(4) 对于$n=2^k$,k为正整数,如何利用上述公式和算法计算F_n?把这个算法与直接利用递推公式$F_n=F_{n-1}+F_{n-2}$用加法计算F_n的算法进行比较,哪个效率更高?为什么?

8.28　双Hanoi塔问题是Hanoi塔问题的一种推广,与Hanoi塔问题的不同点在于:$2n$个圆盘分成大小不同的n对,每对圆盘完全相同。初始,这些圆盘按照从大到小的次序从下到上放在A柱上,最终要把它们全部移到C柱,移动的规则与Hanoi塔问题相同。

(1) 设计一个移动的算法。

(2) 计算你的算法所需要的移动次数。

8.29　设 A 是 $n(n>1)$ 个不等的正整数构成的集合，其中 $n=2^k$，k 为正整数。考虑下述在 A 中找最大和最小的算法 MaxMin：如果 A 中只有两个数，那么比较一次就可以确定最大数与最小数。否则，将 A 划分成相等的两个子集 A_1 与 A_2。用算法 MaxMin 递归地在 A_1 与 A_2 中找最大与最小。令 a_1、a_2 分别表示 A_1 与 A_2 中的最大数，b_1 与 b_2 分别表示 A_1 与 A_2 中的最小数，那么 $\max\{a_1,a_2\}$ 与 $\min\{b_1,b_2\}$ 就是所需要的结果。对于规模为 n 的输入，计算算法 MaxMin 最坏情况下所做的比较次数。

8.30　利用递推方程求解 $1,2,\cdots,n$ 的错位排列个数 D_n。

8.31　设 $P(x)=a_0+a_1x+\cdots+a_{n-1}x^{n-1}+x^n$ 是最高次项系数为1的 n 次多项式，使得 $P(x)=0$ 的数 x 称为该多项式的根。假设存在算法 A 和 B，其中 A 可以在 $O(k)$ 时间内计算一个 k 次多项式与一个一次多项式的乘积；B 可以在 $O(i\log i)$ 时间内计算两个 i 次多项式的乘积。利用算法 A 和 B 设计一个算法确定以给定整数 $d_1,d_2,\cdots,d_n$ 为根的 n 次多项式 $P(x)$ 的表达式，并估计算法最坏情况下的运行时间。

8.32　在 Internet 上的搜索引擎经常需要对信息进行比较，如可以通过某个人对一些事物的排名来估计他(或她)对各种不同信息的兴趣，从而实现个性化的服务。对于不同的排名结果可以用逆序来评价它们之间的差异。考虑 $1,2,\cdots,n$ 的排列 $i_1i_2\cdots i_n$，如果其中存在 i_j,i_k，使得 $j<k$ 但是 $i_j>i_k$，那么就称 (i_j,i_k) 是这个排列的一个逆序。一个排列含有逆序的个数称为这个排列的逆序数。例如，排列 263451 含有 8 个逆序(2,1)，(6,3)，(6,4)，(6,5)，(6,1)，(3,1)，(4,1)，(5,1)，它的逆序数就是 8。显然，由 $1,2,\cdots,n$ 构成的所有 $n!$ 个排列中，最小的逆序数是 0，对应的排列就是 $12\cdots n$；最大的逆序数是 $n(n-1)/2$，对应的排列就是 $n(n-1)\cdots 21$。逆序数越大的排列与原始排列的差异度就越大。利用二分归并的排序算法可以计数一个排列的逆序。它的主要思想：在递归调用算法分别对子数组 L_1 与 L_2 排序时，计数每个子数组内部的逆序；在归并排好序的子数组 L_1 与 L_2 的过程中，计数 L_1 的元素与 L_2 的元素之间产生的逆序。在算法运行中每次得到的逆序数都加到逆序总数上。下面是一个归并过程的例子。

假如两个排好序的子数组是 1,4,5 和 2,3,6，在归并时，先比较 1 和 2，$1<2$，没有逆序，移走 1，第一个数组剩下两个数；接着比较 4 和 2，$4>2$，第一个数组的 4,5 都与 2 构成逆序，即(4,2)，(5,2)，与 2 有关的逆序数恰好等于第一个数组剩下的元素个数。移走 2，逆序总数加 2。接着比较 4 和 3，移走 3，再增加两个逆序；接着比较 4 和 6，移走 4，不增加逆序；比较 5 和 6，移走 5，不增加逆序。在这个过程中逆序数共增加了 4，恰好等于 1,4,5 与序列 2,3,6 的数之间构成的逆序总数。如果 n 是 2 的幂，计算上述求逆序的算法在最坏情况下使用的比较次数。

习题解答

组合计数的公式不难理解，但应用起来却很灵活，如果考虑得不细致就容易出错。在具体给出习题解答以前先就基本组合计数问题的解题技巧做一点介绍。

1. 组合问题的“一一对应”

先看一个简单的例子。

设有 100 人参加乒乓球比赛,比赛采用淘汰制。如果某人在一场比赛中输了,就被淘汰出去,而不能再进入下一轮的比赛,至少需要进行多少场比赛才能决出冠军?

一种自然的想法是先将 100 人分成 50 组,第 1 轮进行 50 场比赛,取胜的人进入第 2 轮。第 2 轮须安排 25 场比赛。那么第 3 轮须安排 12 场比赛,1 人轮空。第 4 轮须安排 6 场比赛,仍旧有 1 人轮空。类似地,第 5 轮 3 场,第 6 轮 2 场,到第 7 轮 1 场决出冠军。总共需进行

$$50+25+12+6+3+2+1=99$$

场比赛。能不能用少于 99 场的比赛来决出冠军呢?不能!我们换一个角度考虑问题。100 名选手中只能产生一个冠军,因此,必须经过比赛淘汰 99 名选手。而每场比赛恰好淘汰 1 名选手。比赛与淘汰的选手是一一对应的,因此为淘汰 99 名选手至少要举行 99 场比赛。

这种考虑问题的方法就是“一一对应”的方法,利用这种方法往往会收到意想不到的结果。通常的做法是把一个新的组合计数问题与某个已知的组合计数模型之间建立一一对应的联系,然后直接利用已知计数模型的公式或结果求解。

常用的组合计数模型有以下两个。

(1) 选取模型。这种选取模型可分成 4 个子类:n 元集的有序或无序选取;多重集的有序或无序选取。它们分别对应于集合或多重集的排列组合,相应的公式已经在本章的第一节中给出。其中只有当多重集 $S=\{n_1\cdot a_1,n_2\cdot a_2,\cdots,n_k\cdot a_k\}$ 中的某个重复数 $n_i<r$ 时,不存在相应的排列组合公式,在这种情况下只能用其他的组合计数方法求解。

(2) 不定方程的模型。考虑方程

$$\begin{cases}x_1+x_2+\cdots+x_k=r\\x_i\in\mathbf{N},\quad i=1,2,\cdots,k\end{cases}$$

的解的个数,这也是典型的组合问题,结果为 C_{k+r-1}^{r}。这个计数问题与多重集 $S=\{\infty\cdot a_1,\infty\cdot a_2,\cdots,\infty\cdot a_k\}$ 的 r 组合数问题是一一对应的,因为 S 的任何一个 r 组合就是 S 的子多重集 $\{x_1\cdot a_1,x_2\cdot a_2,\cdots,x_k\cdot a_k\}$,其中 $x_1+x_2+\cdots+x_k=r$,且 $x_i\in\mathbf{N},i=1,2,\cdots,k$。

可以把这个模型做一点推广。考虑下面的方程

$$\begin{cases}x_1+x_2+\cdots+x_k=r\\l_i\leqslant x_i,\quad x_i\in\mathbf{N},\quad i=1,2,\cdots,k\end{cases}$$

的解的计数问题。这里的 x_i 至少要等于某个正整数 l_i。可以通过变换将这类问题转变成前面的不定方程问题求解。例如,在方程

$$\begin{cases}x_1+x_2+x_3=15\\1\leqslant x_1,2\leqslant x_2,2\leqslant x_3,\quad x_1,x_2,x_3\in\mathbf{N}\end{cases}$$

中,令 $x_1'=x_1-1,x_2'=x_2-2,x_3'=x_3-2$,得到方程

$$\begin{cases}x_1'+x_2'+x_3'=10\\x_1',x_2',x_3'\in\mathbf{N}\end{cases}$$

显然这两个不定方程的解是一一对应的。

除了这两个组合计数模型以外，还有许多其他的计数模型。限于篇幅，这里不再介绍。希望读者在学习过程中不断归纳、积累。掌握的组合计数模型越多，解题的方法就越多，思路也就更加灵活。

2. 加法法则与乘法法则

加法法则与乘法法则是组合计数的基本原则，在许多问题中有着广泛的应用。两个原则的叙述非常简单，但在使用时要注意它们的前提条件和区别。

使用加法法则的前提条件是“产生的方式不能重叠”，即同一种产生方式只能属于一个事件。如果把每个事件的产生方式作为元素构成集合，那么任意两个集合都是不交的。因此，所有产生方式的总数是各类产生方式数之和。而乘法法则的前提条件是“产生方式彼此独立”，即不同事件的产生方式之间互相没有影响，各种事件的产生方式可以任意选取，而不会受到其他事件产生方式的干扰。

加法法则与乘法法则的使用是有区别的。加法法则用于分类选取，而乘法法则用于分步选取。通常在对产生方式进行计数时，先根据不同的特征将所有的方式划分成若干类，当每类的方式数都得到以后，通过相加求得最终结果，这就是分类选取，对应于加法法则。而在计数每类选取的方式时，往往要经过几步选择才能完成。例如，选择一条从 A 经过 B、C，最终到达 D 的道路就需 3 步：$A \to B$，$B \to C$，$C \to D$。如果缺少其中的任何一步都不能得到一种完整的选法，而不同步的选法是相互独立的。这种分步选取恰恰对应了乘法法则。分类选取的每类计数都是满足某种特征的最终选法，而分步选取的每步计数只是计数了构成整个选法的一系列选择中的一步选择。

在处理实际选取问题时经常将加法法则、乘法法则与简单的排列组合公式结合起来使用。对于初学者来说为了使结果更可靠，尽量从多种角度分析问题和求解问题。如果使用不同的方法能得到相同的结果，这种结果就更为可信。

下面是本章习题的解答。

8.1　A：⑩；　B：③；　C：⑧；　D：③；　E：⑥。

分析　这是一个从含 5 道工序的集合中进行有序选取的问题。如果不加任何限制地选择 5 道工序，方法数为

$$P_5^5 = 5! = 120$$

如果工序 1 必须先加工，则方法数是后 4 道工序的排列数 P_4^4。若工序 4 不能放在最后加工，则总方法数为

$$P_5^5 - P_4^4 = 5! - 4! = 96$$

这里的 P_4^4 表示工序 4 放在最后加工的方法数。换一个角度考虑问题，可以将所有的选法按工序 4 分别放在第 1、2、3 和 4 道工序进行分类。根据加法法则有

$$P_4^4 + P_4^4 + P_4^4 + P_4^4 = 4P_4^4 = 96$$

种方法。两个结果完全一样。若工序 3 必须紧跟在工序 2 的后边，选法数也是 P_4^4，因为这时可将工序 2 和工序 3 看成一个整体与其他的工序进行排列。解决以上问题的组合模型是选取模型，公式是加法法则和基本的排列组合公式。

对于本题的最后一问,如果也采取分类选取的方法就很麻烦。一种分类方法如下:工序 3 排在第 1 位,有 $P_4^4=24$ 种方法;工序 3 排在第 2 位,有 $P_4^4-P_3^3=24-6=18$ 种方法;工序 3 排在第 3 位有 $2P_3^3=2\times6=12$ 种方法;工序 3 排在第 4 位有 $P_3^3=6$ 种方法。由加法法则可知,总选法数是 $24+18+12+6=60$。如果用一一对应的方法求解就很方便。观察到工序 3 排在工序 5 前边的选法与工序 5 排在工序 3 前边的选法是一一对应的,故所求的选法数占总选法数的一半,结果得 60。

8.2 A:⑨; B:③; C:⑥; D:⑤; E:⑦。

分析 这里的问题是一个无序选取的问题。从 100 件产品中任意抽出 3 件,有 $C_{100}^3=161\,700$ 种方法,其中恰有两件次品有 $C_{98}^1=98$ 种方法。为确定至少有一件次品的方法有两个途径。一是确定无次品的方法数 $C_{98}^3=152\,096$,然后从总方法数减去这种方法数,即

$$C_{100}^3-C_{98}^3=161\,700-152\,096=9604$$

二是进行分类选取,恰有一件次品的方法数是 $2C_{98}^2$,恰有两件次品的方法数是 C_{98}^1,两项相加得

$$2C_{98}^2+C_{98}^1=9604$$

两种途径结果一样。

8.3 A:⑨; B:⑤; C:⑥; D:①; E:④。

分析 将$\{1,2,\cdots,50\}$划分成两个子集,其中 A 是奇数构成的子集,B 是偶数构成的子集。若两个数之和为偶数,则它们必同时取自 A 或同时取自 B。由加法法则有 $2C_{25}^2=600$ 种方法。若两个数之和为奇数,它们只能一个取自 A,而另一个取自 B。由乘法法则有 $C_{25}^1C_{25}^1=625$ 种方法。若两个数之差等于 7,则这两个数只能按下述方式选取:1 和 8,2 和 9,3 和10,…,43 和 50。共有 43 种方式。对于两个数之差小于或等于 7 的选法,按照其差分别为 1,2,…,7 进行分类,对应各类的选法数是 49,48,…,43。由加法法则可得,总的方法有 $49+48+\cdots+43=322$ 种。

8.4 A:⑨; B:⑦; C:⑤; D:④; E:④。

分析 这道题是典型的分步选取问题。由于选取是有序的,在有些步的计数时会涉及集合的排列公式。

9 本书的排列有 $9!=362\,880$ 种方法。为了保证白皮书排在一起,可以分两步做:先将所有的白皮书进行排列,然后将排好的白皮书作为一个整体再与剩下的红皮书一起排列。由乘法法则可得,这种排列有$5!5!=14\,400$ 种方法。类似地分析可以知道,白皮书排在一起且红皮书也排在一起的方法数是 $2\times5!4!=5760$,白皮书必须排在红皮书前边的方法数是 $5!4!=2880$。最后,对于红皮书与白皮书必须相间的排法可分两步构成,先将 5 本白皮书排好作为格子的分界,然后将 4 本红皮书放入 4 个格子,所求方法数是 $5!4!=2880$。

8.5 A:②; B:③; C:⑧; D:⑦; E:⑨。

分析 从 52 张牌中任选 5 张牌的方法数是 C_{52}^5。

(1) 若其中含 4 张 K,剩下的 1 张从其他 48 张中选取,有 48 种方法。

(2) 若 5 张牌点数连续分布,点数最小的牌可以是 A,2,…,10,共 10 种可能。对于每种点的分布方案,每张牌可以取 4 种花色。根据加法法则和乘法法则有 $10\times4^5=10\,240$ 种

方法。

(3) 若 5 张牌是同花色的，按照花色的不同可将选法分成 4 类，针对其中一种选定的花色又可以从 13 张牌中任取 5 张，因此，所求的选法有 $4C_{13}^{5}=5148$ 种。

(4) 若 5 张牌的点数都不相同，则点数有 C_{13}^{5} 种分配的方案。针对其中任何一种分配方案，每种点数的牌又可以有 4 种花色的选择，故所求的方法数是 $C_{13}^{5}4^{5}=1\,317\,888$。

8.6 (1) $C_{15}^{5}C_{10}^{5}C_{5}^{5}=756\,756$。

(2) $\frac{1}{3!}C_{15}^{5}C_{10}^{5}C_{5}^{5}=126\,126$。

8.7 把 100 个数按除以 4 的余数是 0、1、2、3 分成 4 组，分别记作 A、B、C、D，则所求的选法可分类如下：

3 个数同时取自 A：C_{25}^{3}。

2 个数取自 B，1 个数取自 C：$C_{25}^{2}C_{25}^{1}$。

2 个数取自 C，1 个数取自 A：$C_{25}^{2}C_{25}^{1}$。

2 个数取自 D，1 个数取自 C：$C_{25}^{2}C_{25}^{1}$。

A、B、D 每组各取 1 个：$C_{25}^{1}C_{25}^{1}C_{25}^{1}$。

由加法法则所求方法数是

$$N=C_{25}^{3}+3C_{25}^{2}C_{25}^{1}+(C_{25}^{1})^{3}=40\,425$$

8.8 令 $S=\{4\cdot 红球,3\cdot 黄球,3\cdot 白球\}$，则 S 的全排列数为 $\frac{10!}{4!3!3!}$。

8.9 在排列中有 n 位。如果不加任何限制，每位都有 3 种选法，不同的排列有 3^{n} 种。如果要求相邻的数字不同，那么第 1 位有 3 种选法，从第 2 位到第 n 位每位只有两种选法，所以不同的排列有 $3\times 2^{n-1}$ 种。

8.10 (1) 将所求选法分类如下。

a_1、a_2、a_3 中恰选一个：$3C_{6}^{3}$。

a_1、a_2、a_3 全不选：C_{6}^{4}。

$$N_1=3C_{6}^{3}+C_{6}^{4}=75$$

(2) 将所求选法分类如下。

a_1、a_2、a_3 中至多选一个：75。

a_1、a_2、a_3 全部选中：C_{6}^{1}。

$$N_2=75+6=81$$

(3) 将所求选法分类如下。

a_4、a_5 全取(必然 a_1、a_2、a_3 不能全取)：C_{7}^{2}。

a_4、a_5 不取，这类选法又划分为两个子类：

a_1、a_2、a_3 全取：C_{4}^{1}。

a_1、a_2、a_3 不全取：$C_{7}^{4}-C_{4}^{1}$。

$$N_3=C_{7}^{2}+(C_{7}^{4}-C_{4}^{1})=21+31=52$$

8.11 该多重集含 5 个 a 和 4 个其他的元素。

(1) 若没有 2 个 a 相邻,必须用其他 4 个元素作为格子分界将 5 个 a 隔开。构成格子的方法数为 4!,而放入 a 的方法只有 1 种,故结果是 $4!=24$。

(2) 方法 1:先放好 5 个 a 有 1 种方法,将 5 个 a 作为格子分界构成 6 个格子,然后从这 6 个格子中选 4 个放入 b、c、d、e。故所求方法数为 $P_6^4=360$。

方法 2:先放好 b、c、d 和 e,有 4!种方法,然后用 a 将 b、c、d、e 的排列隔开。为了不使 b、c、d、e 中的任何字母相邻,必须在每两个字母间插入 1 个 a,这样需插入 3 个 a。剩下的 2 个 a 可以放在 b、c、d、e 之间的 3 个位置,也可以放在 b、c、d、e 的前边或后边,有 5 个位置。如果没有 2 个 a 放在同一位置,有 $C_5^2=10$ 种放法;如果 2 个 a 放在同一位置,有 5 种放法;共有 15 种放 a 的方法。由乘法法则可知,所求方法数是 $15\times 4!=360$。

8.12　方程 $x_1+x_2+x_3=r(r\geqslant 3)$ 的正整数解的个数是 $C_{r-1}^{3-1}=C_{r-1}^2$。令 $r=3,4,5,6$,并将所得结果求和,即是所求的方法数。

$$\begin{aligned}N&=C_{3-1}^2+C_{4-1}^2+C_{5-1}^2+C_{6-1}^2=C_2^2+C_3^2+C_4^2+C_5^2\\&=1+3+6+10=20\end{aligned}$$

8.13　多重集 S 的全排列数为 $\binom{9}{342}$,令所有这样的排列构成集合 T。如下构造 T 的子集:

$$T_1=\{x\mid x\in T \text{ 且 } x \text{ 中含有连续的 3 个 } a\}$$
$$T_2=\{x\mid x\in T \text{ 且 } x \text{ 中含有连续的 4 个 } b\}$$
$$T_3=\{x\mid x\in T \text{ 且 } x \text{ 中含有连续的 2 个 } c\}$$

为了计数这些子集的元素数,可将连续的字母看成一个大字母,从而有

$$x\in T_1\Leftrightarrow x \text{ 为}\{1\cdot a,4\cdot b,2\cdot c\}\text{ 的全排列}$$
$$x\in T_2\Leftrightarrow x \text{ 为}\{3\cdot a,1\cdot b,2\cdot c\}\text{ 的全排列}$$
$$x\in T_3\Leftrightarrow x \text{ 为}\{3\cdot a,4\cdot b,1\cdot c\}\text{ 的全排列}$$

根据相应的计数公式有

$$|T_1|=\binom{7}{142},\quad |T_2|=\binom{6}{312},\quad |T_3|=\binom{8}{341}$$

类似地分析可得

$$|T_1\cap T_2|=\binom{4}{112},\quad |T_1\cap T_3|=\binom{6}{141},\quad |T_2\cap T_3|=\binom{5}{311}$$

$$|T_1\cap T_2\cap T_3|=\binom{3}{111}$$

由第 3 章的包含排斥原理有

$$\begin{aligned}|\overline{T_1}\cap\overline{T_2}\cap\overline{T_3}|&=|T|-(|T_1|+|T_2|+|T_3|)\\&\quad+(|T_1\cap T_2|+|T_1\cap T_3|+|T_2\cap T_3|)\\&\quad-|T_1\cap T_2\cap T_3|\\&=\binom{9}{342}-\left[\binom{7}{142}+\binom{6}{312}+\binom{8}{341}\right]+\end{aligned}$$

$$
\left[\binom{4}{112}+\binom{6}{141}+\binom{5}{311}\right]-\binom{3}{111}
$$
$$
=\frac{9!}{3!4!2!}-\left(\frac{7!}{4!2!}+\frac{6!}{3!2!}+\frac{8!}{3!4!}\right)+
$$
$$
\left(\frac{4!}{2!}+\frac{6!}{4!}+\frac{5!}{3!}\right)-\frac{3!}{1!}
$$
$$
=871
$$

8.14　(1) C_{n-k+1}^{k}。

(2) $C_{n-k+1}^{k}-C_{n-k-1}^{k-2}$。

分析　(1) 设 $a_1,a_2,\cdots,a_k$ 是 k 个不相邻座位的编号且满足 $a_1<a_2<\cdots<a_k$，令 $b_j=a_j-j+1,j=1,2,\cdots,k$。那么 $b_1,b_2,\cdots,b_k$ 是从 $\{1,2,\cdots,n-k+1\}$ 中选出的 k 个数，且其中可能含有相邻的数。例如，原来的 a_1、a_2、a_3、a_4 是 1、3、6、10，则 b_1、b_2、b_3、b_4 是 1、2、4、7。不难看到，若 $a_1,a_2,\cdots,a_k$ 与 $a_1',a_2',\cdots,a_k'$ 不等，所得到的 $b_1,b_2,\cdots,b_k$ 与 $b_1',b_2',\cdots,b_k'$ 也不等。反之，若 $b_1,b_2,\cdots,b_k$ 与 $b_1',b_2',\cdots,b_k'$ 不等，那么 $a_1,a_2,\cdots,a_k$ 与 $a_1',a_2',\cdots,a_k'$ 也不等。因此，所求的方法数等于从 $\{1,2,\cdots,n-k+1\}$ 中选 k 个数的方法数，即 C_{n-k+1}^{k}。

(2) 根据(1)的结果，从 $\{1,2,\cdots,n\}$ 中选 k 个不相邻编号的方法数是 C_{n-k+1}^{k}，这些选法中包含同时选中 1 和 n，这种选法在围成圆圈时 1 与 n 也相邻。设这种选法有 N 种，那么所求的选法数是 $C_{n-k+1}^{k}-N$。

下面计算 N。包含 1 和 n 的选法不能包含 2 和 $n-1$，因此其余的 $k-2$ 个互不相邻的数选自 $n-4$ 个数的集合 $\{3,4,\cdots,n-2\}$，因此 $N=C_{n-4-(k-2)+1}^{k-2}=C_{n-k-1}^{k-2}$。

8.15　设买的每种冰激凌数量分别为 $x_1,x_2,\cdots,x_{20}$，则有方程

$$
\begin{cases}x_1+x_2+\cdots+x_{20}=4\\ x_i\in\mathbf{N},\quad i=1,2,\cdots,20\end{cases}
$$

该方程的解的个数就是所求的选法数，这个数为 $C_{20+4-1}^{4}=C_{23}^{4}=8855$。

如果 4 盒中只有 3 种冰激凌，那么必是其中的一种是 2 盒，另外两种各 1 盒。第 1 步先确定是哪 3 种，有 C_{20}^{3} 种选择；第 2 步从这 3 种中挑出买 2 盒的 1 种，有 C_3^1 种方法，根据乘法法则所求选法数是 $C_{20}^{3}C_3^1=3420$。

8.16　考虑第 1 种明信片，5 个朋友所得到的明信片数分别记为 $x_1,x_2,\cdots,x_5$，其和为 3，因而得到不定方程

$$
\begin{cases}x_1+x_2+\cdots+x_5=3\\ x_i\in\mathbf{N},\quad i=1,2,\cdots,5\end{cases}
$$

该方程的解的个数是将第 1 种明信片送 5 个朋友的方法数，结果为 $C_{5+3-1}^{3}=C_7^3$。

类似地处理后两种明信片，送给朋友的方法数分别为 C_8^4 和 C_9^5。综合上述，使用乘法法则，所求的方式有 $C_7^3C_8^4C_9^5=35\times70\times126=308\,700$ 种。

分析　把这个问题推广如下：有 k 类明信片，A_i 表示第 i 类明信片的张数，$i=1,2,\cdots,k$。把这些明信片全部送给 n 个朋友，有多少种方式？和本题的处理类似，第 i 类明信片送给 n 个朋友的方式有 $C_{A_i+n-1}^{A_i}$ 种，那么 k 类明信片的方式有 $\prod_{i=1}^{k}C_{A_i+n-1}^{A_i}$ 种。

8.17 设 x_1、x_2、x_3 分别为 3 个孩子所得到的苹果数。根据题目条件可得到不定方程

$$\begin{cases} x_1 + x_2 + x_3 = 2n + 1 \\ x_1 + x_2 > x_3 \\ x_1 + x_3 > x_2 \\ x_2 + x_3 > x_1 \\ x_1, x_2, x_3 \in \mathbf{N} \end{cases}$$

要使得 x_1、x_2、x_3 中任何两个相加都大于第三个,必须满足 $x_1, x_2, x_3 \leqslant n$ 的条件,原方程可变形为

$$\begin{cases} x_1 + x_2 + x_3 = 2n + 1 \\ x_1, x_2, x_3 \leqslant n \\ x_1, x_2, x_3 \in \mathbf{N} \end{cases}$$

回顾不定方程的组合模型,无论是基本模型,还是推广模型都没有这种形式。因此,我们还需要进一步把问题转变成已有的模型。将所有的方法划分成下面 4 类:

$x_1 \geqslant n+1$,	$x_2 \leqslant n$,	$x_3 \leqslant n$	方法数 N_1
$x_1 \leqslant n$,	$x_2 \geqslant n+1$,	$x_3 \leqslant n$	方法数 N_2
$x_1 \leqslant n$,	$x_2 \leqslant n$,	$x_3 \geqslant n+1$	方法数 N_3
$x_1, x_2, x_3 \leqslant n$			方法数 N_4

容易看出这 4 类中的任何两类都是不重叠的,且 $N_1 = N_2 = N_3$,而 N_4 就是所求的结果。设所有的分法总数为 N_0,则 $N_4 = N_0 - 3N_1$。利用基本模型求得

$$N_0 = C_{2n+1+3-1}^{2n+1} = C_{2n+3}^{2}$$

再考虑 N_1,它相当于方程

$$\begin{cases} x_1 + x_2 + x_3 = n \\ x_1, x_2, x_3 \in \mathbf{N} \end{cases}$$

的解的个数,即

$$N_1 = C_{n+3-1}^{n} = C_{n+2}^{2}$$

从而得到最终结果 $N_4 = C_{2n+3}^{2} - 3C_{n+2}^{2} = \dfrac{n^2+n}{2}$。

8.18 令 $S = \{3 \cdot \text{蓝球}, 2 \cdot \text{红球}, 2 \cdot \text{黄球}\}$,如果不加任何限制,$S$ 中元素的全排列方法数是 $\binom{7}{322}$。其中黄球相邻的排列与多重集 $\{3 \cdot \text{蓝球}, 2 \cdot \text{红球}, 1 \cdot \text{黄球}\}$ 的排列是一一对应的,有 $\binom{6}{321}$ 种方法。因此,所求的排法数是

$$\binom{7}{322} - \binom{6}{321} = \frac{7!}{3!2!2!} - \frac{6!}{3!2!} = 150$$

8.19 设多重集 $S = \{2 \cdot 1, 3 \cdot 2, 2 \cdot 3\}$。令 A 是 S 的所有全排列构成的集合。如下构造 A 的子集:

$$A_1 = \{\, x \mid x \in A \text{ 且 } x \text{ 中含连续的 2 个 1} \}$$

$$A_2=\{x \mid x \in A \text{ 且 } x \text{ 中含连续的 3 个 2}\}$$
$$A_3=\{x \mid x \in A \text{ 且 } x \text{ 中含连续的 2 个 3}\}$$

则

$$|A|=\binom{7}{232},\qquad |A_1|=\binom{6}{132}$$
$$|A_2|=\binom{5}{212},\qquad |A_3|=\binom{6}{231}$$
$$|A_1\cap A_2|=\binom{4}{112},\quad |A_1\cap A_3|=\binom{5}{131}$$
$$|A_2\cap A_3|=\binom{4}{211},\quad |A_1\cap A_2\cap A_3|=\binom{3}{111}$$

由包含排斥原理得

$$\begin{aligned}|\overline{A_1}\cap\overline{A_2}\cap\overline{A_3}|&=\binom{7}{232}-\left[\binom{6}{132}+\binom{5}{212}+\binom{6}{231}\right]+\\&\quad\left[\binom{4}{112}+\binom{5}{131}+\binom{4}{211}\right]-\binom{3}{111}\\&=210-(60+30+60)+(12+20+12)-6\\&=98\end{aligned}$$

8.20　考虑平面 $x+y+z=i$ 上的整点个数 N_i，$i=0,1,\cdots,n$。不难看出，所求区域内的整点个数是 $\sum_{i=0}^{n}N_i$。为求得 N_i，只需找到方程

$$\begin{cases}x+y+z=i\\x,y,z\in\mathbf{N}\end{cases}$$

的解的个数。由不定方程的基本模型可知 $N_i=C_{i+3-1}^{i}=C_{i+2}^{i}=C_{i+2}^{2}$。从而得到区域内的点数为

$$\sum_{i=0}^{n}N_i=\sum_{i=0}^{n}C_{i+2}^{2}=C_{n+3}^{3}$$

分析　下面给出 $\sum_{i=0}^{n}C_{i+2}^{2}=C_{n+3}^{3}$ 的证明。

由组合公式 $C_n^r=\dfrac{n!}{r!(n-r)!}$ 可以得到等式

$$C_n^r+C_n^{r-1}=C_{n+1}^{r}$$

即

$$C_n^{r-1}=C_{n+1}^{r}-C_n^r$$

将这个等式代入 $\sum_{i=0}^{n}N_i$ 得

$$\sum_{i=0}^{n}C_{i+2}^{2}=C_2^2+C_3^2+C_4^2+\cdots+C_{n+2}^{2}$$

$$=C_3^3+[C_4^3-C_3^3]+[C_5^3-C_4^3]+\cdots+[C_{n+3}^3-C_{n+2}^3]$$

将方括号去掉,并将正负相反的项消掉,上式只剩下一项,即 C_{n+3}^3。

8.21 方法1:任取定一个顶点,如 v_1。为构成所要求的三角形必须从 $v_3,v_4,\cdots,v_{n-1}$ 中选取另外两个顶点,且这两个顶点不相邻。从 $n-3$ 个顶点中任取两个顶点有 C_{n-3}^2 种方式,其中相邻顶点的取法为 $n-4$ 种。故以 v_1 作为一个顶点能够构成所要求的三角形有

$$C_{n-3}^2-(n-4)=C_{n-4}^2$$

个。考虑到所有的顶点,每个顶点都可以作为 v_1,共可构成三角形 nC_{n-4}^2 个。但其中每个三角形被重复计数3次。因此,所求的三角形个数是

$$\frac{n}{3}C_{n-4}^2=\frac{1}{6}n(n-4)(n-5)$$

方法2:由 n 个结点任意组成三角形,共有 C_n^3 种方法。

将这些三角形分成3类:

含一条多边形的边:$n(n-4)$个;

含两条多边形的边:n 个;

不含多边形的边,即所求的三角形。

由以上分析可知,所求的三角形有

$$C_n^3-n(n-4)-n=\frac{1}{6}n(n-4)(n-5)$$

个。

方法3:设所有三角形的集合为 S。如下定义 S 的子集:

$$A_1=\{x \mid x\in S \text{ 且 } x \text{ 的顶点中含有 } v_1、v_2\};$$
$$A_2=\{x \mid x\in S \text{ 且 } x \text{ 的顶点中含有 } v_2、v_3\};$$
$$\vdots$$
$$A_{n-1}=\{x \mid x\in S \text{ 且 } x \text{ 的顶点中含有 } v_{n-1}、v_n\};$$
$$A_n=\{x \mid x\in S \text{ 且 } x \text{ 的顶点中含有 } v_n、v_1\}。$$

所求三角形数为 $|\overline{A_1}\cap\overline{A_2}\cap\cdots\cap\overline{A_n}|$。不难得到

$$|S|=C_n^3$$
$$|A_i|=n-2,\quad i=1,2,\cdots,n$$
$$|A_i\cap A_j|=\begin{cases}1, & j=i+1\\0, & j\neq i+1\end{cases}\quad 1\leqslant i<j\leqslant n$$
$$|A_n\cap A_1|=1,\quad |A_n\cap A_j|=0(j\neq 1)$$
$$|A_i\cap A_j\cap A_k|=0,\quad 1\leqslant i<j<k\leqslant n$$
$$\vdots$$
$$|A_1\cap A_2\cap\cdots\cap A_n|=0$$
$$|\overline{A_1}\cap\overline{A_2}\cap\cdots\cap\overline{A_n}|=C_n^3-n(n-2)+n=\frac{1}{6}n(n-4)(n-5)$$

8.22 (1) 如图8-1所示,任给 $\{1,2,\cdots,n\}$ 上的一个单调递增函数,可以做一条对应的

折线。以横坐标代表 x，纵坐标代表 $f(x)$，在图中可以得到 n 个格点：$(1,f(1)),(2,f(2)),\cdots,(n,f(n))$。从(1,1)点出发向上做连线到 $(1,f(1))$ 点。如果 $f(2)=f(1)$，则继续向右连线到 $(2,f(2))$；如果 $f(2)>f(1)$，则由 $(1,f(1))$ 点向右经过 $(2,f(1))$ 点再向上连线到 $(2,f(2))$ 点。按照这种方法一直将折线连到 $(n,f(n))$ 点。若 $f(n)=n$，就将折线向右连到 $(n+1,n)$ 点；若 $f(n)<n$，则向右经 $(n+1,f(n))$ 点再向上连线到 $(n+1,n)$ 点。这样就得到一条从 $(1,1)$ 点到 $(n+1,n)$ 点的非降路径。不难看出，所求的单调函数与这种非降路径之间存在着一一对应。非降路径从 $(1,1)$ 到 $(n+1,n)$ 需向右走 n 步，向上走 $n-1$ 步。不同的非降路径数是从 $2n-1$ 步中选取 n 步的方法数，即 C_{2n-1}^{n}。从而知道所求的单调递增函数有 C_{2n-1}^{n} 个。

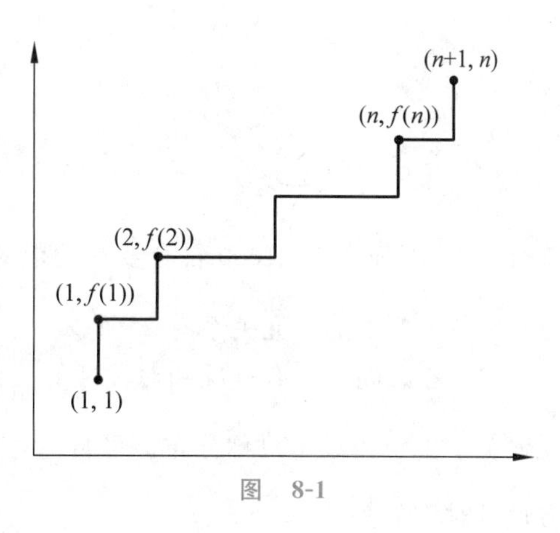

图 8-1

(2) 严格单调函数分为严格单调递增和严格单调递减函数两种。若 f 为严格单调递增函数，则 f 应该满足 $f(1)<f(2)<\cdots<f(n)$。而所有的函数值都取自 $\{1,2,\cdots,n\}$ 集合，因此，必有 $f(1)=1,f(2)=2,\cdots,f(n)=n$，即只有一个严格单调递增函数。同样也只有一个严格单调递减函数，所以 N 上的严格单调函数有两个。

8.23　所有的 7 位数有 P_9^7 个。下面考虑其中 5 和 6 相邻的 7 位数个数 N。构成这样的 7 位数需先从 $\{1,2,3,4,7,8,9\}$ 中选取 5 个数字，有 C_7^5 种选法；将 5 和 6 排好有两种排法；然后将 5 和 6 作为一个整体再与选出的其他 5 个数字进行全排列，有 6!种排法。根据乘法法则得

$$N=2\times 6!\times C_7^5=30\ 240$$

$$P_9^7-N=181\ 440-30\ 240=151\ 200$$

所求的 7 位数有 151 200 个。

8.24　先考虑 1～999 的数。设这种数的百位、十位和个位数字分别为 x_1、x_2 和 x_3，易见它们都是 0～9 的整数，且不全为 0，即

$$\begin{cases}x_1+x_2+x_3<7\\ x_1+x_2+x_3\geqslant 1\\ x_1,x_2,x_3\in\mathbf{N}\end{cases}$$

考虑方程

$$\begin{cases}x_1+x_2+x_3=i, & i=1,2,\cdots,6\\ x_1,x_2,x_3\in\mathbf{N}\end{cases}$$

的解的个数 N_i。根据公式有

$$N_i=C_{i+3-1}^{i}=C_{i+2}^{2}$$

那么所求的数的个数为

$$\sum_{i=1}^{6}N_i+1=C_3^2+C_4^2+C_5^2+C_6^2+C_7^2+C_8^2+1$$

$$=3+6+10+15+21+28+1$$
$$=84$$

注：上式中的 $\sum_{i=1}^{6} N_i$ 只计数了1～999满足要求的数。1000的各位数字之和小于7，也符合要求，因而在1～1000符合要求的数应该有 $\sum_{i=1}^{6} N_i + 1$ 个。

8.25 A 上的二元关系有 2^{n^2} 个。

(1) 考虑同时具有自反和对称性的关系，其关系矩阵在主对角线上的元素都是1，其他元素关于主对角线呈对称分布。可自由选择0或者1的位置有 $\frac{n(n-1)}{2}$ 个，因此有 $2^{\frac{n(n-1)}{2}}$ 个自反且对称的关系。

(2) 参考《离散数学(第六版)》中的例8.19，A 上的对称关系有 $2^{\frac{n^2+n}{2}}$ 个，反对称关系有 $3^{\frac{n2-n}{2}}2^n$ 个，同时具有对称和反对称性的关系只能在主对角线上最多含有 n 个1，其他位置都是0，因此有 2^n 个。根据包含排斥原理，既不是对称的也不是反对称的关系个数是

$$2^{n^2}-(2^{\frac{n^2+n}{2}}+3^{\frac{n^2-n}{2}}2^n)+2^n$$

以下递推方程的求解过程中，省略了对于解的正确性验证。

8.26 (1) 将 $n=2^k$ 代入得

$$\begin{aligned}T(n)=T(2^k)&=T(2^{k-1})+2^k\\&=T(2^{k-2})+2^{k-1}+2^k\\&=\cdots\\&=T(2)+2^2+2^3+\cdots+2^k\\&=1+2^2+2^3+\cdots+2^k\\&=2\times 2^k-4+1=2n-3\end{aligned}$$

(2) $$\begin{aligned}T(n)&=T(n-1)+n^2\\&=T(n-2)+(n-1)^2+n^2\\&=\cdots\\&=T(1)+2^2+3^2+\cdots+n^2\\&=n(n+1)(2n+1)/6\end{aligned}$$

(3) $T(n)=4T(n/2)+O(n)$，这里的 $a=4,b=2,d(n)=O(n)$，利用公式得

$$T(n)=O(n^{\log_2 4})=O(n^2)$$

(4) $T(n)=2T(n/2)+O(n)$，这里的 $a=2,b=2,d(n)=O(n)$，利用公式得

$$T(n)=O(n\log n)$$

8.27 (1) $T(n)$ 满足的递推方程和初值是

$$T(n)=T(n/2)+1,\quad T(1)=0$$

(2) 根据公式，相当于 $a=1,b=2,d(n)=c$，因此解得

$$T(n)=O(\log n)$$

(3) 对 n 归纳。$n=1$ 显然为真。假设 n 为真，则对于 $n+1$ 有

$$\begin{pmatrix} F_{n+2} & F_{n+1} \\ F_{n+1} & F_n \end{pmatrix} = \begin{pmatrix} F_{n+1}+F_n & F_{n+1} \\ F_n+F_{n-1} & F_n \end{pmatrix}$$
$$= \begin{pmatrix} F_{n+1} & F_n \\ F_n & F_{n-1} \end{pmatrix} \begin{pmatrix} 1 & 1 \\ 1 & 0 \end{pmatrix}$$
$$= \begin{pmatrix} 1 & 1 \\ 1 & 0 \end{pmatrix}^n \begin{pmatrix} 1 & 1 \\ 1 & 0 \end{pmatrix} = \begin{pmatrix} 1 & 1 \\ 1 & 0 \end{pmatrix}^{n+1}$$

(4) 根据

$$\begin{pmatrix} F_n & F_{n-1} \\ F_{n-1} & F_{n-2} \end{pmatrix} = \begin{pmatrix} 1 & 1 \\ 1 & 0 \end{pmatrix}^{n-1}$$

只要利用算法计算出上述 2 阶 0-1 矩阵的 $n-1$ 次幂,就得到了 F_n。利用前面求 a^n 的分治算法,完成整个计算需要做 $O(\log n)$次 2 阶矩阵的相乘。而两个 2 阶矩阵相乘需要做 8 次矩阵元素的相乘。以元素相乘作为基本运算,算法的时间复杂度是 $O(\log n)$。而按照 $F_n=F_{n-1}+F_{n-2}$直接从初值计算 F_n 需要$O(n)$次加法。对于比较大的 n,显然 $O(\log n)$比起 $O(n)$的值要小很多,因此使用该算法效率更高。

8.28　(1) 算法分三步进行。

第一步:递归地将上面的 $2(n-1)$个盘子从 A 柱移到 B 柱。

第二步:用两次移动将最大的 2 个盘子从 A 柱移到 C 柱。

第三步:递归地将 B 柱的 $2(n-1)$个盘子从 B 柱移到 C 柱。

(2) 设 $2n$ 个圆盘的移动次数是 $T(n)$,则

$$\begin{cases} T(n)=2T(n-1)+2 \\ T(1)=2 \end{cases}$$

迭代得到

$$\begin{aligned} T(n) &= 2T(n-1)+2 \\ &= 2[2T(n-2)+2]+2 \\ &= 2^2T(n-2)+2^2+2 \\ &= \cdots \\ &= 2^{n-1}T(1)+2^{n-1}+\cdots+2 \\ &= 2^n+2^{n-1}+\cdots+2 \\ &= 2(2^n-1)=2^{n+1}-2 \end{aligned}$$

8.29　设比较次数为 $T(n)$,则

$$\begin{cases} T(n)=2T(n/2)+2 \\ T(2)=1 \end{cases}$$

将 $n=2^k$ 代入,并加以迭代,得到

$$\begin{aligned} T(n) &= T(2^k)=2T(2^{k-1})+2 \\ &= 2[2T(2^{k-2})+2]+2 \\ &= 2^2T(2^{k-2})+2^2+2 \\ &= \cdots \end{aligned}$$

$$
\begin{aligned}
&= 2^{k-1}T(2) + 2^{k-1} + \cdots + 2 \\
&= 2^{k-1} + 2(2^{k-1} - 1) \\
&= 2^{k-1} + 2^k - 2 = n/2 + n - 2 \\
&= 3n/2 - 2
\end{aligned}
$$

8.30 将 n 位的错位排列按照它的第1位是 $2,3,\cdots,n$ 分成 $n-1$ 个组,不难看出每组的排列个数一样多。考虑其中的一组,不妨设它的第1位是2。那么它的第2位可能是1,也可能不是1。如果第2位是1,那么剩下的 $n-2$ 位是 $3,4,\cdots,n$ 的错位排列,有 D_{n-2} 个;如果第2位不是1,那么从第2位到第 n 位构成 $1,3,4,\cdots,n$ 的错位排列,有 D_{n-1} 个。根据这个分析得到下述递推方程和初值。

$$
\begin{cases}
D_n = (n-1)(D_{n-1} + D_{n-2}) \\
D_1 = 0,\ D_2 = 1
\end{cases}
$$

这个方程是二阶的,如果直接迭代,所得到的项太多,求和比较困难。我们先使用差消的方法把它转换为一阶方程。因为

$$
D_n - nD_{n-1} = -[D_{n-1} - (n-1)D_{n-2}] = \cdots = (-1)^{n-2}[D_2 - 2D_1] = (-1)^{n-2}
$$

从而得到一阶递推方程

$$
D_n = nD_{n-1} + (-1)^n, \quad D_1 = 0
$$

不断迭代得

$$
\begin{aligned}
D_n &= n(n-1)D_{n-2} + n(-1)^{n-1} + (-1)^n \\
&= n(n-1)(n-2)D_{n-3} + n(n-1)(-1)^{n-2} + \\
&\quad\ n(-1)^{n-1} + (-1)^n \\
&= \cdots \\
&= n(n-1)\cdots 2D_1 + n(n-1)\cdots 3(-1)^2 + \\
&\quad\ n(n-1)\cdots 4(-1)^3 + \cdots + n(-1)^{n-1} + (-1)^n \\
&= n!\left[1 - \frac{1}{1!} + \frac{1}{2!} - \cdots + (-1)^n \frac{1}{n!}\right]
\end{aligned}
$$

8.31 因为 $d_1,d_2,\cdots,d_n$ 是 $P(x)$ 的 n 个根,因此

$$
P(x) = (x-d_1)(x-d_2)\cdots(x-d_n)
$$

用分治法,将多项式划分成大小均衡的两半,每部分分别相乘,然后将所得结果进一步相乘。若 n 为偶数,则将 $P(x)$ 分为两部分:

$$
\begin{aligned}
P_1(x) &= (x-d_1)(x-d_2)\cdots(x-d_{n/2}) \\
P_2(x) &= (x-d_{n/2+1})(x-d_{n/2+2})\cdots(x-d_n)
\end{aligned}
$$

若 n 为奇数,则将 $P(x)$ 分为三部分:

$$
\begin{aligned}
P_3(x) &= (x-d_1)(x-d_2)\cdots(x-d_{(n-1)/2}) \\
P_4(x) &= (x-d_{(n+1)/2})(x-d_{(n+1)/2+1})\cdots(x-d_{n-1}) \\
P_5(x) &= (x-d_n)
\end{aligned}
$$

算法的设计思想如下。

(1) 如果 n 是偶数,分别对 $P_1(x)$ 与 $P_2(x)$ 递归计算,然后计算 $P_1(x)P_2(x)$。

(2) 如果 n 是奇数,分别对 $P_3(x)$ 与 $P_4(x)$ 递归计算,然后计算 $P_3(x)P_4(x)P_5(x)$。

$P_1(x)$与 $P_2(x)$是 $n/2$ 次多项式，$P_3(x)$与 $P_4(x)$是$(n-1)/2$ 次多项式，这 4 个子问题的规模都不超过原问题规模的一半。而我们只需要递归计算其中的两个子问题。如果算法的时间是 $T(n)$，那么递归计算的时间不超过 $2T(n/2)$。计算 $P_1(x)P_2(x)$，根据算法 B 需要 $O\left(\frac{n}{2}\log\frac{n}{2}\right)$时间。计算 $P_3(x)P_4(x)P_5(x)$，先使用算法 B 计算 $P_3(x)P_4(x)$，需要 $O\left(\frac{n}{2}\log\frac{n}{2}\right)$时间；然后使用算法 A 乘以 $P_5(x)$，需要 $O(n)$时间。于是计算 $P(x)$的时间不超过

$$T(n)=2T\left(\frac{n}{2}\right)+O\left(\frac{n}{2}\log\frac{n}{2}\right)+O(n)$$
$$=2T\left(\frac{n}{2}\right)+O(n\log n)$$

对应于上述递推方程求解的递归树如图 8-2 所示。于是

$$T(n)=n\log n+n(\log n-1)+n(\log n-2)+\cdots=O(n\log^2 n)$$

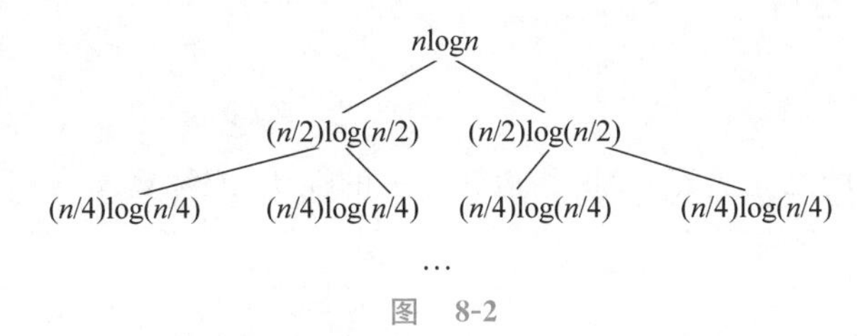

图　8-2

8.32　当 $n=1$ 时只有唯一的排列：1，显然逆序数为 0。下面考虑 $n>1$ 的情况。算法的基本思想如下。

输入：由 $1,2,\cdots,n$ 的排列构成的数组 L，$n=2^k$，k 为正整数。

输出：L 的逆序数 N。

(1) 先将 L 划分成 $n/2$ 大小的子数组 L_1 和 L_2。

(2) 对 L_1 递归处理，得到从小到大排序的数组 L_1 和其逆序数 N_1。

(3) 对 L_2 递归处理，得到从小到大排序的数组 L_2 和其逆序数 N_2。

(4) $N\leftarrow N_1+N_2$(说明：将 N_1+N_2 赋值给 N)。

(5) L_1 当前的最小数是 x，L_2 当前的最小数是 y，逐步归并 L_1 和 L_2，具体操作：若 $x<y$，拿走 x；若 $x>y$，拿走 y 并令 $N\leftarrow N+l$，l 为 L_1 所剩下的元素数；直到 L_1 或 L_2 之一为空。最后一次将剩下的部分全部取走。

不难看到当 L_1 和 L_2 的数的大小正好交错分布时，上述归并过程需要做 $n-1$ 次的比较，这恰好对应了归并过程的最坏情况，即比较次数最多的情况。

设算法对于输入规模为 n 的数组最坏情况下所做的比较次数为 $T(n)$，那么有

$$\begin{cases}T(n)=2T(n/2)+n-1\\T(1)=0\end{cases}$$

上述方程恰好是二分归并排序算法的递推方程，因此得到

$$T(n)=n\log n-n+1$$

第9章　代数系统简介

内容提要

1. 二元和一元代数运算

设 S 为集合，函数 $f: S\times S\to S$ 和 $f: S\to S$ 分别称为 S 上的二元和一元运算。若 f 是 S 上的二元或一元运算，这时也称 S 对运算 f 是封闭的。通常用不同的算符，如$\circ$，$*$，$\cdot$，Δ，…来代表不同的二元或一元运算。

一个二元或一元运算的方法有两种——解析表达式或运算表，其中运算表只能定义有穷集上的二元或一元运算。

2. 二元运算的性质

设$\circ$和 $*$ 为 S 上的二元运算，和这些运算相关的性质（或称算律）如下。

交换律　$\forall x,y\in S$ 有

$$x\circ y=y\circ x$$

结合律　$\forall x,y,z\in S$ 有

$$(x\circ y)\circ z=x\circ(y\circ z)$$

幂等律　$\forall x\in S$ 有

$$x\circ x=x$$

消去律　$\forall x,y,z\in S, x\neq\theta$ 有

$$x\circ y=x\circ z\Rightarrow y=z$$
$$y\circ x=z\circ x\Rightarrow y=z$$

$\circ$对 $*$ 的分配律　$\forall x,y,z\in S$ 有

$$x\circ(y*z)=(x\circ y)*(x\circ z)$$
$$(y*z)\circ x=(y\circ x)*(z\circ x)$$

$\circ$和 $*$ 的吸收律　$\circ$和 $*$ 可交换且 $\forall x,y\in S$ 有

$$x\circ(x*y)=x$$
$$x*(x\circ y)=x$$

上述的交换律、结合律、幂等律和消去律都是对$\circ$运算而言的，其中消去律中的 θ 指该运算的零元。剩下的两条算律是与$\circ$和 $*$ 两个运算有关的。注意在谈分配律时应该说明哪个运算对哪个运算可分配，因为当$\circ$运算对 $*$ 运算满足分配律时，$*$ 运算对$\circ$运算却不一定满足分配律。

3. 二元运算的特异元素

设$\circ$为 S 上的二元运算，和$\circ$运算相关的特异元素有

幺元 e $\forall x \in S$ 有 $x \circ e = e \circ x = x$

零元 θ $\forall x \in S$ 有 $x \circ \theta = \theta \circ x = \theta$

幂等元 x $x \in S$ 且 $x \circ x = x$

可逆元 x 的逆元 y $y \in S$ 且 $x \circ y = y \circ x = e$

对于给定的集合 S 和 S 上的二元运算$\circ$，如果存在幺元或零元，一定是唯一的；如果存在幂等元和可逆元，则可能存在多个。对于可结合的二元运算，如果 S 中的某个元素 x 是可逆元，则 x 存在唯一的逆元，记作 x^{-1}。特别地，幺元 e 是可逆元且 $e^{-1}=e$，而零元 θ 不是可逆元。

4. 代数系统、子代数和积代数

非空集合 S 和 S 上的 k 个二元或一元运算 $f_1, f_2, \cdots, f_k$ 构成代数系统，记作 $<S, f_1, f_2, \cdots, f_k>$。

在某些代数系统中将一些二元运算的特异元素作为系统性质规定下来，例如，独异点中的幺元、布尔代数中的全下界 0 和全上界 1 等，称这些元素为该系统的代数常数。

设 $V=<S, f_1, f_2, \cdots, f_k>$是代数系统，$B$ 是 S 的非空子集。如果 B 对 $f_1, f_2, \cdots, f_k$ 都是封闭的，且 B 和 S 含有相同的代数常数，则称$<B, f_1, f_2, \cdots, f_k>$是 V 的子代数，当 $B \subset S$ 时称为 V 的真子代数。

设 $V_1=<S_1, \circ>, V_2=<S_2, *>$是代数系统，在 $S_1 \times S_2$ 上定义二元运算·，$\forall <x_1, y_1>, <x_2, y_2> \in S_1 \times S_2$ 有

$$<x_1, y_1> \cdot <x_2, y_2> = <x_1 \circ x_2, y_1 * y_2>$$

称$<S_1 \times S_2, \cdot>$为 V_1 和 V_2 的积代数，记作 $V_1 \times V_2$。

5. 代数系统的同态与同构

设 $V_1=<S_1, \circ>, V_2=<S_2, *>$是具有一个二元运算的代数系统，$\varphi: S_1 \to S_2$，若 $\forall x, y \in S_1$ 有

$$\varphi(x \circ y) = \varphi(x) * \varphi(y)$$

则称 φ 是 V_1 到 V_2 的同态映射，简称同态，且称$<\varphi(S_1), *>$是 V_1 在 φ 下的同态像，记作 $\varphi(V_1)$。

设 φ 是代数系统 $V_1=<S_1, \circ>$到 $V_2=<S_2, *>$的同态。若 φ 是满射的，则称 φ 是 V_1 到 V_2 的满同态，记作 $V_1 \overset{\varphi}{\sim} V_2$；若 φ 是单射的，则称 φ 是 V_1 到 V_2 的单同态；若 φ 是双射的，则称 φ 是 V_1 到 V_2 的同构，记作 $V_1 \overset{\varphi}{\cong} V_2$。当 $V_1=V_2$ 时，称同态或同构 φ 为自同态或自同构。

6. 半群、独异点和群的一般概念

设 $V=<S, \circ>$是代数系统，$\circ$为二元运算。如果$\circ$运算是可结合的，则称 V 为半群。如果半群中的$\circ$运算含有幺元 e，则称该半群为含幺半群，也称独异点。为了强调幺元的存在，有时将独异点 V 记作$<S, \circ, e>$。设$<G, \circ>$是独异点，如果对 G 中的任何元素 x 都有

$x^{-1}\in G$,则称 G 是群。由以上定义可知,群一定是独异点和半群,但半群和独异点不一定是群。

在半群中可以定义元素的正整数次幂。对任意元素 x 和正整数 n 有

$$x^n=\underbrace{x\circ x\circ\cdots\circ x}_{n个x}$$

表示 n 个 x 运算的结果。除此之外,在独异点和群中可以定义 x 的零次幂,即 $x^0=e$。进一步,在群中还可以定义 x 的负整数次幂。设 n 为正整数,那么

$$x^{-n}=\underbrace{x^{-1}\circ x^{-1}\circ\cdots\circ x^{-1}}_{n个x^{-1}}$$

表示 n 个 x^{-1} 运算的结果。半群、独异点和群的幂运算都遵从下面的规则:

$$x^n\circ x^m=x^{n+m}$$

$$(x^n)^m=x^{nm}$$

7. 群中常用术语和典型实例

若群 G 中的二元运算是可交换的,则称群 G 为交换群,也称阿贝尔(Abel)群。

若群 G 中有无限多个元素,则称 G 为无限群,否则称为有限群。对有限群 G,G 中元素的个数叫作 G 的阶,记作 $|G|$。

只含幺元 e 的群称为平凡群,是 1 阶群。

下面是一些典型群的实例。

(1) 整数集 $\mathbf{Z}$、有理数集 $\mathbf{Q}$、实数集 $\mathbf{R}$ 和复数集 $\mathbf{C}$ 关于数的加法构成群,分别称为整数加群、有理数加群、实数加群和复数加群。非零实数集 $\mathbf{R}^*$ 关于数的乘法构成群。这些群都是无限群,也是阿贝尔群。

(2) 令 $\mathbf{Z}_n=\{0,1,\cdots,n-1\}$,那么 $\mathbf{Z}_n$ 关于模 n 整数加法构成群,称为模 n 整数加群,是一个 n 阶阿贝尔群。

表 9-1

	e	a	b	c
e	e	a	b	c
a	a	e	c	b
b	b	c	e	a
c	c	b	a	e

(3) 设 $G=\{e,a,b,c\}$,G 上的二元运算由表 9-1 给出。不难证明 G 是一个群,称为 Klein 四元群。从表中可以看出 G 中运算是可交换的,e 为幺元,$x\in G$,$x^{-1}=x$,且在 a、b、c 这 3 个元素中任何两个元素的运算结果都等于剩下的元素。

(4) 设 G 为群,如果存在 $a\in G$ 使得

$$G=\{a^k \mid k\in\mathbf{Z}\}$$

则称 G 为循环群,记作 $G=\langle a\rangle$,称 a 为 G 的生成元。若循环群 G 中含有无限多个元素,则称 G 为无限循环群;若 $|G|=n$,则称 G 为 n 阶循环群。容易证明循环群都是阿贝尔群,但阿贝尔群不一定是循环群。例如,Klein 四元群是阿贝尔群,但不是循环群。

(5) 设 $S=\{1,2,\cdots,n\}$。S 上的任何双射函数 σ: $S\to S$ 称为一个 n 元置换,置换的复合运算称为置换的乘法。若将 S 上所有 n 元置换的集合记作 S_n,那么 S_n 关于置换的乘法构成群,称为 n 元对称群。S_n 的任何子群称为 n 元置换群。当 $n\geqslant 3$ 时,S_n 不是阿贝尔群。

对任何 n 元置换 $\sigma \in S_n$，可以将 σ 记为

$$\sigma = \begin{pmatrix} 1 & 2 & \cdots & n \\ \sigma(1) & \sigma(2) & \cdots & \sigma(n) \end{pmatrix}$$

称为 σ 的置换表示。若 n 元置换 τ 的映射规则满足

$$\tau(a_1)=a_2, \tau(a_2)=a_3, \cdots, \tau(a_{m-1})=a_m, \tau(a_m)=a_1$$

并且保持其他的元素不变，可将 τ 简记为

$$(a_1 a_2 \cdots a_m)$$

称为一个 m 阶轮换。可以证明任何 n 元置换 σ 都可以唯一地表示成一系列不相交的轮换之积，称为 σ 的轮换表示。

8. 元素的阶

设 G 为群。$x \in G$，使得等式 $x^k=e$ 成立的最小正整数 k 称为 x 的阶。如果 x 的阶存在，记作 $|x|$，并称 x 是有限阶元，否则称 x 为无限阶元。

设 G 是无限群，那么 G 中可能存在着无限阶元。例如，整数加法群 $\langle \mathbf{Z}, + \rangle$，除 0 以外，其他元素都是无限阶元。但对某些无限阶群来说，尽管群中含有无限多个元素，但每个元素都是有限阶元。例如，单位根构成的集合

$$G=\{x \mid x \in \mathbf{C} \text{ 且 } x^n=1, n \in \mathbf{Z}^+\}, \quad \mathbf{C} \text{ 为复数集}$$

关于数的乘法构成群。对任意 $x \in G$，若 x 是 n 次根，则 $|x|=n$。

若 G 是 n 阶群，则 G 中每个元素的阶都存在，并且是 n 的因子。

9. 群的基本性质

关于群的性质有以下定理。

定理 6.1　设 G 为群，n, m 为整数，则群中的幂运算满足：

(1) $\forall x \in G$ 有 $(x^{-1})^{-1}=x$；

(2) $\forall x, y \in G$ 有 $(xy)^{-1}=y^{-1}x^{-1}$；

(3) $\forall x \in G$ 有 $x^n x^m = x^{n+m}$；

(4) $\forall x \in G$ 有 $(x^n)^m = x^{nm}$；

(5) 若 G 为阿贝尔群，则 $\forall x, y \in G$ 有 $(xy)^n = x^n y^n$。

定理 6.2　设 G 为群，$\forall a, b \in G$。方程 $ax=b$ 和 $ya=b$ 在 G 中有解，且有唯一解。

定理 6.3　设 G 为群，则 G 中适合消去律，即对任意 $a, b, c \in G$ 有

(1) $ab=ac \Rightarrow b=c$；

(2) $ba=ca \Rightarrow b=c$。

10. 子群

设 G 是群，H 是 G 的非空子集，如果 H 关于 G 中的运算构成群，则称 H 为 G 的子群，记作 $H \leqslant G$。任何群 G 都有两个平凡子群：$\{e\}$ 和 G 自己，除此之外都是 G 的非平凡的真子群。

设 G 为群，$x \in G$，称 x 的所有幂的集合

$$H=\{x^k \mid k \in \mathbf{Z}\}$$

所构成的子群为由 x 生成的子群,记作$<x>$。

设 G 为群,令

$$C=\{a \mid a \in G \text{ 且 } \forall x \in G(ax=xa)\}$$

即与 G 中所有元素都可交换的元素构成的集合,则 C 是 G 的子群,称为 G 的中心。

11. 环和域

设$<R,+,\cdot>$是代数系统,$+$和$\cdot$为二元运算,分别称为加法和乘法。若

(1) $<R,+>$为阿贝尔群;

(2) $<R,\cdot>$为半群;

(3) 乘法($\cdot$)对加法($+$)适合分配律。

则称$<R,+,\cdot>$是环。

由于在环 R 中存在两个二元运算,为了避免混淆,通常将加法幺元记作 0,而将乘法幺元记作 1(如果存在)。类似地,可将环中元素 a 的加法逆元称为 a 的负元,记作$-a$;而将 a 的乘法逆元称为 a 的逆元,记作 a^{-1}。

设$<R,+,\cdot>$为环,若存在元素 $a,b\in R,a\neq 0,b\neq 0$,但 $ab=0$,则称 a 为 R 中的左零因子,b 为 R 中的右零因子。

乘法可交换的,含有幺元 1 的,并且没有左零因子和右零因子的环称为整环。

如果整环 R 至少含有两个元素,且每个元素 $x(x\neq 0)$都有逆元 $x^{-1}\in R$,则称 R 是域。

有理数集 **Q**、实数集 **R**、复数集 **C** 关于数的加法和乘法分别构成有理数域、实数域和复数域。但整数集 **Z** 关于数的加法和乘法只能构成整环,但不是域。模 n 整数环$<\mathbf{Z}_n,\oplus,\odot>$当 n 为合数时不是整环,也不是域;但当 n 为素数时构成域。

12. 格的两个等价定义

设$<S,\leqslant>$是偏序集,若$\forall x,y\in S$,$\{x,y\}$都有最小上界和最大下界,则称 S 关于$\leqslant$构成一个格。由于最小上界与最大下界的唯一性,可以把求$\{x,y\}$的最小上界和最大下界看成 x 与 y 的二元运算,分别用算符$\vee$和$\wedge$表示,从而$<S,\vee,\wedge>$构成一个具有两个二元运算的代数系统,称为由偏序集的格所导出的代数系统。

设$<S,*,\circ>$是具有两个二元运算的代数系统,且对于$*$和$\circ$运算适合交换律、结合律和吸收律,则可以适当定义 S 中的偏序($\leqslant$)使得$<S,\leqslant>$构成一个格,且$\forall a,b\in S$,有

$$a \wedge b=a*b, \quad a \vee b=a\circ b$$

称这个格是由代数系统$<S,*,\circ>$导出的格。

以上两种定义格的方法是等价的。

13. 格的性质

格的主要性质有以下两条。

(1) 格的对偶原理。设 f 是含有格中元素以及符号$=$、$\leqslant$、$\geqslant$、$\vee$、$\wedge$的命题。令 f^* 是将 f 中的$\leqslant$改写成$\geqslant$、$\geqslant$改写成$\leqslant$、$\vee$改写成$\wedge$、$\wedge$改写成$\vee$所得到的命题,称为 f 的对偶

命题。根据格的对偶原理，若 f 对一切格为真，则 f^* 也对一切格为真。

(2) 设 $<L,\preccurlyeq>$ 为格，则运算 $\vee$ 和 $\wedge$ 适合交换律、结合律、幂等律和吸收律。

14. 分配格、有补格和布尔格

设 $<L,\wedge,\vee>$ 是格，若 $\forall a,b,c\in L$ 有

$$a\wedge(b\vee c)=(a\wedge b)\vee(a\wedge c)$$
$$a\vee(b\wedge c)=(a\vee b)\wedge(a\vee c)$$

成立，则称 L 为分配格。

如果格 L 中存在最小元和最大元，则分别称为 L 的全下界和全上界，记作 0 和 1。这时也称 L 为有界格，记作 $<L,\wedge,\vee,0,1>$。

设 L 为有界格，$x\in L$，若存在 $y\in L$ 使得 $x\wedge y=0$ 且 $x\vee y=1$ 成立，则称 y 是 x 的补元。在有界格中，0 和 1 互为补元，而其他元素则情况各异，有的不存在补元，有的存在一个补元，有的存在多个补元。如果有界格中的每个元素都至少存在一个补元，则称这个格为有补格。

有补分配格称为布尔格，也称布尔代数。在布尔代数 B 中每个元素都存在唯一的补元，求补运算$'$可看成布尔代数中的一元运算，并满足下述算律：

(1) 双重否定律　$(a')'=a,\ \forall a\in B$

(2) 德摩根律　$(a\vee b)'=a'\wedge b',\ \forall a,b\in B$

$(a\wedge b)'=a'\vee b',\ \forall a,b\in B$

15. 小结

通过本章的学习应该达到下面的基本要求。

给定集合与运算的解析表达式，写出该运算的运算表。

给定集合和运算，判别该集合对运算是否封闭（或者说运算是否为给定集合上的运算，也可以说给定集合对于这些运算是否构成代数系统）。

给定二元运算，说明运算是否满足交换律、结合律、幂等律、分配律和吸收律。

给定二元运算，求出该运算的幺元、零元、幂等元和所有可逆元素的逆元。

给定代数系统 $V_1=<S_1,\circ>$，$V_2=<S_2,*>$，其中$\circ$和 $*$ 为二元运算，判定 $\varphi:S_1\to S_2$ 是否为 V_1 到 V_2 的同态映射。如果是，说明 φ 是否为单同态、满同态和同构，并求出同态像 $\varphi(V_1)$。

给定集合 S 和二元运算$\circ$，能判定 $<S,\circ>$ 是否构成半群、独异点和群。

给定半群 S（或独异点 V）和子集 B，判定 B 是否为 S 的子半群（V 的子独异点）；给定群 G 和子集 H，判定 H 是否为 G 的子群。

给定群 G 和 $x\in G$，求 $|G|$、$|x|$ 以及 x^n。求解群方程。求由 x 生成的子群 $<x>$。

求循环群 $G=<a>$ 的所有生成元和子群。

给定 n 元置换 σ 和 τ，试把它们表成不交的轮换之积，求 $\sigma\tau$ 和 σ^{-1}。

给定集合 S 和 S 上的两个二元运算，判定它们能否构成环、交换环、含幺环、整环和域。

计算环中的多项式。

判别格、分配格、有界格、有补格和布尔格。

求格中公式的对偶式。给定格中元素 x、y，求 $x \wedge y$ 和 $x \vee y$。求有界格的全下界、全上界和给定元素的补元。

习　题

题 9.1～题 9.9 是选择题。题目要求从供选择的答案中选出应填入叙述中的□内的正确答案。

9.1 设 $S=\{a,b\}$，则 S 上可以定义[A]个二元运算。其中有 4 个运算 f_1、f_2、f_3、f_4，其运算表如下。

	a	**b**
a	a	a
b	a	a

f_1

	a	**b**
a	a	b
b	b	a

f_2

	a	**b**
a	b	a
b	a	a

f_3

	a	**b**
a	a	b
b	a	b

f_4

则只有[B]满足交换律，[C]满足幂等律，[D]有幺元，[E]有零元。

供选择的答案

A：① 4；② 8；③ 16；④ 2。

B、C、D、E：⑤ f_1 和 f_2；⑥ f_1、f_2 和 f_3；⑦ f_3 和 f_4；⑧ f_4；⑨ f_1；⑩ f_2。

9.2 设 $S=\mathbf{Q}\times\mathbf{Q}$，其中 $\mathbf{Q}$ 为有理数集合。定义 S 上的二元运算 $*$，$\forall <a,b>, <x,y>\in S$ 有

$$<a,b> * <x,y>=<ax,ay+b>$$

则 (1) $<3,4> * <1,2>=$[A]，$<-1,3> * <5,2>=$[B]。

(2) $<S,*>$是[C]。

(3) $<S,*>$的幺元是[D]。

(4) $<S,*>$[E]。

供选择的答案

A、B：① $<3,10>$；② $<3,8>$；③ $<-5,1>$。

C：④ 可交换的；⑤ 可结合的；⑥ 不是可交换的，也不是可结合的。

D：⑦ $<1,0>$；⑧ $<0,1>$。

E：⑨ 只有唯一的逆元；⑩ 当 $a\neq 0$ 时，元素$<a,b>$有逆元。

9.3 $\mathbf{R}$ 为实数集，定义以下 6 个函数 $f_1,f_2,\cdots,f_6$，$\forall x,y\in\mathbf{R}$ 有

$$f_1(<x,y>)=x+y$$

$$f_2(<x,y>)=x-y$$

$$f_3(<x,y>)=xy$$

$$f_4(\langle x,y\rangle)=\max\{x,y\}$$
$$f_5(\langle x,y\rangle)=\min\{x,y\}$$
$$f_6(\langle x,y\rangle)=|x-y|$$

那么,其中有$\boxed{\text{A}}$个是 $\mathbf{R}$ 上的二元运算,有$\boxed{\text{B}}$个是可交换的,$\boxed{\text{C}}$个是可结合的,$\boxed{\text{D}}$个是有幺元的,$\boxed{\text{E}}$个是有零元的。

供选择的答案

A、B、C、D、E:

① 0;　② 1;　③ 2;　④ 3;　⑤ 4;　⑥ 5;　⑦ 6。

9.4 (1) 设 $V=\langle \mathbf{Z},+,\cdot\rangle$,其中+和·分别表示普通加法和乘法,则 V 有$\boxed{\text{A}}$个不同的子代数,且这些子代数$\boxed{\text{B}}$。

(2) 令 $T_1=\{2n\mid n\in\mathbf{Z}\}$,则 T_1 是 V 的$\boxed{\text{C}}$。

(3) 令 $T_2=\{2n+1\mid n\in\mathbf{Z}\}$,则 T_2 不是 V 的子代数,其原因是 T_2 $\boxed{\text{D}}$。

(4) 令 $T_3=\{-1,0,1\}$,则 T_3 不是 V 的子代数,其原因是 T_3 $\boxed{\text{E}}$。

供选择的答案

A:　① 有限;　② 无限。

B:　③ 含有有限个元素;　④ 含有无限个元素;

　　⑤ 有的含有有限个元素,有的含有无限个元素。

C:　⑥ 平凡的子代数;　⑦ 非平凡的子代数。

D、E:⑧ 对加法不封闭;　⑨ 对乘法不封闭;　⑩ 对加法和乘法都不封闭。

9.5 设 $V=\langle \mathbf{R}^+,\cdot\rangle$,其中·为普通乘法。对任意 $x\in\mathbf{R}^+$,令 $\varphi_1(x)=|x|$,$\varphi_2(x)=2x$,$\varphi_3(x)=x^2$,$\varphi_4(x)=\frac{1}{x}$,$\varphi_5(x)=-x$,则其中有$\boxed{\text{A}}$个是 V 的自同态。它们是$\boxed{\text{B}}$,有$\boxed{\text{C}}$个是单自同态而不是满自同态,$\boxed{\text{D}}$个是满自同态而不是单自同态,$\boxed{\text{E}}$个是自同构。

供选择的答案

A、C、D、E:① 0;　② 1;　③ 2;　④ 3;　⑤ 4;　⑥ 5。

B:　⑦ $\varphi_1,\varphi_2,\varphi_3$;　⑧ φ_1,φ_3;　⑨ $\varphi_1,\varphi_3,\varphi_4$;　⑩ $\varphi_1,\varphi_2,\varphi_3,\varphi_4$。

9.6 设 $V=\langle \mathbf{Z},+\rangle$,其中+为普通加法。$\forall x\in\mathbf{Z}$,令 $\varphi_1(x)=x$,$\varphi_2(x)=0$,$\varphi_3(x)=x+5$,$\varphi_4(x)=2x$,$\varphi_5(x)=x^2$,$\varphi_6(x)=-x$,则 $\varphi_1,\varphi_2,\cdots,\varphi_6$ 中有$\boxed{\text{A}}$个是 V 的自同态,其中$\boxed{\text{B}}$个不是 V 的自同构,$\boxed{\text{C}}$个只是单自同态,不是满自同态;$\boxed{\text{D}}$个是满自同态,不是单自同态。零同态的同态像是$\boxed{\text{E}}$。

供选择的答案

A、B、C、D:① 0;　② 1;　③ 2;　④ 3;　⑤ 4;　⑥ 5;　⑦ 6;

E:　⑧ $\{0\}$;　⑨ 0;　⑩ $\mathbf{Z}$。

9.7 对以下定义的集合和运算判别它们能否构成代数系统?如果能,请说明是构成哪种代数系统?

(1) $S_1=\{0,\pm1,\pm2,\cdots,\pm n\}$,+为普通加法,则 S_1 $\boxed{\text{A}}$。

(2) $S_2=\left\{\frac{1}{2},0,2\right\}$，$*$ 为普通乘法，则 S_2 $\boxed{B}$。

(3) $S_3=\{0,1,\cdots,n-1\}$，n 为任意给定的正整数且 $n\geqslant 2$，$*$ 为模 n 乘法，$\circ$ 为模 n 加法，则 S_3 $\boxed{C}$。

(4) $S_4=\{0,1,2,3\}$，$\leqslant$ 为小于或等于关系，则 S_4 $\boxed{D}$。

(5) $S_5=\boldsymbol{M}_n(\mathbf{R})$，$+$ 为矩阵加法，则 S_5 $\boxed{E}$。

供选择的答案

A、B、C、D、E：

① 是半群，不是独异点；　② 是独异点，不是群；　③ 是群；　④ 是环，不一定是域；

⑤ 是域；　⑥ 是格，不是布尔代数；　⑦ 是布尔代数；

⑧ 是代数系统，但不是以上 7 种；　⑨ 不是代数系统。

9.8　(1) 设 $G=\{0,1,2,3\}$，若 $\odot$ 为模 4 乘法，则 $\langle G,\odot\rangle$ 构成 $\boxed{A}$。

(2) 若 $\oplus$ 为模 4 加法，则 $\langle G,\oplus\rangle$ 是 $\boxed{B}$ 阶群，且是 $\boxed{C}$。G 中的 2 阶元是 $\boxed{D}$，4 阶元是 $\boxed{E}$。

供选择的答案

A：　① 群；　② 半群，不是群。

B：　③ 有限；　④ 无限。

C：　⑤ Klein 四元群；　⑥ 置换群；　⑦ 循环群。

D、E：⑧ 0；　⑨ 1 和 3；　⑩ 2。

9.9　(1) 设 $\langle L,\wedge,\vee,{}',0,1\rangle$ 是布尔代数，则 L 中的运算 $\wedge$ 和 $\vee$ $\boxed{A}$，运算 $\vee$ 的幺元是 $\boxed{B}$，零元是 $\boxed{C}$，最小的子布尔代数是由集合 $\boxed{D}$ 构成。

(2) 在布尔代数 L 中表达式

$$(a\wedge b)\vee(a\wedge b\wedge c)\vee(b\wedge c)$$

的等值式是 $\boxed{E}$。

供选择的答案

A：　① 适合德摩根律、幂等律、消去律和结合律；

　　② 适合德摩根律、结合律、幂等律、分配律；

　　③ 适合结合律、交换律、消去律、分配律。

B、C：④ 0；　⑤ 1。

D：　⑥ $\{1\}$；　⑦ $\{0,1\}$。

E：　⑧ $b\wedge(a\vee c)$；　⑨ $(a\wedge c)\vee(a'\wedge b)$；　⑩ $(a\vee b)\wedge(a\vee b\vee c)\wedge(b\vee c)$。

9.10　设 $S=\{1,2,\cdots,10\}$，下面定义的二元运算 $*$ 是否为 S 上的二元运算？

(1) $x*y=\gcd(x,y)$，x 与 y 的最大公约数。

(2) $x*y=\operatorname{lcm}(x,y)$，$x$ 与 y 的最小公倍数。

(3) $x*y=$ 大于或等于 xy 的最小整数。

(4) $x*y=\max\{x,y\}$。

(5) $x*y=$ 质数 p 的个数，其中 $x\leqslant p\leqslant y$。

9.11　下面各集合都是 **N** 的子集，它们在普通加法运算下是否封闭？

(1) $\{x \mid x$ 的某次幂可以被 16 整除$\}$。

(2) $\{x \mid x$ 与 5 互质$\}$。

(3) $\{x \mid x$ 是 30 的因子$\}$。

(4) $\{x \mid x$ 是 30 的倍数$\}$。

9.12　设 $V=<S, *>$，其中 $S=\{a, b, c\}$，$*$ 的运算表分别给定如下：

(1)

*	**a**	**b**	**c**
a	a	b	c
b	b	c	a
c	c	a	b

(2)

*	**a**	**b**	**c**
a	a	b	c
b	a	b	c
c	a	b	c

(3)

*	**a**	**b**	**c**
a	a	b	c
b	b	b	c
c	c	c	c

分别对以上每种情况讨论 $*$ 运算的可交换性、幂等性，是否含有幺元以及 S 中的元素是否含有逆元。

9.13　设 $V_1=<\{0,1,2\}, \circ>$，$V_2=<\{0,1\}, *>$，其中$\circ$表示模 3 加法，$*$ 表示模 2 乘法。试构造积代数 $V_1 \times V_2$ 的运算表，并指出积代数的幺元。

9.14　设代数系统 $V=<A, \circ, *, \Delta>$，其中 $A=\{1,2,5,10\}$，$\forall x, y \in A$ 有 $x \circ y=x$ 与 y 的最大公约数，$x * y=x$ 与 y 的最小公倍数，$\Delta x=10/x$。给出关于$\circ$、$*$ 和 Δ 运算的运算表。

9.15　设 $V=<\mathbf{R}^*, \circ>$是代数系统，其中 $\mathbf{R}^*$ 为非零实数的集合。分别对下述小题讨论$\circ$运算是否可交换、可结合，并求幺元和所有可逆元素的逆元。

(1) $\forall a, b \in \mathbf{R}^*, a \circ b=\frac{1}{2}(a+b)$。

(2) $\forall a, b \in \mathbf{R}^*, a \circ b=\frac{a}{b}$。

(3) $\forall a, b \in \mathbf{R}^*, a \circ b=ab$。

9.16　设 $V=<A, *>$为代数系统，其中 $A=\{0,1,2,3,4\}$。$\forall a, b \in A, a * b=(ab) \bmod 5$。

(1) 列出 $*$ 的运算表。

(2) $*$ 是否有零元和幺元？若有幺元，请求出所有可逆元素的逆元。

9.17　设 $A=\{1,2\}$，$V=<A^A, \circ>$，其中$\circ$表示函数的合成。试给出 V 的运算表，并求出 V 的幺元和所有可逆元素的逆元。

9.18　设 $A=\{x \mid x \in \mathbf{R} \wedge x \neq 0,1\}$。在 A 上定义 6 个函数如下：

$$f_1(x)=x, \quad f_2(x)=\frac{1}{x}, \quad f_3(x)=1-x,$$

$$f_4(x)=\frac{1}{1-x}, \quad f_5(x)=\frac{x-1}{x}, \quad f_6(x)=\frac{x}{x-1}$$

$V=<S, \circ>$，其中 $S=\{f_1, f_2, \cdots, f_6\}$，$\circ$为函数的合成。

(1) 给出 V 的运算表。

(2) 说明 V 的幺元和所有可逆元素的逆元。

9.19 设 A 为 n 元集,A 上可定义多少个不同的一元运算和二元运算?其中

(1) 有多少个二元运算是可交换的?

(2) 有多少个二元运算是幂等的?

(3) 有多少个二元运算既不是可交换的,也不是幂等的?

9.20 设 $\mathbf{Z}$ 为整数集合,在 $\mathbf{Z}$ 上定义二元运算$\circ$,$\forall x,y\in\mathbf{Z}$ 有

$$x\circ y=x+y-2$$

那么 $\mathbf{Z}$ 与运算$\circ$能否构成群?为什么?

9.21 设 $G=\{\boldsymbol{a},\boldsymbol{b},\boldsymbol{c},\boldsymbol{d}\}$,其中

$$\boldsymbol{a}=\begin{pmatrix}1&0\\0&1\end{pmatrix},\quad \boldsymbol{b}=\begin{pmatrix}-1&0\\0&-1\end{pmatrix},\quad \boldsymbol{c}=\begin{pmatrix}0&1\\-1&0\end{pmatrix},\quad \boldsymbol{d}=\begin{pmatrix}0&-1\\1&0\end{pmatrix}$$

G 上的运算是矩阵乘法。

(1) 找出 G 的全部子群。

(2) 在同构的意义下 G 是 4 阶循环群还是 Klein 四元群?

(3) 令 S 是 G 的所有子群的集合,定义 S 上的包含关系($\subseteq$),则 $<S,\subseteq>$ 构成偏序集,画出这个偏序集的哈斯图。

9.22 令 $\mathbf{Z}[\mathrm{i}]=\{a+b\mathrm{i}\mid a,b\in\mathbf{Z}\}$,其中 i 为虚数单位,即 $\mathrm{i}^2=-1$,那么 $\mathbf{Z}[\mathrm{i}]$ 对于复数加法和乘法能否构成环?为什么?

9.23 下列各集合对于整除关系都构成偏序集,判断哪些偏序集是格?

(1) $L=\{1,2,3,4,5\}$。

(2) $L=\{1,2,3,6,12\}$。

(3) $L=\{1,2,3,4,6,9,12,18,36\}$。

(4) $L=\{1,2,2^2,\cdots,2^n\}$。

9.24 设 $<S,\wedge,\vee,',0,1>$ 是布尔代数,在 S 上定义二元运算$\oplus$,$\forall x,y\in S$ 有

$$x\oplus y=(x\wedge y')\vee(x'\wedge y)$$

那么 $<S,\oplus>$ 能否构成代数系统?如果能,指出是哪种代数系统。

9.25 设 $A=\{1,2,3,4,5\}$,$<P(A),\oplus>$ 构成群,其中$\oplus$为集合的对称差。

(1) 求解群方程 $\{1,3\}\oplus X=\{3,4,5\}$。

(2) 令 $B=\{1,4,5\}$,求由 B 生成的循环子群 $<B>$。

9.26 以下两个置换是 S_6 中的置换,其中

$$\sigma=\begin{pmatrix}1&2&3&4&5&6\\2&4&6&1&3&5\end{pmatrix},\quad \tau=\begin{pmatrix}1&2&3&4&5&6\\6&5&4&1&2&3\end{pmatrix}$$

(1) 试把 σ 和 τ 表成不交的轮换之积。

(2) 求 $\sigma\tau$、$\tau\sigma$、$\sigma\tau\sigma^{-1}$。

9.27 判断以下映射是否为同态映射。如果是,说明它是否为单同态和满同态。

(1) G 为群,$\varphi: G\to G$,$\varphi(x)=e$,$\forall x\in G$,其中 e 是 G 的幺元。

(2) $G=<\mathbf{Z},+>$ 为整数加群,$\varphi: G\to G$,$\varphi(n)=2n$,$\forall n\in\mathbf{Z}$。

(3) $G_1=<\mathbf{R},+>$,$G_2=<\mathbf{R}^+,\cdot>$,其中 $\mathbf{R}$ 为实数集,$\mathbf{R}^+$ 为正实数集,$+$ 和 $\cdot$ 分别为

普通加法和乘法。$\varphi: G_1 \to G_2, \varphi(x)=e^x, \forall x \in \mathbf{R}$。

9.28　设 $A=\{1,2,5,10,11,22,55,110\}$ 是 110 的正因子集，$<A, \preccurlyeq>$ 构成偏序集，其中 $\preccurlyeq$ 为整除关系。

（1）画出偏序集 $<A, \preccurlyeq>$ 的哈斯图。

（2）说明该偏序集是否构成布尔代数，为什么？

9.29　图 9-1 中给出了一些偏序集的哈斯图。

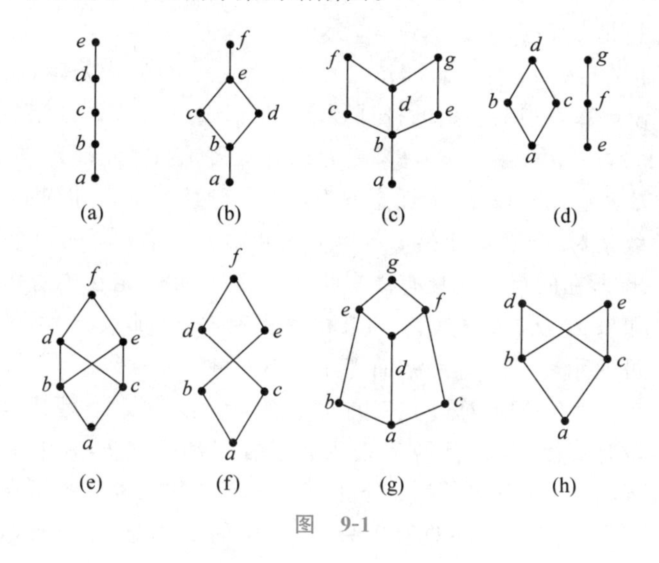

图　9-1

（1）指出哪些不是格并说明理由。

（2）对那些是格的说明它们是否为分配格、有补格和布尔格。

9.30　在图 9-2 所示的 3 个有界格中哪些元素有补元？如果有，请指出该元素所有的补元。

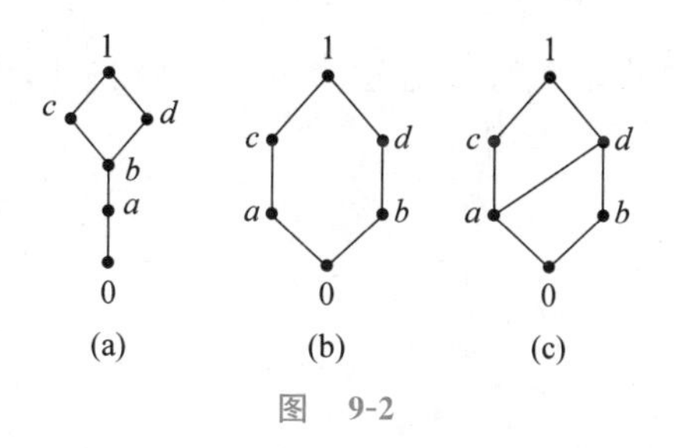

图　9-2

习题解答

9.1　A：③；　B：⑥；　C：⑧；　D：⑩；　E：⑨。

分析　S 为 n 元集，那么 $S \times S$ 有 n^2 个元素。S 上的一个二元运算就是函数 $f: S \times S \to S$。这样的函数有 n^{n^2} 个。因此 $\{a,b\}$ 上的二元运算有 $2^{2^2}=16$ 个。

下面说明通过运算表判别二元运算性质及求特异元素的方法。

1° 交换律。若运算表中元素关于主对角线呈对称分布,则该运算满足交换律。

2° 幂等律。设运算表表头元素的排列顺序为 $x_1, x_2, \cdots, x_n$。如果主对角线元素的排列也为 $x_1, x_2, \cdots, x_n$,则该运算满足幂等律。

其他性质,如结合律或者涉及两个运算表的分配律和吸收律,在运算表中没有明显的特征,只能针对所有可能的元素 x、y、z 等来验证相关的算律是否成立。

3° 幺元 e。设运算表表头元素的排列顺序为 $x_1, x_2, \cdots, x_n$。如果元素 x_i 所在的行和列的元素排列顺序也是 $x_1, x_2, \cdots, x_n$,则 x_i 为幺元。

4° 零元 θ。如果元素 x_i 所在的行和列的元素都是 x_i,则 x_i 是零元。

5° 幂等元。设运算表表头元素的排列顺序为 $x_1, x_2, \cdots, x_n$。如果主对角线上第 i 个元素恰为 x_i,$i \in \{1,2,\cdots,n\}$,那么 x_i 是幂等元。易见幺元和零元都是幂等元。

6° 可逆元素及其逆元。设 x_i 为任意元素,如果 x_i 所在的行和列都有幺元,并且这两个幺元关于主对角线呈对称分布,如第 i 行第 j 列和第 j 行第 i 列的两个位置,那么 x_j 与 x_i 互为逆元;如果 x_i 所在的行和列具有共同的幺元,则幺元一定在主对角线上,那么 x_i 的逆元就是 x_i 自己;如果 x_i 所在的行或者所在的列没有幺元,那么 x_i 不是可逆元素。不难看出幺元 e 一定是可逆元素,且 $e^{-1}=e$;而零元 θ 不是可逆元素。

以本题为例,f_1、f_2、f_3 的运算表是对称分布的,因此,这 3 个运算是可交换的,而 f_4 不是可交换的。再看幂等律。4 个运算表表头元素排列都是 a、b,其中主对角线元素排列为 a、b 的只有 f_4,所以,f_4 遵从幂等律。下面考虑幺元。如果某元素所在的行和列元素的排列都是 a、b,该元素就是幺元。不难看出只有 f_2 中的 a 满足这一要求,因此,a 是 f_2 的幺元,其他 3 个运算都不存在幺元。最后考虑零元。如果 a 所在的行和列元素都是 a,那么 a 就是零元;同样地,若 b 所在的行和列元素都是 b,那么 b 就是零元。检查这 4 个运算表,f_1 中的 a 满足要求,是零元,其他运算都没有零元。在 f_4 的运算表中,尽管 a 和 b 的列都满足要求,但行不满足要求。因而 f_4 中也没有零元。

9.2 A:①; B:③; C:⑤; D:⑦; E:⑩。

分析 对于用解析表达式定义的二元运算$\circ$和$*$,判别它们是否满足交换律、结合律、幂等律、分配律和吸收律的方法总结如下。

1° $\circ$运算的交换律。

任取 x、y,根据$\circ$运算的解析表达式验证等式 $x \circ y = y \circ x$ 是否成立。如果成立,$\circ$运算就满足交换律。

2° $\circ$运算的结合律。

任取 x、y、z,根据$\circ$运算的解析表达式验证等式$(x \circ y) \circ z = x \circ (y \circ z)$是否成立。如果成立,$\circ$运算就是可结合的。

3° $\circ$运算的幂等律。

任取 x,根据$\circ$运算的解析表达式验证等式 $x \circ x = x$ 是否成立。如果成立,$\circ$运算满足幂等律。

4° $\circ$运算对 $*$ 运算的分配律。

任取 x、y、z,根据$\circ$和 $*$ 运算的解析表达式验证等式 $x \circ (y * z) = (x \circ y) * (x \circ z)$ 和 $(y * z) \circ x = (y \circ x) * (z \circ x)$是否成立。如果成立,则$\circ$运算对 $*$ 运算满足分配律。

5° $\circ$和 $*$ 运算的吸收律。

首先验证∘和 $*$ 运算是可交换的。然后任取 x、y,根据∘和 $*$ 运算的解析表达式验证等式 $x\circ(x*y)=x$ 和 $x*(x\circ y)=x$ 是否成立。如果成立,则∘和 $*$ 运算满足吸收律。

设∘是用解析表达式定义的 A 上的二元运算,求解对于该运算的特异元素可以采用下述方法。

1° 求幺元 e。根据幺元定义,$\forall x\in A$,e 应该满足等式 $x\circ e=e\circ x=x$。将等式中的 $x\circ e$ 和 $e\circ x$ 用关于∘运算的解析表达式代入并将结果化简,然后由 x 的任意性来确定 e。

2° 求零元 θ。根据零元定义,$\forall x\in A$,θ 应该满足等式 $x\circ\theta=\theta\circ x=\theta$。将等式中的 $x\circ\theta$ 和 $\theta\circ x$ 用关于∘运算的解析表达式代入并将结果化简,然后由 x 的任意性确定 θ。

3° 求幂等元。将 $x\circ x=x$ 等式中的 $x\circ x$ 用关于∘运算的解析表达式代入并化简,然后求解该方程,所得到的解就是幂等元。

4° 求可逆元素的逆元。任取 $x\in A$,设 x 的逆元为 y,则 x 与 y 应该满足等式 $x\circ y=y\circ x=e$。将等式中的 $x\circ y$ 和 $y\circ x$ 用关于∘运算的解析表达式代入,并将 e 用∘运算的幺元代入,然后化简等式。观察使得该等式成立的 x 应该满足的条件,然后将 y 用含有 x 的公式表示出来,从而得到 x 的逆元。这里特别要说明一点,如果∘运算不存在幺元 e,则所有的元素都是不可逆的。

以本题为例,具体的分析过程如下:

任取 $\langle a,b\rangle,\langle x,y\rangle\in\mathbf{Q}\times\mathbf{Q}$,由

$$\langle a,b\rangle*\langle x,y\rangle=\langle ax,ay+b\rangle$$
$$\langle x,y\rangle*\langle a,b\rangle=\langle xa,xb+y\rangle$$

可知一般情况下 $ay+b\neq xb+y$,所以 $*$ 运算不是可交换的。

任取 $\langle a,b\rangle,\langle x,y\rangle,\langle u,v\rangle\in\mathbf{Q}\times\mathbf{Q}$,由

$$\begin{aligned}&(\langle a,b\rangle*\langle x,y\rangle)*\langle u,v\rangle\\=&\langle ax,ay+b\rangle*\langle u,v\rangle\\=&\langle axu,axv+ay+b\rangle\end{aligned}$$

$$\begin{aligned}&\langle a,b\rangle*(\langle x,y\rangle*\langle u,v\rangle)\\=&\langle a,b\rangle*\langle xu,xv+y\rangle\\=&\langle axu,a(xv+y)+b\rangle\\=&\langle axu,axv+ay+b\rangle\end{aligned}$$

可知 $*$ 运算是可结合的。

设 $*$ 运算的幺元为 $\langle e_1,e_2\rangle$,则 $\forall\langle a,b\rangle\in\mathbf{Q}\times\mathbf{Q}$ 有

$$\langle a,b\rangle*\langle e_1,e_2\rangle=\langle a,b\rangle$$
$$\langle e_1,e_2\rangle*\langle a,b\rangle=\langle a,b\rangle$$

代入关于 $*$ 运算的解析表达式得

$$\langle ae_1,ae_2+b\rangle=\langle a,b\rangle$$
$$\langle e_1a,e_1b+e_2\rangle=\langle a,b\rangle$$

从而得到

$$ae_1=a,\quad ae_2+b=b,\quad e_1a=a,\quad e_1b+e_2=b$$

由于 a、b 是任意有理数,要使得上述 4 个等式都成立,必有

$$e_1=1,\quad e_2=0$$

所以,$*$ 运算的幺元为$<1,0>$。

对于任意的$<a,b>\in \mathbf{Q}\times\mathbf{Q}$,设$<a,b>$的逆元为$<x,y>$,那么有

$$<a,b>*<x,y>=<1,0>$$
$$<x,y>*<a,b>=<1,0>$$

代入关于 $*$ 运算的解析表达式得

$$<ax,ay+b>=<1,0>$$
$$<xa,xb+y>=<1,0>$$

从而得到

$$ax=1,\quad ay+b=0,\quad xa=1,\quad xb+y=0$$

解得

$$x=\frac{1}{a}(a\neq 0),\quad y=-\frac{b}{a}(a\neq 0)$$

这说明对一切$<a,b>\in\mathbf{Q}\times\mathbf{Q}$,只要 $a\neq 0$ 都存在逆元$<\frac{1}{a},-\frac{b}{a}>$。

最后补充说明一点。不难验证,$*$ 运算没有零元。而关于 $*$ 运算的幂等元是$<1,0>$和$<0,b>$,其中 b 为任意有理数。

9.3 A:⑦; B:⑥; C:⑤; D:③; E:②。

分析 怎样检验运算$\circ$是否为 S 上的二元运算,或者说 S 是否关于$\circ$运算封闭?主要是验证以下两个条件是否满足。

1° 任何 S 中的元素都可以作为参与运算的元素。

2° 运算的结果仍旧是 S 中的元素。

如果给定了两个以上的运算,在讨论封闭性时要分别对每个运算讨论。

容易验证本题中的 6 个函数全是实数集 $\mathbf{R}$ 上的二元运算。它们的可交换性、结合性、幺元和零元的判别结果如表 9-2 所示。

表 9-2

函数	交换	结合	幺元	零元	函数	交换	结合	幺元	零元
f_1	√	√	0	×	f_4	√	√	×	×
f_2	×	×	×	×	f_5	√	√	×	×
f_3	√	√	1	0	f_6	√	×	×	×

9.4 A:②; B:⑤; C:⑦; D:⑧; E:⑧。

分析 对于给定的自然数 n,$n=0,1,2,\cdots$,

$$n\mathbf{Z}=\{nk\mid k\in\mathbf{Z}\}$$

是 V 的子代数。因为 $\forall nk_1,nk_2\in n\mathbf{Z}$ 有

$$nk_1+nk_2=n(k_1+k_2)\in n\mathbf{Z}$$

$$nk_1 \cdot nk_2 = n(k_1 n k_2) \in n\mathbf{Z}$$

这说明 $n\mathbf{Z}$ 关于＋和 · 运算都是封闭的，满足子代数的定义。由于 n 可以取任何自然数，这样的子代数有无数多个。其中当 $n=0$ 时，$n\mathbf{Z}=\{0\}$是有穷集合，即有限的子代数，其余都是无限的子代数。

对于 T_2 来说，它是奇整数的集合。而奇数加奇数等于偶数，因而 T_2 关于加法不封闭。类似地，T_3 关于加法也不封闭，因为 $1\in T_3$，但 $1+1=2\notin T_3$。因而可以判定 T_2 和 T_3 都不是 V 的子代数，尽管 T_2 和 T_3 对于乘法是封闭的。

9.5　A：④；　B：⑨；　C：①；　D：①；　E：④。

分析　构成代数系统的要素有 3 个：集合、二元或一元运算及代数常数。如果 φ 是代数系统 V_1 到 V_2 的同态，那么 φ 必须满足以下条件。

1°　$\varphi: V_1 \to V_2$，即 φ 是 V_1 到 V_2 的函数。

2°　对 V_1 和 V_2 上的二元运算$\circ$和$\circ'$有

$$\varphi(x \circ y) = \varphi(x) \circ' \varphi(y), \quad \forall x, y \in V_1$$

对 V_1 和 V_2 上的一元运算 Δ 和 Δ' 有

$$\varphi(\Delta x) = \Delta' \varphi(x), \quad \forall x \in V_1$$

3°　对 V_1 和 V_2 上的代数常数 k 和 k' 有

$$\varphi(k) = k'$$

以本题为例。因为只有一个二元运算，验证时只要检验条件 1°、2°即可。具体的验证过程如下：φ_1、φ_2、φ_3、φ_4 都是 $\mathbf{R}^+$ 到 $\mathbf{R}^+$ 的映射，且

$$\forall x, y \in \mathbf{R}^+, \quad \varphi_1(x \cdot y) = |x \cdot y| = |x| \cdot |y| = \varphi_1(x) \cdot \varphi_1(y)$$

$$\forall x, y \in \mathbf{R}^+, \quad \varphi_3(x \cdot y) = (xy)^2 = x^2 \cdot y^2 = \varphi_3(x) \cdot \varphi_3(y)$$

$$\forall x, y \in \mathbf{R}^+, \quad \varphi_4(x \cdot y) = \frac{1}{xy} = \frac{1}{x} \cdot \frac{1}{y} = \varphi_4(x) \cdot \varphi_4(y)$$

所以 φ_1、φ_3 和 φ_4 是 V 的自同态。但是 φ_2 和 φ_5 不是 V 的自同态。原因如下：

$$\varphi_2(1 \cdot 2) = \varphi_2(2) = 4$$

$$\varphi_2(1) \cdot \varphi_2(2) = (2 \cdot 1) \cdot (2 \cdot 2) = 8$$

故 $\varphi_2(1 \cdot 2) \neq \varphi_2(1) \cdot \varphi_2(2)$，破坏了同态映射的条件 2°。而对于 φ_5，它将正数映射到负数，根本不是 $\mathbf{R}^+$ 到 $\mathbf{R}^+$ 的函数，破坏了条件 1°，当然更谈不到同态了。

容易看出 φ_1、φ_3 和 φ_4 的图像在 $\mathbf{R}^+$ 上都是严格单调的，且它们的函数值分布在整个 $\mathbf{R}^+$ 中，因此，它们都是双射的，都是 V 的自同构。

通过上面的分析已经知道了判别同态及其性质的基本方法。下面补充介绍一些典型同态映射的实例，以供读者参考。

1°　$V=\langle \mathbf{Z}, + \rangle$是整数加群。令 $\varphi_a: \mathbf{Z} \to \mathbf{Z}$，$\varphi_a(x) = ax$，$\forall x \in \mathbf{Z}$，这里的 a 是给定的整数。那么，$x, y \in \mathbf{Z}$ 有

$$\varphi_a(x+y) = a(x+y) = ax + ay = \varphi_a(x) + \varphi_a(y)$$

φ_a 是 V 的自同态。

当 $a=0$ 时，φ_a 不是单同态，也不是满同态，其同态像为$\langle \{0\}, + \rangle$。

当 $a=\pm 1$ 时，φ_a 为自同构。

当 $a \neq 0, \pm 1$ 时，φ_a 为单自同态，其同态像为 $<a\mathbf{Z}, +>$，其中 $a\mathbf{Z}=\{ak \mid k \in \mathbf{Z}\}$。

2° $V=<\mathbf{Z}_n, \oplus>$ 是模 n 整数加群，其中 $\mathbf{Z}_n=\{0,1,\cdots,n-1\}$。$\forall x, y \in \mathbf{Z}_n$ 有 $x \oplus y=(x+y) \bmod n$。令 $\varphi_p: \mathbf{Z}_n \to \mathbf{Z}_n$，$\varphi_p(x)=(px) \bmod n$，其中 $p=0,1,\cdots,n-1$。可以证明 φ_p 是 V 的自同态。因为 $\forall x, y \in \mathbf{Z}_n$ 有

$$
\begin{aligned}
\varphi_p(x \oplus y) &= (p(x \oplus y)) \bmod n = (px \oplus py) \bmod n \\
&= (px) \bmod n \oplus (py) \bmod n \\
&= \varphi_p(x) \oplus \varphi_p(y)
\end{aligned}
$$

由于 p 有 n 种取值，这里定义了 n 个自同态。

例如，$n=6$，$\mathbf{Z}_6=\{0,1,\cdots,5\}$。$V=<\mathbf{Z}_6, \oplus>$ 上有 6 个自同态，即 $\varphi_0, \varphi_1, \cdots, \varphi_5$。其中

$$
\begin{aligned}
&\varphi_0(x)=0, \quad \forall x \in \mathbf{Z}_6 \\
&\varphi_1(x)=x, \quad \forall x \in \mathbf{Z}_6 \\
&\varphi_2(1)=2, \quad \varphi_2(2)=4, \quad \varphi_2(3)=0 \\
&\varphi_2(4)=2, \quad \varphi_2(5)=4, \quad \varphi_2(0)=0 \\
&\varphi_3(1)=3, \quad \varphi_3(2)=0, \quad \varphi_3(3)=3 \\
&\varphi_3(4)=0, \quad \varphi_3(5)=3, \quad \varphi_3(0)=0 \\
&\varphi_4(1)=4, \quad \varphi_4(2)=2, \quad \varphi_4(3)=0 \\
&\varphi_4(4)=4, \quad \varphi_4(5)=2, \quad \varphi_4(0)=0 \\
&\varphi_5(1)=5, \quad \varphi_5(2)=4, \quad \varphi_5(3)=3 \\
&\varphi_5(4)=2, \quad \varphi_5(5)=1, \quad \varphi_5(0)=0
\end{aligned}
$$

这 6 个自同态中 φ_1 和 φ_5 是自同构，其他的既不是单同态，也不是满同态。φ_0 的同态像为 $<\{0\}, \oplus>$。φ_2 和 φ_4 的同态像为 $<\{0,2,4\}, \oplus>$，φ_3 的同态像为 $<\{0,3\}, \oplus>$。

3° 设 $V_1=<\mathbf{Z}, +>$，$V_2=<\mathbf{Z}_n, \oplus>$ 分别为整数加群和模 n 整数加群。$\varphi: \mathbf{Z} \to \mathbf{Z}_n$，$\varphi(x)=(x) \bmod n$。容易证明 φ 是满同态。

4° 设 $V_1=<\mathbf{R}, +>$，$V_2=<\mathbf{R}^*, \cdot>$，其中 $\mathbf{R}$ 和 $\mathbf{R}^*$ 分别代表实数集和非零实数集，$+$ 和 $\cdot$ 分别代表普通加法和乘法。$\varphi: \mathbf{R} \to \mathbf{R}^*$，$\varphi(x)=\mathrm{e}^x$ 是 V_1 到 V_2 的单同态，其同态像为 $<\mathbf{R}^+, \cdot>$，这里的 $\mathbf{R}^+$ 是正实数集。

5° 设 $V_1=<A, \circ>$，$V_2=<B, *>$ 是具有一个二元运算的代数系统。V_1 与 V_2 的积代数为 $<A \times B, \cdot>$。令 $\varphi: A \times B \to A$，$\varphi(<a,b>)=a$，那么 φ 是积代数 $V_1 \times V_2$ 到 V_1 的同态，因为对任意 $<a_1,b_1>, <a_2,b_2> \in A \times B$ 有

$$
\begin{aligned}
&\varphi(<a_1,b_1> \cdot <a_2,b_2>) \\
=&\varphi(<a_1 \circ a_2, b_1 * b_2>) \\
=&a_1 \circ a_2 \\
=&\varphi(<a_1,b_1>) \circ \varphi(<a_2,b_2>)
\end{aligned}
$$

容易看出 φ 是满同态。只有当 B 为单元集时 φ 为同构。

9.6　A：⑤；　B：③；　C：②；　D：①；　E：⑧。

9.7　A：⑨；　B：⑨；　C：④；　D：⑥；　E：③。

分析　对于给定的集合和运算判别它们是否构成代数系统的关键是检查集合对给定运

算的封闭性，具体方法已在《离散数学(第六版)》9.1 节做过说明。下面分别讨论对各种不同代数系统的判别方法。

1°　给定集合 S 和二元运算$\circ$，判定$<S,\circ>$是否构成半群、独异点和群。根据定义，判别时要涉及以下条件的验证：

条件 1　S 关于$\circ$运算封闭；

条件 2　$\circ$运算满足结合律；

条件 3　$\circ$运算有幺元；

条件 4　$\forall x\in S, x^{-1}\in S$。

其中，半群判定只涉及条件 1 和 2；独异点判定涉及条件 1、2 和 3；而群的判定则涉及所有的 4 个条件。

2°　给定集合 S 和二元运算$\circ$和 $*$，判定$<S,\circ,*>$是否构成环、交换环、含幺环、整环、域。根据有关定义需要检验以下条件：

条件 1　$<S,\circ>$构成交换群；

条件 2　$<S,*>$构成半群；

条件 3　$*$ 对$\circ$运算的分配律；

条件 4　$*$ 运算满足交换律；

条件 5　$*$ 运算有幺元；

条件 6　$*$ 运算不含零因子——消去律；

条件 7　$|S|\geqslant 2, \forall x\in S, x\neq 0$，有 $x^{-1}\in S$(对 $*$ 运算)。

其中，环的判定涉及条件 1～3；交换环的判定涉及条件 1～4；含幺环的判定涉及条件 1、2、3 和 5；整环的判定涉及条件 1～6；而域的判定则涉及全部 7 个条件。

3°　判定偏序集$<S,\leqslant>$或代数系统$<S,\circ,*>$是否构成格、分配格、有补格和布尔格。若$<S,\leqslant>$为偏序集，首先验证 $\forall x,y\in S$、$x\wedge y$ 和 $x\vee y$ 是否属于 S。若满足条件则 S 为格，且$<S,\wedge,\vee>$构成代数系统。若$<S,\circ,*>$是代数系统且$\circ$和 $*$ 运算满足交换律、结合律和吸收律，则$<S,\circ,*>$构成格。

在此基础上作为分配格的充分必要条件是不含有与图 9-3 所示的格(钻石格、五角格)同构的子格。而有补格和布尔格的判定只要根据定义进行即可。注意对于有限格，只要元素个数不是 2 的幂，则一定不是布尔格。但元素个数恰为 2^n 的有限格中只有唯一的布尔格。

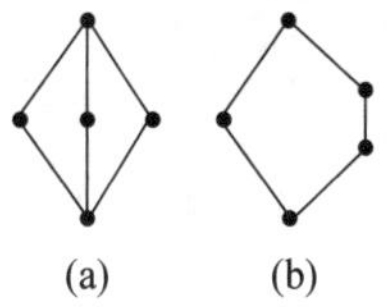

(a)　(b)

图　9-3

以本题为例具体的判定过程如下。

(1) 由 $n+n=2n\notin S_1$ 可知 S_1 对$+$运算不封闭，根本不构成代数系统。

(2) 由 $2*2=4\notin S_2$ 可知 S_2 对 $*$ 运算不封闭，也不构成代数系统。

(3) S_3 关于$\circ$、$*$ 运算封闭，构成代数系统。且 S_3 关于模 n 加法$\circ$满足交换群的定义，关于模 n 乘法 $*$ 满足半群的定义，且 $*$ 对$\circ$有分配律，因而$<S_3,\circ,*>$构成环。但当 $n=6$ 时，有 $2*3=3*2=0$。S_6 中含有零因子 2 和 3，不是整环，也不是域。类似地分析可知，当 n 为合数时，S_n 不是域，但 n 为素数时 S_n 构成域。

(4) S_4 是偏序集。对于小于或等于关系($\leqslant$)，$x\wedge y=\min\{x,y\}$，$x\vee y=\max\{x,y\}$，显然有 $x\wedge y, x\vee y\in S_4$，构成格。但 S_4 不是有补格，2 和 3 没有补元，也不是布尔代数。

(5) 容易验证 S_5 关于矩阵加法构成群。

9.8 A:②; B:③; C:⑦; D:⑩; E:⑨。

分析 此处的 G 实际上是 $\mathbf{Z}_4$。$\mathbf{Z}_n$ 关于模 n 加法构成群,但关于模 n 乘法只构成独异点,而不构成群,因为 0 没有乘法逆元。$<G,\oplus>$是循环群。2 是 2 阶元,1 和 3 是 4 阶元。

如何求群 G 中元素的阶?如果$|G|=n$,则 $\forall x\in G$,$|x|$是 n 的正因子。首先找到 n 的正因子,并从小到大列出来,然后依次检查每个正因子 r。使得 $x^r=e$ 的最小的正因子 r 就是 x 的阶。本题的$|G|=4$,4 的正因子是 1、2、4。由于

$$2^1=2\neq 0$$
$$2^2=2\oplus 2=0$$

所以,$|2|=2$。类似地有

$$3^1=3,\quad 3^2=3\oplus 3=2,\quad 3^3=3\oplus 3\oplus 3=1,$$
$$3^4=3\oplus 3\oplus 3\oplus 3=0$$

因而$|3|=4$。

9.9 A:②; B:④; C:⑤; D:⑦; E:⑧。

分析 (1) 根据布尔代数定义可知 $\wedge$ 和 $\vee$ 运算适合交换律、结合律、幂等律、分配律、德摩根律等,不适合消去律。$\forall x\in L$,$0\vee x=x$,$x\vee 0=x$,$x\vee 1=1$,$1\vee x=1$,所以,0 是 $\vee$ 运算的幺元,1 是 $\vee$ 运算的零元。由于在布尔代数的表示$<L,\wedge,\vee,',0,1>$中,0 和 1 是作为代数常数列出来的,所以,最小的子布尔代数应包含所有的代数常数。经验证$\{0,1\}$恰构成子布尔代数,因而是最小的子布尔代数。

(2) 表达式的等值式与对偶式是两个概念,应加以区别。容易看出,由吸收律、交换律、分配律有

$$
\begin{aligned}
&(a\wedge b)\vee(a\wedge b\wedge c)\vee(b\wedge c) & \\
=&(a\wedge b)\vee(b\wedge c) & \text{吸收律}\\
=&(b\wedge a)\vee(b\wedge c) & \text{交换律}\\
=&b\wedge(a\vee c) & \text{分配律}
\end{aligned}
$$

这说明该表达式与 $b\wedge(a\vee c)$是等值的,而其他两个表达式都不满足要求。

9.10 (1)和(4)是代数系统。

(2) 不是,例如,$\mathrm{lcm}(9,10)=90$,$90\notin S$。

(3) 不是,例如,$9*10=90$,$90\notin S$。

(5) 不是,例如,$9*10=0$,$0\notin S$。

9.11 (1) 封闭,若 x^s、y^t 是 16 的倍数,则$(x+y)^{s+t}$也是 16 的倍数。

(2) 不封闭,例如,2 和 5 互质,3 也和 5 互质,但 $2+3=5$ 却不和 5 互质。

(3) 不封闭,3 和 5 都是 30 的因子,但是 $3+5=8$ 不是 30 的因子。

(4) 封闭。

9.12 (1) 可交换,不幂等。a 是幺元,且 $a^{-1}=a$,b 和 c 互为逆元。

(2) 不可交换,有幂等性,无幺元,当然不用考虑逆元。

(3) 可交换，有幂等性，幺元是 a，$a^{-1}=a$，b 和 c 都没有逆元。

分析　这里补充谈谈结合律的判定问题。在验证结合律 $(x*y)*z=x*(y*z)$ 是否成立时，等式中的 x、y、z 可以取 a、b、c 中的任何元素，共有 27 种可能的选法。这意味着必须要验证 27 个等式，工作量很大。若 x、y、z 中有幺元或零元存在，则等式显然成立。考虑这个因素，在验证时可以不选取集合中的幺元和零元。下面以本题为例来判定结合律是否成立。

(1) a 是幺元。只需对 b 和 c 进行验证。又由于 $*$ 运算的可交换性，全是 b 或全是 c 的情况可以忽略，因而需要验证的只有下面 6 种情况：

$$(b*b)*c=c*c=b=b*a=b*(b*c)$$
$$(b*c)*b=a*b=b=b*a=b*(c*b)$$
$$(b*c)*c=a*c=c=b*b=b*(c*c)$$
$$(c*b)*b=a*b=b=c*c=c*(b*b)$$
$$(c*b)*c=a*c=c=c*a=c*(b*c)$$
$$(c*c)*b=b*b=c=c*a=c*(c*b)$$

由以上验证可知 $*$ 运算是可结合的。

(2) 通过观察发现，$\forall x,y\in S$ 有 $x*y=y$。每个元素都是右零元。因而必有 $\forall x,y,z\in S$，

$$(x*y)*z=y*z=z,\quad x*(y*z)=x*z=z$$

这就证明了结合律是成立的。

(3) a 是幺元，c 是零元，故只需对 b 验证。显然 $(b*b)*b=b*(b*b)$，因此结合律成立。

9.13　结果如表 9-3 所示。

表 9-3

	<0,0>	<0,1>	<1,0>	<1,1>	<2,0>	<2,1>
<0,0>	<0,0>	<0,0>	<1,0>	<1,0>	<2,0>	<2,0>
<0,1>	<0,0>	<0,1>	<1,0>	<1,1>	<2,0>	<2,1>
<1,0>	<1,0>	<1,0>	<2,0>	<2,0>	<0,0>	<0,0>
<1,1>	<1,0>	<1,1>	<2,0>	<2,1>	<0,0>	<0,1>
<2,0>	<2,0>	<2,0>	<0,0>	<0,0>	<1,0>	<1,0>
<2,1>	<2,0>	<2,1>	<0,0>	<0,1>	<1,0>	<1,1>

注：<0,1>为幺元。

9.14　关于 $\circ$、$*$ 和 Δ 运算的运算表分别如表 9-4～表 9-6 所示。

表 9-4

$\circ$	1	2	5	10
1	1	1	1	1
2	1	2	1	2
5	1	1	5	5
10	1	2	5	10

表 9-5

$*$	1	2	5	10
1	1	2	5	10
2	2	2	10	10
5	5	10	5	10
10	10	10	10	10

表 9-6

x	Δx
1	10
2	5
5	2
10	1

9.15 (1) 可交换，不可结合，无幺元，无可逆元素。

(2) 不可交换，不可结合，无幺元，无可逆元素。

(3) 可交换，可结合，幺元是 1，$\forall a \in \mathbf{R}^*$ 有 $a^{-1}=\frac{1}{a}$。

9.16 结果如表 9-7 所示。

零元：0。

幺元：1。

逆元：$1^{-1}=1, 2^{-1}=3, 3^{-1}=2, 4^{-1}=4$，0 无逆元。

9.17 $A^A=\{f_1, f_2, f_3, f_4\}$，其中

$$f_1(1)=1,\quad f_1(2)=1$$
$$f_2(1)=1,\quad f_2(2)=2$$
$$f_3(1)=2,\quad f_3(2)=1$$
$$f_4(1)=2,\quad f_4(2)=2$$

运算表如表 9-8 所示。

表 9-7

*	**0**	**1**	**2**	**3**	**4**
0	0	0	0	0	0
1	0	1	2	3	4
2	0	2	4	1	3
3	0	3	1	4	2
4	0	4	3	2	1

表 9-8

$\circ$	f_1	f_2	f_3	f_4
f_1	f_1	f_1	f_1	f_1
f_2	f_1	f_2	f_3	f_4
f_3	f_4	f_3	f_2	f_1
f_4	f_4	f_4	f_4	f_4

幺元：f_2。

逆元：f_1 无逆元，$f_2^{-1}=f_2, f_3^{-1}=f_3$，$f_4$ 无逆元。

9.18 运算表如表 9-9 所示。

表 9-9

$\circ$	f_1	f_2	f_3	f_4	f_5	f_6
f_1	f_1	f_2	f_3	f_4	f_5	f_6
f_2	f_2	f_1	f_4	f_3	f_6	f_5
f_3	f_3	f_5	f_1	f_6	f_2	f_4
f_4	f_4	f_6	f_2	f_5	f_1	f_3
f_5	f_5	f_3	f_6	f_1	f_4	f_2
f_6	f_6	f_4	f_5	f_2	f_3	f_1

幺元：f_1。

逆元：$f_1^{-1}=f_1, f_2^{-1}=f_2, f_3^{-1}=f_3, f_4^{-1}=f_5, f_5^{-1}=f_4, f_6^{-1}=f_6$。

分析　注意复合函数的计算顺序。例如，

$$\begin{aligned} f_4 \circ f_3(x) &= f_4(f_3(x)) = f_4(1-x) \\ &= \frac{1}{1-(1-x)} = \frac{1}{x} \\ &= f_2(x) \end{aligned}$$

从而得到 $f_4 \circ f_3 = f_2$。

9.19　设 $A=\{a_1,a_2,\cdots,a_n\}$，A 上的一元运算是 $f: A\to A$，有 $|A^A|=n^n$ 个不同的一元运算。A 上的二元运算是 $f: A\times A\to A$，有 $|A^{A\times A}|=n^{n^2}$ 个不同的二元运算。为计数具有特殊性质的二元运算只需考虑运算表($n\times n$ 矩阵)的构成。每种构成方式恰好对应了一个运算。

(1) 对于可交换的运算，其运算表关于主对角线呈对称分布，因此只需考虑含主对角线在内的上三角区域中那些元素的可能赋值。一共有 $\frac{n^2+n}{2}$ 个元素。每个元素有 n 种选择，因此有 $n^{\frac{n^2+n}{2}}$ 个不同的可交换的运算。

(2) 对于幂等的运算，其运算表的主对角线元素只有一种取值，就是按照 A 中元素的顺序分布，剩下的元素有 n^2-n 个。每个元素有 n 种选择，因此有 n^{n^2-n} 个不同的幂等的运算。

(3) 根据包含排斥原理。既没有交换性也没有幂等性的运算个数应该等于 A 上的二元运算总数减去可交换的运算数，再减去幂等的运算数，最后加上既可交换也幂等的运算个数，这种运算有 $n^{\frac{n^2-n}{2}}$ 个，因此所求运算数为

$$n^{n^2} - n^{\frac{n^2+n}{2}} - n^{n^2-n} + n^{\frac{n^2-n}{2}}$$

9.20　易证 $\mathbf{Z}$ 对$\circ$运算是封闭的，且对任意 $x,y,z\in\mathbf{Z}$ 有

$$(x\circ y)\circ z = (x+y-2)+z-2 = x+y+z-4$$

$$x\circ(y\circ z) = x\circ(y+z-2) = x+(y+z-2)-2 = x+y+z-4$$

结合律成立。2 是$\circ$运算的幺元。$\forall x\in\mathbf{Z}$，$4-x$ 是 x 关于$\circ$运算的逆元。综合上述，$<\mathbf{Z},\circ>$ 构成群。

9.21　根据矩阵乘法可以得到 G 的运算表如表 9-10 所示。

表　9-10

·	a	b	c	d
a	a	b	c	d
b	b	a	d	c
c	c	d	b	a
d	d	c	a	b

由运算表可以看出 $\boldsymbol{a}$ 是幺元。又由

$$\boldsymbol{b}^2=\boldsymbol{a},\quad \boldsymbol{c}^4=\boldsymbol{c}^2\boldsymbol{c}^2=\boldsymbol{b}^2=\boldsymbol{a},$$

$$\boldsymbol{d}^4=\boldsymbol{d}^2\boldsymbol{d}^2=\boldsymbol{b}^2=\boldsymbol{a}$$

知道 $|\boldsymbol{b}|=2$，$|\boldsymbol{c}|=|\boldsymbol{d}|=4$。当 $|G|$ 与 G 中元素 x 的阶相等时，有 $G=<x>$。因此 G 是 4 阶循环群。

G 的子群有 $\{\boldsymbol{a}\}$、$\{\boldsymbol{a},\boldsymbol{b}\}$、$G$ 3 个。令 $S=\{\{\boldsymbol{a}\},\{\boldsymbol{a},\boldsymbol{b}\},G\}$，则 $<S,\subseteq>$ 的哈斯图如图 9-4 所示。

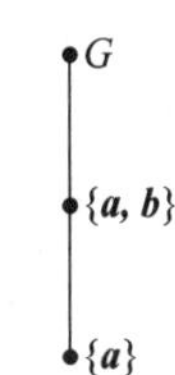

图　9-4

分析　这里对怎样求一个循环群的生成元和子群做一点说明。

1°　若 $G=<a>$ 是无限循环群，那么 G 只有两个生成元，即 a 和 a^{-1}。G 的子群有无数多个，它们分别由 a^k 生成，这里的 k 可以是 $0,1,\cdots$。将 a^k 生成

的子群的元素列出来就是

$$<a^k>=\{e,a^k,a^{-k},a^{2k},a^{-2k},\cdots\}$$

该子群也是一个无限循环群。不难证明当 $k\neq l$ 时，子群 $<a^k>\neq<a^l>$。

例如，$G=<\mathbf{Z},+>$，那么 $G=<1>$ 是无限循环群。G 的生成元为 1 和 -1。G 的由 1^k 生成的子群是 $<1^k>=<k>=\{0,k,-k,2k,-2k,\cdots\}=k\mathbf{Z}$，其中 $k=0,1,\cdots$。

2° 若 $G=<a>$ 是 n 阶循环群，那么 $G=\{e,a,\cdots,a^{n-1}\}$。G 的生成元有 $\phi(n)$ 个，这里的 $\phi(n)$ 是欧拉函数，即小于或等于 n 且与 n 互素的正整数个数。求生成元的方法：先找到所有小于或等于 n 且与 n 互素的正整数。对于每个这样的正整数 r，a^r 就是 G 的生成元。G 的子群个数由 n 的正因子数决定。对于 n 的每个正因子 d，$<a^{\frac{n}{d}}>$ 就是 G 的 d 阶子群。

以本题为例。$|G|=4$，与 4 互素的数是 1 和 3。因此 $G=<\boldsymbol{c}>$ 的生成元是 $\boldsymbol{c}^1=\boldsymbol{c}$，$\boldsymbol{c}^3=\boldsymbol{d}$。再考虑子群。4 的正因子是 1、2、4，所以，$G$ 的子群有 3 个，即

$$<\boldsymbol{c}^{\frac{4}{1}}>=<\boldsymbol{c}^4>=<\boldsymbol{a}>=\{\boldsymbol{a}\} \quad 1\text{ 阶子群}$$

$$<\boldsymbol{c}^{\frac{4}{2}}>=<\boldsymbol{c}^2>=\{\boldsymbol{a},\boldsymbol{b}\} \quad 2\text{ 阶子群}$$

$$<\boldsymbol{c}^{\frac{4}{4}}>=<\boldsymbol{c}>=G \quad 4\text{ 阶子群}$$

根据包含关系不难得到图 9-4 所示的哈斯图。

9.22 $\mathbf{Z}[\mathrm{i}]$ 对复数加法和乘法是封闭的，且加法满足交换律、结合律，乘法满足结合律，乘法对加法满足分配律。又知道加法的幺元是 0，$\forall a+b\mathrm{i}\in\mathbf{Z}[\mathrm{i}]$，$-a-b\mathrm{i}$ 是 $a+b\mathrm{i}$ 的负元。从而 $\mathbf{Z}[\mathrm{i}]$ 关于加法和乘法构成环。容易看出这是一个整环，但不是域。

9.23 (1)不是格，(2)、(3)和(4)都是格。

9.24 任取 $x,y\in S$，由 S 的性质有

$$x\oplus y=(x\wedge y')\vee(x'\wedge y)\in S$$

S 关于 $\oplus$ 是封闭的，构成代数系统 $<S,\oplus>$。容易验证 $\oplus$ 运算满足结合律。幺元是 0，因为 $\forall x\in S$ 有

$$x\oplus 0=(x\wedge 0')\vee(x'\wedge 0)=(x\wedge 1)\vee(x'\wedge 0)=x\vee 0=x$$

同理有 $0\oplus x=x$。且 $\forall x\in S$ 有

$$x\oplus x=(x\wedge x')\vee(x'\wedge x)=0\vee 0=0$$

即 $x^{-1}=x$。综合上述，$<S,\oplus>$ 构成群。

9.25 (1) $X=\{1,4,5\}$。

(2) $<B>=\{B,B^2\}=\{\{1,4,5\},\varnothing\}$。

分析 设 G 为群，$a,b\in G$。群方程 $ax=b$ 在 G 中有唯一解 $x=a^{-1}b$。类似地，群方程 $ya=b$ 在 G 中也有唯一解 $y=ba^{-1}$。代入本题有

$$X=\{1,3\}^{-1}\oplus\{3,4,5\}=\{1,3\}\oplus\{3,4,5\}=\{1,4,5\}$$

由于对任何 $B\in P(A)$ 有 $B\oplus B=\varnothing$，因而：当 n 为奇数时，$B^n=B$；而当 n 为偶数时，$B^n=\varnothing$。尽管 $<B>$ 中包含了 B 的所有幂，但只有两个结果，即 B 和 $\varnothing$。

9.26 (1) $\sigma=(124)(365)$，$\tau=(1634)(25)$。

(2) $\sigma\tau=(15423)$，$\tau\sigma=(15462)$，$\sigma\tau\sigma^{-1}=(15423)(563)(421)=(1256)(34)$。

分析　为了求出 σ 的轮换表示，先任选一个元素，如 1，从上述表示式中找到 $\sigma(1)$。如果 $\sigma(1)=1$，则第一个轮换就找到了，是(1)。如果 $\sigma(1)=i_1, i_1\neq 1$，接下来找 $\sigma(i_1)=i_2$。继续这一过程，直到某个 i_k 满足 $\sigma(i_k)=1$ 为止。通过这样的挑选，从 $\{1,2,\cdots,n\}$ 中选出了一个序列：$1,i_1,i_2,\cdots,i_k$，其中的元素满足 $\sigma(1)=i_1,\sigma(i_1)=i_2,\cdots,\sigma(i_{k-1})=i_k,\sigma(i_k)=1$。这就是从 σ 中分解出来的第一个轮换$(1\ i_1\ i_2\cdots i_k)$。如果该轮换包含了 $\{1,2,\cdots,n\}$ 中的所有元素，那么分解结束，并且有 $\sigma=(1\ i_1\ i_2\cdots i_k)$；否则任取 $\{1,2,\cdots,n\}$ 中剩余的一个元素 j_1，然后找到第二个轮换$(j_1\ j_2\cdots j_l)$。照这样做下去，直到 $\{1,2,\cdots,n\}$ 中没有剩下的元素为止。

以本题的 σ 为例。由 σ 的置换表示知道。$\sigma(1)=2,\sigma(2)=4,\sigma(4)=1$，从而得到第一个轮换(124)。接着从 $\{3,5,6\}$ 中选取 3，继续这一过程，得到 $\sigma(3)=6,\sigma(6)=5,\sigma(5)=3$，这就是第二个轮换(365)。所有的元素都出现在轮换之中，分解结束，并且 $\sigma=(124)(365)$。

在求置换 σ 的轮换表示时可将表示式中的 1-轮换省略。例如，$\sigma=(13)(2)(46)(5)$ 中的(2)和(5)都是 1-轮换，可将 σ 简记为(13)(46)。此外要说明的是表示式中的轮换是不相交的，即同一个元素不能出现在两个轮换中。如果交换了轮换的次序，或者选择了轮换中不同的元素作为首元素而保持顺序不变，那么所得的轮换表示是相同的。例如，$\sigma=(124)(365)$ 也可以写作 $\sigma=(365)(124)$ 或 $\sigma=(241)(365)$ 等。

给定 n 元置换 σ 和 τ，怎样求 $\sigma\tau$ 或 σ^{-1}、τ^{-1} 呢？根据复合函数的定义，只需求出 $\sigma\tau(1)$，$\sigma\tau(2),\cdots,\sigma\tau(n)$ 就可以得到 $\sigma\tau$ 的置换表示或轮换表示。以本题为例，$\sigma\tau(1)=\sigma(\tau(1))=\sigma(6)=5$。类似地有 $\sigma\tau(2)=3,\sigma\tau(3)=1,\sigma\tau(4)=2,\sigma\tau(5)=4,\sigma\tau(6)=6$，从而得到 $\sigma\tau=(15423)(6)$，化简为 $\sigma\tau=(15423)$。逆的计算比乘法简单。设 $\sigma=\tau_1\tau_2\cdots\tau_k$ 为 σ 的轮换表示式，那么 $\sigma^{-1}=\tau_k^{-1}\cdots\tau_2^{-1}\tau_1^{-1}$，其中的 τ_j 若为轮换$(i_1i_2\cdots i_l)$，则有 $\tau_j^{-1}=(i_l\cdots i_2i_1)$，$j=1,2,\cdots,k$。例如，$\sigma=(124)(365)$，则 $\sigma^{-1}=(563)(421)$。从而

$$\sigma\tau\sigma^{-1}=(\sigma\tau)\sigma^{-1}=(15423)(563)(421)$$

而

$$\sigma\tau\sigma^{-1}(1)=\sigma\tau(4)=2,\quad \sigma\tau\sigma^{-1}(2)=\sigma\tau(1)=5,$$
$$\sigma\tau\sigma^{-1}(3)=\sigma\tau(5)=4,\quad \sigma\tau\sigma^{-1}(4)=\sigma\tau(2)=3,$$
$$\sigma\tau\sigma^{-1}(5)=\sigma\tau(6)=6,\quad \sigma\tau\sigma^{-1}(6)=\sigma\tau(3)=1$$

因此，得到 $\sigma\tau\sigma^{-1}=(1256)(34)$。在 $\sigma\tau\sigma^{-1}(5)$ 的计算中有 $\sigma\tau(6)$ 出现。观察到 $\sigma\tau$ 的表示式(15423)中不含有 6，这就意味着 $\sigma\tau(6)=6$。

9.27　(1) 是同态映射。当 $G=\{e\}$ 时为单同态、满同态和同构。而当 G 不是平凡群时，φ 既不是单同态，也不是满同态。

(2) 是同态映射，且为单同态，不是满同态。

(3) 是同态映射，也是单同态和满同态。

9.28　(1) 哈斯图如图 9-5 所示。

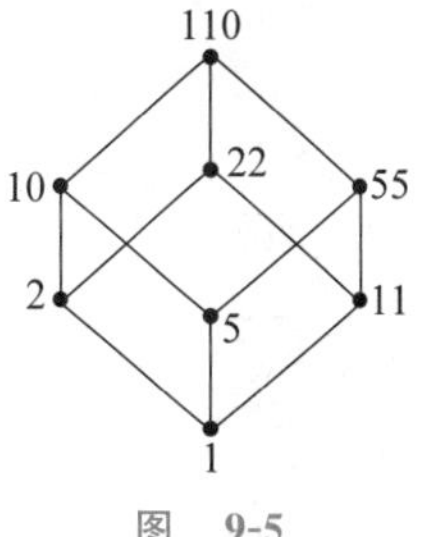

图　9-5

(2) 可以构成布尔代数。$\forall x,y\in A$，$x\vee y$ 是 x 与 y 的最小公倍数，$x\wedge y$ 是 x 与 y 的最大公约数。而 A 关于 $\vee$ 和 $\wedge$ 运算是封闭的。容易验证 $\vee$ 和 $\wedge$ 运算满足交换律、结合律、吸收律，且是互相可分配的，因此，该偏序集构成分配格。$\forall x\in A$，$110/x$ 是 x 的补元，这就证明了该偏序集构成有补分配格，即布尔代数。

9.29　(1) 图 9-1(c)、图 9-1(d)、图 9-1(e)、图 9-1(h)不是格。图 9-1(c)中的$\{f,g\}$没有最小上界;图 9-1(d)中的$\{a,e\}$没有最大下界;图 9-1(e)中的$\{d,e\}$没有最大下界;图 9-1(h)中的$\{d,e\}$没有最小上界。

(2) 图 9-1(a)和图 9-1(b)为分配格,但不是有补格和布尔格;图 9-1(f)不是分配格和布尔格,但是有补格;图 9-1(g)不是分配格,也不是有补格和布尔格。

分析　图 9-1(a)和图 9-1(b)的所有五元子格都不与图 9-3 中的钻石格和五角格同构,因而它们都是分配格。但对于图 9-1(f)和图 9-1(g)中的格都能找到与图 9-3(b)中五角格同构的子格,例如图 9-1(f)中的$\{a,b,c,d,f\}$和图 9-1(g)中的$\{a,b,c,f,g\}$,因此它们都不是分配格。

再考虑补元。图 9-1(a)中格的 b、c、d 元素都没补元;图 9-1(b)中格的 b、c、d、e 元素都没补元;图 9-1(g)中格的 d 元素没有补元。它们都不是有补格。而图 9-1(f)中格的每个元素都有补元,是有补格。

9.30　图 9-2(a)中 0 与 1 互为补元;a、b、c、d 都没有补元。图 9-2(b)中 0 与 1 互为补元;a 的补元是 b 和 d; c 的补元是 b 和 d; b 的补元为 a 和 c; d 的补元为 a 和 c。图 9-2(c)中 0 与 1 互为补元;b 与 c 互为补元;a 与 d 都没有补元。

第10章 形式语言和自动机初步

内容提要

1. 形式语言和形式文法

字母表与字符串 字母表是一个非空的有穷集合。由字母表Σ中的符号组成的有穷序列称为字母表Σ上的字符串。字符串ω中的符号数称为ω的长度,记作$|\omega|$。长度为0的字符串称为空串,记作ε。n个a组成的字符串$aa\cdots a$记作a^n。

子串、前缀与后缀 字符串ω中若干连续的符号组成的字符串称为ω的子串。从最左端开始的子串称为前缀。在最右端结束的子串称为后缀。

连接 设字符串$\alpha=\alpha_1\alpha_2\cdots\alpha_n$,$\beta=\beta_1\beta_2\cdots\beta_m$,把$\beta$接在$\alpha$的后面称为$\alpha$与$\beta$的连接,记作$\alpha\beta$,即$\alpha\beta=\alpha_1\alpha_2\cdots\alpha_n\beta_1\beta_2\cdots\beta_m$。

语言 字母表Σ上的字符串全体记作Σ^*。Σ^*的任何子集称为字母表Σ上的形式语言,简称语言。

文法 形式文法简称文法,它由4部分组成,记作$G=<V,T,S,P>$,其中V是有穷的变元集,变元又称为非终极符;T是有穷的终极符集,$T\cap V=\varnothing$;$S\in V$称为起始符;P是有穷的产生式集,每个产生式形如$\alpha\to\beta$,这里$\alpha,\beta\in(V\cup T)^*$且$\alpha\neq\varepsilon$。

派生 设文法$G=<V,T,S,P>$,$u,v\in(V\cup T)^*$。如果存在$\xi,\eta\in(V\cup T)^*$和P中的产生式$\alpha\to\beta$,使得$u=\xi\alpha\eta$,$v=\xi\beta\eta$,即把u中的子串α改写成β后得到v,则称由u用文法G可直接派生出v,记作$u\underset{G}{\Rightarrow}v$。如果$u=u_1\underset{G}{\Rightarrow}u_2\underset{G}{\Rightarrow}\cdots\underset{G}{\Rightarrow}u_n=v$,则称由$u$用文法$G$可派生出$v$,记作$u\overset{*}{\underset{G}{\Rightarrow}}v$。当不会引起混淆时,通常略去$\Rightarrow$下的$G$,把直接派生写成$u\Rightarrow v$,把派生写成$u\overset{*}{\Rightarrow}v$。

文法生成的语言 文法$G=<V,T,S,P>$生成的语言

$$L(G)=\{\omega\in T^*\mid S\overset{*}{\Rightarrow}\omega\}$$

著名的语言学家乔姆斯基(N.Chomsky)把文法分成4类,分别生成4个层次的语言,称为乔姆斯基谱系。分类如下所述。

0型文法与0型语言 0型文法就是文法,又称为短语结构文法或无限制文法。0型文法生成的语言称为0型语言。

1型文法(上下文有关文法,CSG)与1型语言(上下文有关语言,CSL) 如果文法的每个产生式$\alpha\to\beta$有$|\alpha|\leqslant|\beta|$,则称为1型文法,或上下文有关文法。如果存在1型文法G使得$L=L(G)$或$L=L(G)\cup\{\varepsilon\}$,则称$L$是1型语言,或上下文有关语言。

2型文法(上下文无关文法,CFG)与2型语言(上下文无关语言,CFL) 如果文法中每个产生式都形如$A\to\alpha$,其中$A\in V$,则称为2型文法,或上下文无关文法。2型文法生成的

语言称为 2 型语言,或上下文无关语言。

右线性文法与左线性文法　右线性文法的产生式形如 $A\to\omega B$ 或 $A\to\omega$;左线性文法的产生式形如 $A\to B\omega$ 或 $A\to\omega$,其中 $A,B\in V,\omega\in T^*$。

3 型文法(正则文法)与 3 型语言(正则语言)　右线性文法与左线性文法统称为 3 型文法或正则文法。3 型文法生成的语言称为 3 型语言或正则语言。

语法分析树又称**派生树**,用来描述 CFG 派生的有序树,它可以给出派生出的字符串的语义。

2. 有穷自动机

确定型有穷自动机(DFA)及其接受的语言　确定型有穷自动机简记作 DFA,由 5 部分组成,记作 $M=\langle Q,\Sigma,\delta,q_0,F\rangle$,其中 Q 是有穷的状态集,Σ 是有穷的输入字母表,δ: $Q\times\Sigma\to Q$ 是状态转移函数,$q_0\in Q$ 是初始状态,$F\subseteq Q$ 是接受状态集或终结状态集。

递归地定义函数$\hat{\delta}$: $Q\times\Sigma^*\to Q$ 如下:对每个 $q\in Q,\omega\in\Sigma^*$ 和 $a\in\Sigma$,

$$\hat{\delta}(q,\varepsilon)=q$$

$$\hat{\delta}(q,\omega a)=\delta(\hat{\delta}(q,\omega),a)$$

如果$\hat{\delta}(q_0,\omega)\in F$,则称 DFA M 接受 ω。M 接受的字符串的全体称为 M 接受的语言,记作 $L(M)$。即

$$L(M)=\{\omega\in\Sigma^*\mid\hat{\delta}(q_0,\omega)\in F\}$$

非确定型有穷自动机(NFA)　非确定型有穷自动机 $M=\langle Q,\Sigma,\delta,q_0,F\rangle$与确定型有穷自动机的区别是状态转移函数为 δ: $Q\times\Sigma\to P(Q)$,这里 $P(Q)$是 Q 的幂集。

对于 NFA,$\hat{\delta}$的定义如下:对每个 $q\in Q,\omega\in\Sigma^*$ 和 $a\in\Sigma$,

$$\hat{\delta}(q,\varepsilon)=\{q\}$$

$$\hat{\delta}(q,\omega a)=\bigcup_{p\in\hat{\delta}(q,\omega)}\delta(p,a)$$

如果$\hat{\delta}(q_0,\omega)\cap F\neq\varnothing$,则称 NFA M 接受字符串 ω。NFA M 接受的语言为

$$L(M)=\{\omega\in\Sigma^*\mid\hat{\delta}(q_0,\omega)\cap F\neq\varnothing\}$$

如果把状态 q 等同于单元集$\{q\}$,则 DFA 是 NFA 的特殊情况。DFA 和 NFA 统称为有穷自动机,简记作 FA。

带ε 转移的 NFA　对 NFA 稍加推广,不仅在读 Σ 的符号后做状态转移,而且可以在不读任何符号(或说读空串 ε)的情况下自动做状态转移,即状态转移函数为 δ:$Q\times(\Sigma\cup\{\varepsilon\})\to P(Q)$,这就是带 ε 转移的 NFA。

状态转移图　DFA 可以用状态转移图表示。状态转移图是一个有向图,每个结点代表一个状态。初始状态用一个指向该结点的箭头标明,接受状态用双圈标明。如果 $\delta(q,a)=q'$,则从结点 q 到 q'有一条弧,并且在弧旁标明 a。NFA 的状态转移图与 DFA 的类似,两者的区别如下:对于每个 $q\in Q$ 和 $a\in\Sigma$,DFA 的状态转移图中恰好有一条从结点

q 出发标有符号 a 的弧，而 NFA 的状态转移图中可以有一条或多条这样的弧，也可以没有这样的弧。

3. 正则表达式

连接　设 L_1, L_2 是字母表 Σ 上的语言，记

$$L_1 \cdot L_2 = \{uv \mid u \in L_1 \land v \in L_2\}$$

称作 L_1 和 L_2 的连接，简写成 L_1L_2。

闭包　设 L 是字母表 Σ 上的语言，记

$$L^0 = \{\varepsilon\}$$
$$L^i = L^{i-1}L, \quad i \geqslant 1$$
$$L^* = \bigcup_{i=0}^{\infty} L^i$$
$$L^+ = \bigcup_{i=1}^{\infty} L^i$$

L^* 称为 L 的闭包，L^+ 称为 L 的正闭包。

正则表达式及其表示的语言

(1) $\varnothing$ 是正则表达式，它表示空集；

(2) ε 是正则表达式，它表示 $\{\varepsilon\}$；

(3) 每个 $a \in \Sigma$ 是正则表达式，它表示 $\{a\}$；

(4) 如果 r 和 s 分别是表示语言 R 和 S 的正则表达式，则 $(r+s)$、$(r \cdot s)$ 和 $(r*)$ 也是正则表达式，它们分别表示 $R \cup S$、$R \cdot S$ 和 R^*；

(5) 有限次运用上述规则得到的表达式是正则表达式。

正则表达式 α 表示的语言记作 $<\alpha>$。

规定运算的优先等级：$*$，$\cdot$，$+$。

4. 图灵(Turing)机

图灵机(TM)　图灵机简记作 TM，它是一个有序组 $M=<Q,\Sigma,\Gamma,\delta,q_0,B,A>$，其中，$Q$ 是有穷的状态集，Σ 是有穷的输入字母表，Γ 是有穷的带字母表且 $\Sigma \subset \Gamma$，δ 是动作函数，$q_0 \in Q$ 是初始状态，$B \in \Gamma - \Sigma$ 是空白符，$A \subseteq Q$ 是接受状态集。δ 定义在 $Q \times \Gamma$ 的一个子集上，取值于 $\Gamma \times \{L,R\} \times Q$。

设想 TM 是由控制器、读写头及一条带组成的装置。带的两头是无穷的，被划分成无穷多个小方格，每个小方格内存放 Γ 中的一个符号。控制器处于 Q 中某个状态。读写头扫视一个方格，可以读取和改写这个方格的内容，向左或向右移动。假设 M 的当前状态是 q，读写头读到的符号是 s。如果 $\delta(q,s)=(s',L,q')$，则读写头把扫视的方格内的符号改写成 s'，向左移动一格，控制器转移到状态 q'；如果 $\delta(q,s)=(s',R,q')$，M 的动作与刚才一样，只是读写头向右移动一格；如果 $\delta(q,s)$ 没有定义，则停机。

格局　带上的内容，读写头扫视的位置和控制器的状态称为 TM M 的一个格局。TM 的格局可写成 $\alpha q\beta$，其中，$q \in Q$，$\alpha, \beta \in \Gamma^*$ 且 $\beta \neq \varepsilon$。它表示带的内容为 $\alpha\beta$，两头的其余部分均为 B，控制器处于状态 q，读写头扫视 β 左端的第一个符号。

设当前的状态为 q,读到的符号为 a。如果 $\delta(q,a)$ 没有定义,则称这个格局是停机格局。当 M 进入停机格局后,M 停机,计算结束。如果 $q\in A$ 且为停机格局,则称这是接受的停机格局。

计算　设 σ 和 τ 是两个格局,$\sigma\vdash\tau$ 表示从格局 σ 经过一步到达 τ,并且称 τ 是 σ 的后继。$\sigma\overset{*}{\vdash}\tau$ 表示从 σ 经过若干步到达 τ,即 $\sigma=\sigma_1\vdash\sigma_2\vdash\cdots\vdash\sigma_t=\tau$。

TM M 的计算是一个有穷的或无穷的格局序列 $\sigma_1,\sigma_2,\cdots$,其中对每个 $i>1$,$\sigma_{i-1}\vdash\sigma_i$。

TM 接受的语言　设 $\omega\in\Sigma^*$,$\sigma_0=q_0\omega$ 称为关于输入 ω 的初始格局。如果 M 从初始格局 $\sigma_0=q_0\omega$ 开始的计算结束在接受的停机格局,则称 M 接受字符串 ω。M 接受的字符串全体称为 M 接受的语言,或 M 识别的语言,记作 $L(M)$。即

$$L(M)=\{\omega\in\Sigma^*\mid 存在接受的停机格局\ \sigma_f\ 使得\ q_0\omega\overset{*}{\vdash}\sigma_f\}$$

递归可枚举语言(r.e.语言)　图灵机接受的语言称为递归可枚举语言。

5. 主要定理

定理 10.1　L 是 0 型语言当且仅当 L 是 r.e.语言,换句话说,L 由文法生成当且仅当 L 被 TM 接受。

数学家和计算机科学家们普遍接受下述看法。

丘奇(Church)论题　人们所说的可计算的概念就是指 TM 可计算的。

定理 10.2　对于 $i=2,1,0$,每个 $i+1$ 型语言都是 i 型语言,并且这个包含关系是真的,即存在非 $i+1$ 型的 i 型语言。

定理 10.3　设语言 L,下述命题是等价的。

(1) L 由右线性文法生成。

(2) L 由左线性文法生成。

(3) L 被 DFA 接受。

(4) L 被 NFA 接受。

(5) L 被带 ε 转移的 NFA 接受。

(6) L 用正则表达式表示。

6. 小结

本章介绍了形式语言的基本概念,正则文法与有穷自动机的概念和基本性质,以及图灵机的基本概念。图灵机是最基本的计算模型之一。形式语言与自动机是计算理论的重要内容,特别是正则语言与上下文无关语言在编译理论中扮演着重要角色。此外,有穷自动机还被广泛应用于自动装置的电路设计中。

习　题

10.1　下述文法是几型文法?

(1) $S\to 0BA$　　　$B\to A10$

$A\to 1A$　　$A\to 0$

(2) $S\to 0ABA$　　$AB\to A0B$

$BA\to B1A$　　$A\to 1B$

$B\to 0A$　　$A\to 0$

$B\to 1$

(3) $S\to 0SAB$　　$S\to BA$

$A\to 0A$　　$A\to 0$

$B\to 1$

(4) $S\to 0A$　　$S\to 1B$

$A\to 0B$　　$A\to 1A$

$B\to 1B$　　$B\to 0A$

$A\to 0$　　$B\to 1$

10.2　设文法 $G=<\{S\},\{a,b\},S,P>$，其中 P：$S\to aS,S\to Sb,S\to\varepsilon$。求 $L(G)$。

10.3　设文法 $G=<\{S,A,B\},\{a,b,c\},S,P>$，其中

P：① $S\to aSAB$　　② $S\to aAB$

③ $BA\to AB$　　④ $aA\to ab$

⑤ $bA\to bb$　　⑥ $bB\to bc$

⑦ $cB\to cc$

求证：对任意的 $n\geqslant 1,a^nb^nc^n\in L(G)$。

10.4　试给出生成下述语言的右线性文法和左线性文法：

(1) $\{\omega\in\{0,1\}^*|\omega$ 中有连续的 3 个 0$\}$；

(2) $\{a^mb^nc^k|m,n,k\geqslant 1\}$；

(3) $\{a^{3k+1}|k\in\mathbf{N}\}$。

10.5　给出生成语言 $L=\{\omega\omega^{\mathrm{T}}|\omega\in\{0,1\}^*\}$ 的文法，这里 ω^{T} 是 ω 的反转，定义如下：若 $\omega=a_1a_2\cdots a_n$，则 $\omega^{\mathrm{T}}=a_n\cdots a_2a_1$。

10.6　描述算术表达式的文法

$$G_{\exp}=\langle\{E,T,F\},\{a,+,-,\times,/,(,)\},E,P\rangle$$

其中

$$P:E\to E+T\ |\ E-T\ |\ T$$
$$T\to T\times F\,|\,T/F\,|\,F$$
$$F\to(E)\,|\,a$$

对下述每个表达式给出 $G_{\exp}$ 的两个派生过程和语法分析树：

(1) $a\times a+a\times a$；　　(2) $(a-a)/(a\times a+a\times a)$。

10.7　CFG G 的产生式如下：

$$S\to aSbS\,|\,bSaS\,|\,\varepsilon$$

给出生成 $abbaba$ 的 3 个派生过程和语法分析树。

10.8　设 FA $M=<\{q_0,q_1,q_2,q_3\},\{0,1\},\delta,q_0,\{q_1\}>$，$\delta$ 如表 10-1 所示。

(1) 给出 M 的状态转移图。

(2) M 是否接受下述字符串：01010,00101,01001。

(3) 求 $L(M)$。

表　10-1

δ	0	1	δ	0	1
q_0	q_1	q_3	q_2	q_1	q_3
q_1	q_3	q_2	q_3	q_3	q_3

10.9　设 NFA $M=<\{q_0,q_1,q_2,q_3\},\{a,b,c\},\delta,q_0,\{q_3\}>$,其中 δ 如表 10-2 所示。

(1) 画出 M 的状态转移图。

(2) 用根树形式给出 M 对下述 ω 的计算过程中的状态转移,M 是否接受 ω?

① $\omega=abbcc$；② $\omega=ababc$；③ $\omega=abbca$。

表　10-2

δ	a	b	c	δ	a	b	c
q_0	$\{q_0,q_1\}$	$\varnothing$	$\varnothing$	q_2	$\varnothing$	$\varnothing$	$\{q_2,q_3\}$
q_1	$\varnothing$	$\{q_1,q_2\}$	$\varnothing$	q_3	$\{q_0\}$	$\varnothing$	$\varnothing$

10.10　设带 ε 转移的 NFA M 的状态转移图如图 10-1 所示,求 $L(M)$。

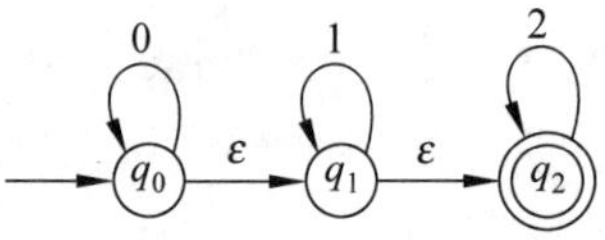

10.11　给出接受下述语言的 DFA：

(1) $L=\{0^n1^m \mid n,m\geqslant 1\}$；

(2) 含有偶数个 0 的 0、1 字符串的全体(偶数包括 0)。

图　10-1

10.12　给出接受下述语言的 NFA：

(1) 以 01 为后缀的 0、1 字符串的全体；

(2) 不含子串 011 的 0、1 字符串的全体。

10.13　给出与题 10.9 NFA 等价的 DFA。

10.14　给出与题 10.10 带 ε 转移的 NFA 等价的不带 ε 转移的 NFA。

10.15　写出下述语言的正则表达式：

(1) 含有子串 010 的 0,1 串。

(2) 以 000 结束的 0,1 串。

(3) 既含有 0 又含有 1 的 0,1 串。

(4) 0 的个数是 3 的倍数的 0,1 串。

10.16　用文字描述下述正则表达式表示的语言：

(1) 10^*1；　(2) 0^*+1^*；　(3) $(aa+bb)^*$；　(4) $(a+ba)^*(b+\varepsilon)$。

10.17　给出生成字母表$\{a,b\}$上所有正则表达式的 CFG。

10.18　把题 10.16 中的正则表达式转换成等价的带 ε 转移的 NFA。

10.19　设图灵机 $M=<\{q_0,q_1,q_2,q_3\},\{0,1\},\{0,1,B\},\delta,q_0,B,\{q_3\}>$,其中 δ 如表 10-3 所示。试给出 M 对下述输入串的计算：

(1)11010；(2)01100；(3)01011。

表　10-3

δ	0	1	B	δ	0	1	B
q_0	$(0,R,q_0)$	$(1,R,q_0)$	(B,L,q_1)	q_2	(B,R,q_3)	—	—
q_1	(B,L,q_2)	$(1,R,q_0)$	(B,R,q_0)	q_3	—	—	—

10.20　试构造出接受下述语言的图灵机：

(1) 所有 0 和 1 的个数相同的 0、1 字符串；

(2) $\{\omega\omega^{\mathrm{T}} \mid \omega \in \{0,1\}^*\}$，$\omega^{\mathrm{T}}$ 见题 10.5。

10.21　图灵机的状态转移函数 δ 可以表成有穷的五元组集合，每个五元组(q,s,s',X,q')代表 $\delta(q,s)=(s',X,q')$，其中 $X=L$ 或 R。故称这种图灵机为五元图灵机。四元图灵机的 $\delta: Q\times\Gamma\rightarrow(\Gamma\cup\{L,R\})\times Q$，可表示成有穷的四元组集合，每个四元组形如$(q,s,s',q')$、$(q,s,L,q')$或$(q,s,R,q')$。在四元组中符号的含义和五元组的相同。四元图灵机不能同时进行改写和移动读写头，每个动作除转移状态外，或者改写一个符号，或者向左、向右移动一格。试证明：四元图灵机与九元图灵机等价，即语言 L 被一个四元图灵机接受当且仅当 L 被一个五元图灵机接受。

题 10.22～题 10.24 为选择题。题目要求从供选择的答案中选出正确的答案填入方框□内。

10.22　下述文法 G 的终极符集合均为$\{0,1\}$，起始符均为 S，大写字母均是变元。

(1) P：$S\rightarrow 0A \mid 1B$

$A\rightarrow 1A \mid 0B \mid 0$

$B\rightarrow 0A \mid 1B \mid 1$

G 是$\boxed{A}$文法。由 S $\boxed{B}$派生出 00010，$\boxed{C}$派生出 01001，$\boxed{D}$派生出 10000。

(2) P：$S\rightarrow 0BA$　　$B\rightarrow A10$

$A\rightarrow 1A \mid 0$

G 是$\boxed{A}$文法。由 S $\boxed{B}$派生出 00101110，$\boxed{C}$派生出 00010，$\boxed{D}$派生出 01010。

(3) P：$S\rightarrow 0ABA$　　$AB\rightarrow A0B$

$BA\rightarrow B1A$　　$A\rightarrow 1B \mid 0$

$B\rightarrow 0A \mid 1$

G 是$\boxed{A}$文法。由 S $\boxed{B}$派生出 0101110，$\boxed{C}$派生出 00010，$\boxed{D}$派生出 01010。

(4) P：$S\rightarrow 0SAB \mid BA$

$A\rightarrow 0A \mid 0$

$B\rightarrow 1$

G 是$\boxed{A}$文法。由 S $\boxed{B}$派生出 00010，$\boxed{C}$派生出 01001，$\boxed{D}$派生出 10000。

供选择的答案

A：① 0 型；　② 1 型；　③ 2 型；　④ 右线性；　⑤ 左线性。

B、C、D：① 能；　② 不能。

10.23 图 10-2 给出 4 个有穷自动机的状态转移图。记 M_i 的状态转移函数为 $\delta_i(1\leqslant i\leqslant 4)$。

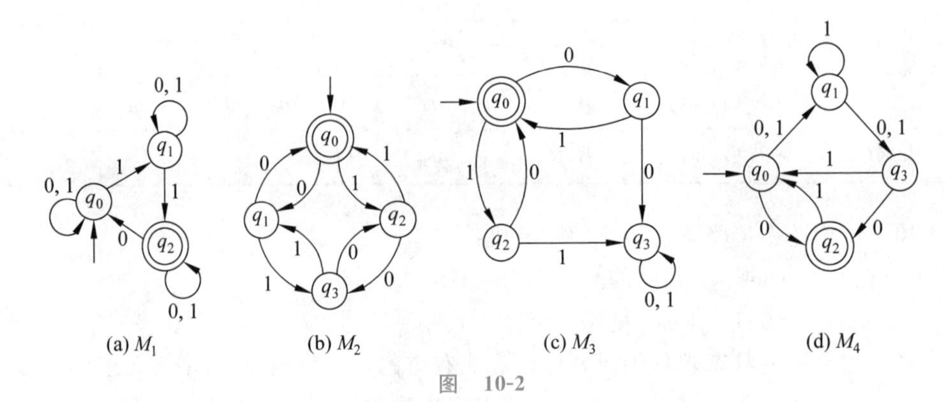

图 10-2

(a) $\delta_1(q_0,0)=$[A],$\delta_1(q_1,1)=$[B],M_1 读完输入 01101 后的状态为[C],M_1 接受[D]和[E]。

(b) $\delta_2(q_1,0)=$[A],$\delta_2(q_2,1)=$[B],M_2 读完输入 01010 后的状态为[C],M_2 接受[D]和[E]。

(c) $\delta_3(q_0,0)=$[A],$\delta_3(q_3,1)=$[B],M_3 读完输入 11001 后的状态为[C],M_3 接受[D]和[E]。

(d) $\delta_4(q_1,1)=$[A],$\delta_4(q_2,0)=$[B],M_4 读完输入 01010 后的状态为[C],M_4 接受[D]和[E]。

供选择的答案

A、B、C:① q_0; ② q_1; ③ q_2; ④ q_3; ⑤ $\{q_0,q_1\}$;
⑥ $\{q_0,q_2\}$; ⑦ $\{q_0,q_3\}$; ⑧ $\{q_1,q_2\}$; ⑨ $\{q_1,q_3\}$; ⑩ $\{q_2,q_3\}$;
⑪ $\{q_0,q_1,q_2\}$; ⑫ $\{q_0,q_1,q_3\}$; ⑬ $\{q_0,q_2,q_3\}$;
⑭ $\{q_1,q_2,q_3\}$; ⑮ $\{q_0,q_1,q_2,q_3\}$; ⑯ $\varnothing$。

注:这里不区别 q_i 和$\{q_i\}$。

D、E: ① 000000; ② 101010; ③ 00010; ④ 1001。

10.24 设图灵机 $M=\langle\{q_i\mid 0\leqslant i\leqslant 5\},\{0,1\},\{0,1,B\},\delta,q_0,B,\{q_5\}\rangle$,其中 δ 如表 10-4 所示。

表 10-4

δ	0	1	B	δ	0	1	B
q_0	$(0,R,q_0)$	$(1,R,q_0)$	(B,L,q_1)	q_3	$(0,L,q_4)$	$(1,L,q_4)$	—
q_1	$(1,L,q_3)$	$(0,L,q_2)$	—	q_4	$(1,L,q_4)$	$(0,L,q_5)$	(B,L,q_4)
q_2	$(1,L,q_4)$	$(0,L,q_5)$	—	q_5	—	—	—

给定输入 ω,M [A],[B]ω。

(1) $\omega=10111$; (2) $\omega=10110$;

(3) $\omega=10$; (4) $\omega=10000$;

(5) $\omega=00001$; (6) $\omega=0$。

供选择的答案

A：① 停机在 q_0；　② 停机在 q_1；　③ 停机在 q_2；　④ 停机在 q_3；
⑤ 停机在 q_4；　⑥ 停机在 q_5；　⑦ 永不停机。

B：① 接受；　② 拒绝。

习题解答

10.1　(1) CFG。

(2) CSG。

(3) CFG。

(4) 右线性文法，当然也是 3 型文法和正则文法。

10.2　G 的产生式为

① $S \to aS$；② $S \to Sb$；③$S \to \varepsilon$。

先看几个例子

$$
\begin{array}{ll}
S \stackrel{*}{\Rightarrow} a^3 S & 3\text{ 次 ①} \\
\quad \stackrel{*}{\Rightarrow} a^3 & \text{③} \\
S \stackrel{*}{\Rightarrow} Sb^5 & 5\text{ 次 ②} \\
\quad \Rightarrow b^5 & \text{③} \\
S \Rightarrow \varepsilon & \text{③} \\
S \stackrel{*}{\Rightarrow} a^2 S & 2\text{ 次 ①} \\
\quad \stackrel{*}{\Rightarrow} a^2 Sb^3 & 3\text{ 次 ②} \\
\quad \stackrel{*}{\Rightarrow} a^6 Sb^3 & 4\text{ 次 ①} \\
\quad \Rightarrow a^6 Sb^4 & 1\text{ 次 ②} \\
\quad \Rightarrow a^6 b^4 & \text{③}
\end{array}
$$

一般地，在使用 n 次①(不必连续使用)和 m 次②(也不必连续使用)之后使用③，可得到 $a^n b^m$，这里 n 和 m 可以等于 0。又注意到使用①和②所得到的字符串中必含一个 S，并且 a 在 S 的左边，b 在 S 的右边，即 $a^n S b^m$。使用一次③，删去字符串中的 S，得到 $a^n b^m$，不再有可以使用的产生式。因此，G 也只能派生出形如 $a^n b^m$ 的字符串，故

$$L(G) = \{a^n b^m \mid n, m \geqslant 0\}$$

分析　1°　给定 G，求 $L(G)$ 的通常做法是先举几个例子，通过例子找到一般规律。要注意的是，这些终极符串必须是能用 G 由起始符派生出来的，并且用 G 由起始符也只能派生出这些终极符串。在找一般规律时，要考虑“能”与“只能”两方面，这两方面是相互补充的。通常，“只能”要比“能”难。特别是，要把“只能”说清楚(严格地说，应该是证明“只能”)更困难。

2°　本题给出的文法不是正则文法，因为它不是右线性文法，也不是左线性文法。但是，语言 $\{a^n b^m \mid n, m \geqslant 0\}$ 是正则的，因为它可以由下述右线性文法生成：

$$< \{S, B\}, \{a, b\}, S, P >$$

其中,P:$S\to aS$,$S\to B$,$B\to bB$,$B\to\varepsilon$。

10.3　G 的产生式为

①$S\to aSAB$;②$S\to aAB$;③$BA\to AB$;④$aA\to ab$;⑤$bA\to bb$;⑥$bB\to bc$;⑦$cB\to cc$。

先看几个例子:

$$
\begin{array}{ll}
S\Rightarrow aAB & ② \\
\ \ \Rightarrow abB & ④ \\
\ \ \Rightarrow abc & ⑥ \\
S\Rightarrow aSAB & ① \\
\ \ \Rightarrow a^2ABAB & ② \\
\ \ \Rightarrow a^2AABB & ③ \\
\ \ \Rightarrow a^2bABB & ④ \\
\ \ \Rightarrow a^2b^2BB & ⑤ \\
\ \ \Rightarrow a^2b^2cB & ⑥ \\
\ \ \Rightarrow a^2b^2c^2 & ⑦ \\
S\overset{*}{\Rightarrow} a^2S(AB)^2 & 2\text{次}① \\
\ \ \Rightarrow a^3(AB)^3 & ② \\
\ \ \overset{*}{\Rightarrow} a^3A^3B^3 & 3\text{次}③ \\
\ \ \Rightarrow a^3bA^2B^3 & ④ \\
\ \ \overset{*}{\Rightarrow} a^3b^3B^3 & 2\text{次}⑤ \\
\ \ \Rightarrow a^3b^3cB^2 & ⑥ \\
\ \ \overset{*}{\Rightarrow} a^3b^3c^3 & 2\text{次}⑦
\end{array}
$$

至此,大概已经能够看出文法生成 $a^nb^nc^n$ 的过程了。派生过程如下:

$$
\begin{array}{ll}
S\overset{*}{\Rightarrow} a^{n-1}S(AB)^{n-1} & n-1\text{次}① \\
\ \ \Rightarrow a^n(AB)^n & ② \\
\ \ \overset{*}{\Rightarrow} a^nA^nB^n & \frac{1}{2}n(n-1)\text{次}③ \\
\ \ \Rightarrow a^nbA^{n-1}B^n & ④ \\
\ \ \overset{*}{\Rightarrow} a^nb^nB^n & n-1\text{次}⑤ \\
\ \ \Rightarrow a^nb^ncB^{n-1} & ⑥ \\
\ \ \overset{*}{\Rightarrow} a^nb^nc^n & n-1\text{次}⑦
\end{array}
$$

分析　实际上,G 也只能生成这种终极符串,即

$$L(G)=\{a^nb^nc^n \mid n\geqslant 1\}$$

有兴趣的读者可以进一步地证明“只能”。不过要说清楚不是一件容易的事情。

这个语言是上下文有关语言,还可以证明它不是上下文无关语言。

10.4　(1) $L=\{\omega\in\{0,1\}^* \mid \omega$ 中有连续的 3 个 0$\}$。

生成 L 的右线性文法为

$$G=\langle \{S,A\},\{0,1\},S,P\rangle$$

其中 P：

$$S \to 0S \mid 1S \mid 000A$$
$$A \to 0A \mid 1A \mid \varepsilon$$

左线性文法为

$$G' = < \{S, A\}, \{0,1\}, S, P' >$$

其中 P'：

$$S \to S0 \mid S1 \mid A000$$
$$A \to A0 \mid A1 \mid \varepsilon$$

(2) $L = \{a^m b^n c^k \mid m, n, k \geqslant 1\}$。

生成 L 的右线性文法为

$$G = < \{A, B, C\}, \{a, b, c\}, A, P\}$$

其中 P：

$$A \to aA \mid aB$$
$$B \to bB \mid bC$$
$$C \to cC \mid c$$

左线性文法为

$$G' = < \{A, B, C\}, \{a, b, c\}, A, P'\}$$

其中 P'：

$$C \to Cc \mid Bc$$
$$B \to Bb \mid Ab$$
$$A \to Aa \mid a$$

(3) $L = \{a^{3k+1} \mid k \in \mathbf{N}\}$。

生成 L 的右线性文法为

$$G = < \{A\}, \{a\}, A, P\}$$

其中 P：

$$A \to aaaA \mid a$$

左线性文法为

$$G' = < \{A\}, \{a\}, A, P'\}$$

其中 P′：

$$A \to Aaaa \mid a$$

10.5　$L = \{\omega\omega^{\mathrm{T}} \mid \omega \in \{0,1\}^*\}$的元素

$$\omega\omega^{\mathrm{T}} = a_1 a_2 \cdots a_n a_n \cdots a_2 a_1$$

的长度均为偶数且左右对称，可以从中间开始同时向左右逐个生成符号，每次左右生成相同的符号。文法如下：

$$G = < \{S\}, \{0,1\}, S, P >$$

其中 P：

$$S \to 0S0 \mid 1S1 \mid \varepsilon$$

分析　注意，$\varepsilon \in L$，因为 $\varepsilon = \varepsilon\varepsilon^{\mathrm{T}}$。

这是上下文无关文法,故这个语言 L 是上下文无关语言。可以证明 L 不是正则语言,既不能用右线性文法生成,也不能用左线性文法生成。

10.6　G_{exp}的产生式:

① $E \to E+T$;　② $E \to E-T$;　③ $E \to T$;

④ $T \to T \times F$;　⑤ $T \to T/F$;　⑥ $T \to F$;

⑦ $F \to (E)$;　⑧ $F \to a$。

(1) 生成 $a \times a + a \times a$ 的派生 1:

$$
\begin{aligned}
E &\Rightarrow E + T && ①\\
&\Rightarrow E + T \times F && ④\\
&\Rightarrow E + T \times a && ⑧\\
&\Rightarrow E + F \times a && ⑥\\
&\Rightarrow E + a \times a && ⑧\\
&\Rightarrow T + a \times a && ③\\
&\Rightarrow T \times F + a \times a && ④\\
&\Rightarrow T \times a + a \times a && ⑧\\
&\Rightarrow F \times a + a \times a && ⑥\\
&\Rightarrow a \times a + a \times a && ⑧
\end{aligned}
$$

派生 2:

$$
\begin{aligned}
E &\Rightarrow E + T && ①\\
&\Rightarrow T + T && ③\\
&\Rightarrow T \times F + T && ④\\
&\Rightarrow F \times F + T && ⑥\\
&\Rightarrow a \times F + T && ⑧\\
&\Rightarrow a \times a + T && ⑧\\
&\Rightarrow a \times a + T \times F && ④\\
&\Rightarrow a \times a + F \times F && ⑥\\
&\Rightarrow a \times a + a \times F && ⑧\\
&\Rightarrow a \times a + a \times a && ⑧
\end{aligned}
$$

语法分析树如图 10.3(a)所示。

(2) 生成$(a-a)/(a \times a + a \times a)$的派生 1:

$$
\begin{aligned}
E &\Rightarrow T && ③\\
&\Rightarrow T/F && ⑤\\
&\Rightarrow T/(E) && ⑦\\
&\Rightarrow T/(E + T) && ①\\
&\Rightarrow T/(E + T \times F) && ④\\
&\Rightarrow T/(E + T \times a) && ⑧\\
&\Rightarrow T/(E + F \times a) && ⑥
\end{aligned}
$$

$$
\begin{aligned}
&\Rightarrow T/(E+a\times a) && ⑧\\
&\Rightarrow T/(T+a\times a) && ③\\
&\Rightarrow T/(T\times F+a\times a) && ④\\
&\Rightarrow T/(T\times a+a\times a) && ⑧\\
&\Rightarrow T/(F\times a+a\times a) && ⑥\\
&\Rightarrow T/(a\times a+a\times a) && ⑧\\
&\Rightarrow F/(a\times a+a\times a) && ⑥\\
&\Rightarrow (E)/(a\times a+a\times a) && ⑦\\
&\Rightarrow (E-T)/(a\times a+a\times a) && ②\\
&\Rightarrow (E-F)/(a\times a+a\times a) && ⑥\\
&\Rightarrow (E-a)/(a\times a+a\times a) && ⑧\\
&\Rightarrow (T-a)/(a\times a+a\times a) && ③\\
&\Rightarrow (F-a)/(a\times a+a\times a) && ⑥\\
&\Rightarrow (a-a)/(a\times a+a\times a) && ⑧
\end{aligned}
$$

这个派生的每步都是替换最右边的变元，称作最右派生。

派生 2：

$$
\begin{aligned}
E&\Rightarrow T && ③\\
&\Rightarrow T/F && ⑤\\
&\Rightarrow F/F && ⑥\\
&\Rightarrow (E)/F && ⑦\\
&\Rightarrow (E-T)/F && ②\\
&\Rightarrow (T-T)/F && ③\\
&\Rightarrow (F-T)/F && ⑥\\
&\Rightarrow (a-T)/F && ⑧\\
&\Rightarrow (a-F)/F && ⑥\\
&\Rightarrow (a-a)/F && ⑧\\
&\Rightarrow (a-a)/(E) && ⑦\\
&\Rightarrow (a-a)/(E+T) && ①\\
&\Rightarrow (a-a)/(T+T) && ③\\
&\Rightarrow (a-a)/(T\times F+T) && ④\\
&\Rightarrow (a-a)/(F\times F+T) && ⑥\\
&\Rightarrow (a-a)/(a\times F+T) && ⑧\\
&\Rightarrow (a-a)/(a\times a+T) && ⑧\\
&\Rightarrow (a-a)/(a\times a+T\times F) && ④\\
&\Rightarrow (a-a)/(a\times a+F\times F) && ⑥\\
&\Rightarrow (a-a)/(a\times a+a\times F) && ⑧\\
&\Rightarrow (a-a)/(a\times a+a\times a) && ⑧
\end{aligned}
$$

这个派生的每步都是替换最左边的变元，称作最左派生。

语法分析树见图 10-3(b)。

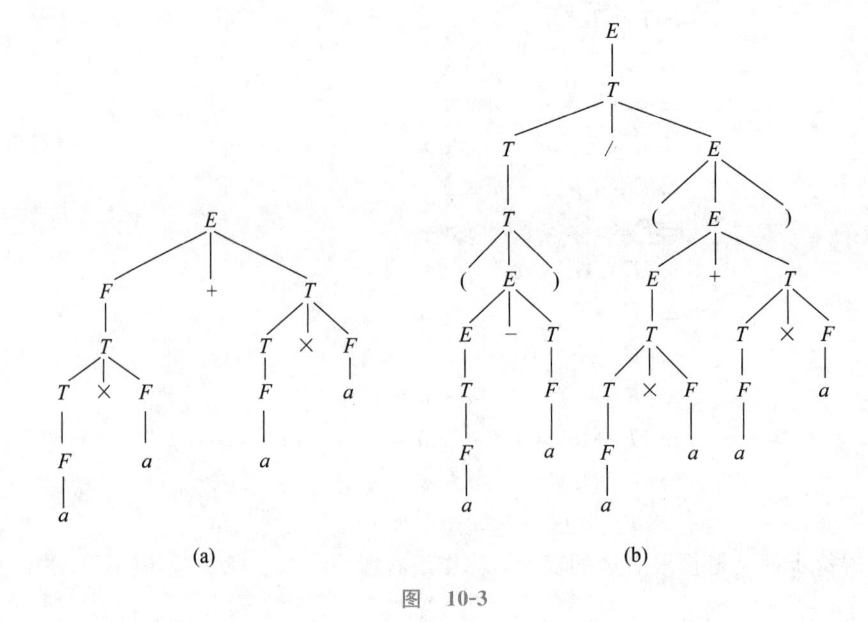

图 10-3

10.7 G 的产生式如下：

① $S\to aSbS$； ② $S\to bSaS$； ③ $S\to\varepsilon$。

生成 $abbaba$ 的派生 1：

$$
\begin{aligned}
S &\Rightarrow aSbS & ①\\
&\Rightarrow abS & ③\\
&\Rightarrow abbSaS & ②\\
&\Rightarrow abbaS & ③\\
&\Rightarrow abbabSaS & ②\\
&\Rightarrow abbabaS & ③\\
&\Rightarrow abbaba & ③
\end{aligned}
$$

派生 2：

$$
\begin{aligned}
S &\Rightarrow aSbS & ①\\
&\Rightarrow abS & ③\\
&\Rightarrow abbSaS & ②\\
&\Rightarrow abbaSbSaS & ①\\
&\Rightarrow abbabSaS & ③\\
&\Rightarrow abbabaS & ③\\
&\Rightarrow abbaba & ③
\end{aligned}
$$

派生 3：

$$
\begin{aligned}
S &\Rightarrow aSbS & ①\\
&\Rightarrow aSbbSaS & ②
\end{aligned}
$$

$$
\begin{aligned}
&\Rightarrow aSbbSa && ③\\
&\Rightarrow aSbbaSbSa && ①\\
&\Rightarrow aSbbaSba && ③\\
&\Rightarrow aSbbaba && ③\\
&\Rightarrow abbaba && ③
\end{aligned}
$$

语法分析树如图 10.4 所示。这个 CFG 有两棵不同的生成 $abbaba$ 的派生树，称这样的 CFG 是多义性的。在应用中，不希望文法是多义性的，这可能产生对语义的不同理解，从而造成混乱。注意到派生 1 和派生 2 是两个不同的最左派生，可以证明 CFG 是多义性的当且仅当它有两个不同的最左派生派生出同一个字符串。

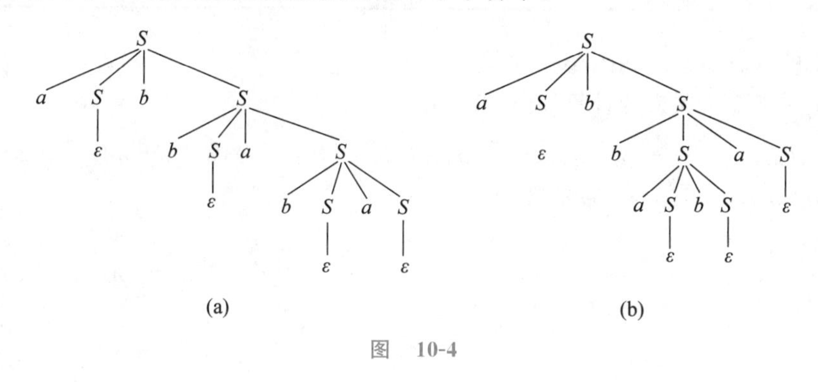

图　10-4

10.8　FA $M=<\{q_0,q_1,q_2,q_3\},\{0,1\},\delta,q_0,\{q_1\}>$。

为了使用方便，将 δ 重列于表 10-5 中。

表　10-5

δ	0	1	δ	0	1
q_0	q_1	q_3	q_2	q_1	q_3
q_1	q_3	q_2	q_3	q_3	q_3

(1) M 的状态转移图如图 10-5 所示。

(2) M 关于这几个输入的计算如下：

$$q_0 \xrightarrow{0} q_1 \xrightarrow{1} q_2 \xrightarrow{0} q_1 \xrightarrow{1} q_2 \xrightarrow{0} q_1$$

$$q_0 \xrightarrow{0} q_1 \xrightarrow{0} q_3 \xrightarrow{1} q_3 \xrightarrow{0} q_3 \xrightarrow{1} q_3$$

$$q_0 \xrightarrow{0} q_1 \xrightarrow{1} q_2 \xrightarrow{0} q_1 \xrightarrow{0} q_3 \xrightarrow{1} q_3$$

于是，

$$\hat{\delta}(q_0,01010)=q_1,\quad \hat{\delta}(q_0,00101)=q_3,$$

$$\hat{\delta}(q_0,01001)=q_3$$

故 M 接受 01010，不接受 00101 和 01001。

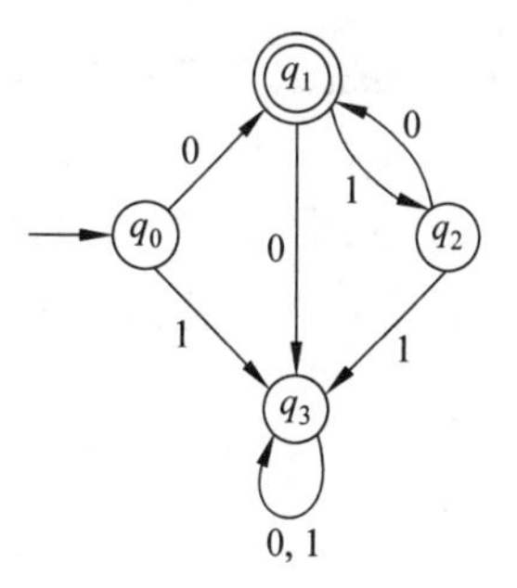

图　10-5

(3) 从 M 的状态转移图（见图 10-5）不难看出，从 q_0 开始以

q_1 结束,当且仅当从 q_0 到 q_1、然后重复若干次 q_1 到 q_2 再回到 q_1,故

$$L(M)=\{0(10)^n \mid n \geqslant 0\}$$

10.9 NFA $M=<\{q_0,q_1,q_2,q_3\},\{a,b,c\},\delta,q_0,\{q_3\}>$,为了使用方便,将 δ 重列于如表 10-6 中。

表 10-6

δ	a	b	c
q_0	$\{q_0, q_1\}$	$\varnothing$	$\varnothing$
q_1	$\varnothing$	$\{q_1, q_2\}$	$\varnothing$
q_2	$\varnothing$	$\varnothing$	$\{q_2, q_3\}$
q_3	$\{q_0\}$	$\varnothing$	$\varnothing$

(1) M 的状态转移图如图 10-6 所示。

(2) M 关于 3 个输入的计算如图 10-7 所示。

$$\hat{\delta}(q_0,abbcc)=\{q_2,q_3\},\quad \hat{\delta}(q_0,ababc)=\varnothing,\quad \hat{\delta}(q_0,abbca)=\{q_0\}$$

所以,M 接受 $abbcc$,不接受 $ababc$ 和 $abbca$。

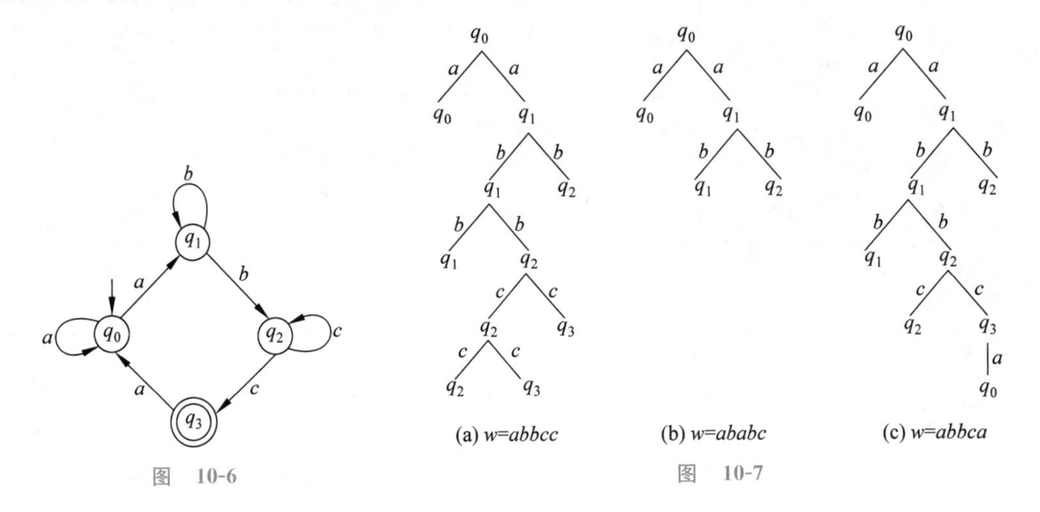

图 10-6

图 10-7

分析 1° 注意,M 没有读完 $ababc$ 就停止计算,故 $\hat{\delta}(q_0,ababc)=\varnothing$。

2° $F=\{q_3\}$,由于 $q_3\in\hat{\delta}(q_0,abbcc)$,$\hat{\delta}(q_0,abbcc)\cap F\neq\varnothing$,故 M 接受 $abbcc$。而 $\hat{\delta}(q_0,abbca)\cap F=\varnothing$,故 M 不接受 $abbca$。

10.10 由 M 的状态转移(见图 10-1)不难看出,M 从 q_0 开始停止在 q_2,当且仅当在状态 q_0 下读到若干 0(可以是 0 个),状态 q_0 不变,然后 ε 转移到状态 q_1;在状态 q_1 下读到若干 1,然后再 ε 转移到状态 q_2;最后,在状态 q_2 下读到若干 2。因此

$$L(M)=\{0^i1^j2^k \mid i,j,k\geqslant 0\}$$

10.11 (1) 接受语言 $L=\{0^n1^m \mid n,m\geqslant 1\}$ 的 DFA 为

$$M=<\{q_0,q_1,q_2,q_3\},\{0,1\},\delta,q_0,\{q_2\}>$$

其中,δ 如表 10-7 所示。状态转移图如图 10-8 所示。状态 q_3 的作用是收集各种不接受的情况。

表　10-7

δ	0	1
q_0	q_1	q_3
q_1	q_1	q_2
q_2	q_3	q_2
q_3	q_3	q_3

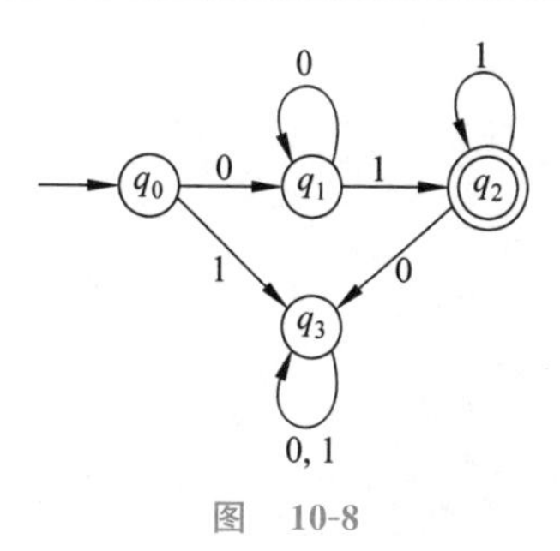

图　10-8

(2) 有两个状态 q_0 和 q_1，分别表示读到偶数个 0 和奇数个 0。读入 0，状态从 q_0 转移到 q_1，或从 q_1 转移到 q_0；读入 1，则保持状态不变。DFA 为

$$M=<\{q_0,q_1\},\{0,1\},\delta,q_0,\{q_0\}>$$

其中，δ 如表 10-8 所示。M 的状态转移图如图 10-9 所示。

表　10-8

δ	0	1
q_0	q_1	q_0
q_1	q_0	q_1

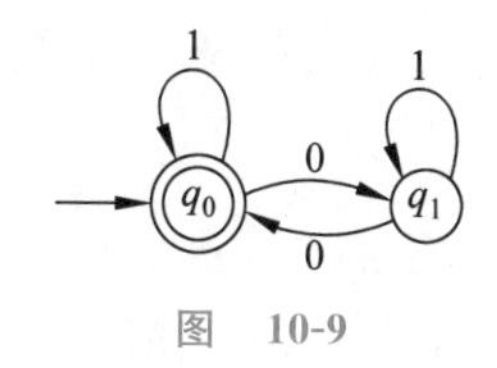

图　10-9

10.12　(1) 接受以 01 为后缀的所有 0、1 字符串的 NFA 为

$$M=<\{q_0,q_1,q_2\},\{0,1\},\delta,q_0,\{q_2\}>$$

其中，δ 如表 10-9 所示。M 的状态转移图如图 10-10 所示。

表　10-9

δ	0	1
q_0	$\{q_0, q_1\}$	$\{q_0\}$
q_1	$\varnothing$	$\{q_2\}$
q_2	$\varnothing$	$\varnothing$

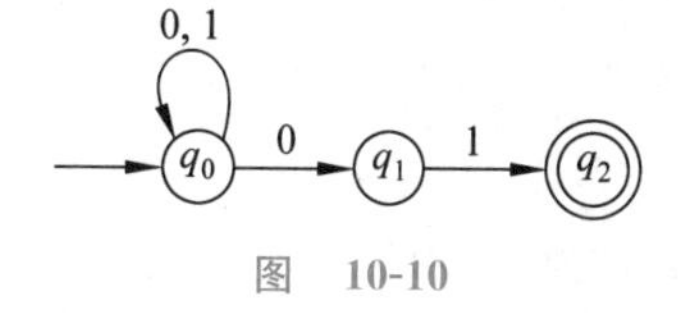

图　10-10

分析　根据题目的要求，M 接受当且仅当最后两步是读 0 转移到 q_1，再读 1 转移到 q_2，并且恰好读完输入。在此之前，一直保持在状态 q_0，不管是读 0 还是读 1。设计的思想是利用 NFA 的非确定性进行“猜想”，当 M 处于 q_0 读到 0 时有两种选择：保持 q_0 不变或转移到 q_1。选择哪种取决于是否只剩下后缀 01。当然，不可能知道是否只剩下后缀 01，而只能猜想。关键是根据 NFA 接受的定义，只要能猜对一次就接受。事实上，这里当且仅当 ω 以 01 为后缀时，总能猜对一次，停机在 q_2，接受 ω。

(2) 接受不含子串 011 的所有 0、1 字符串的 NFA 为

$$M=<\{q_0,q_1,q_2,q_3\},\{0,1\},\delta,q_0,\{q_0,q_1,q_2\}>$$

其中，δ 如表 10-10 所示。M 的状态转移图如图 10-11 所示。

表 10-10

δ	0	1
q_0	$\{q_1\}$	$\{q_0\}$
q_1	$\{q_1\}$	$\{q_2\}$
q_2	$\{q_1\}$	$\{q_3\}$
q_3	$\varnothing$	$\varnothing$

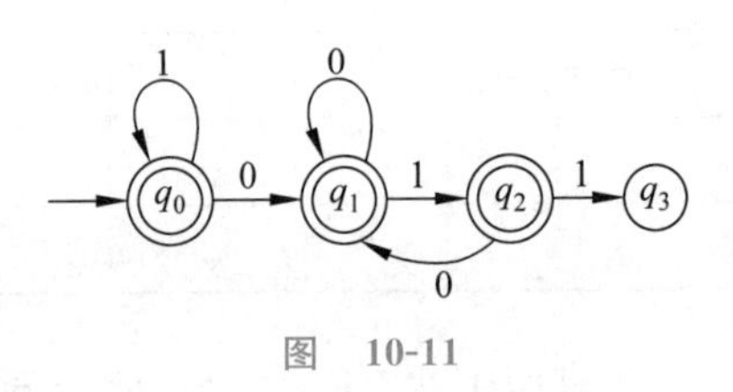

图 10-11

分析　从图 10-12 不难看出,如果输入 ω 中含有子串 011,M 在读完第一个子串 011(从左端算起)时转移到状态 q_3,并且在此之前计算是确定型的,即每步的动作是唯一的。换句话说,如果 ω 中不含子串 011,则 M 不会转移到状态 q_3。

10.13　《离散数学(第六版)》中例 10.11 给出了用 DFA 模拟 NFA 的方法。

$$\text{NFA } M=<Q,\{a,b,c\},\delta,q_0,F>$$

其中,$Q=\{q_0,q_1,q_2,q_3\}$,$F=\{q_3\}$,δ 见表 10-6,状态转移图如图 10-6 所示。

与 M 等价的 DFA M'构造如下:

$$M'=<Q',\{a,b,c\},\delta',\{q_0\},F'>$$

按照用 DFA 模拟 NFA 的标准做法,取 $P(Q)$作为 Q',对每个 $B\subseteq Q$ 和 $x\in\{a,b,c\}$

$$\delta'(B,x)=\bigcup_{p\in B}\delta(p,x)$$

但是,从$\{q_0\}$开始按照 δ'进行计算,$P(Q)$中某些元素是不可能达到的,从而可以删去。表 10-11 给出 δ',表的第 1 列中没有出现的 $B\subseteq Q$ 都是不可能达到的。表 10-11 可按下述顺序计算:首先计算 $\delta'(\{q_0\},x)$,$x=a,b,c$,得到第 1 行。然后对第 1 行中的每个 $B\subseteq Q$,计算 $\delta'(B,x)$,$x=a,b,c$,依次作为第 2 行,第 3 行……再对第 2 行,第 3 行……中的每个 $B\subseteq Q$,计算 $\delta'(B,x)$,$x=a,b,c$。当然,每个 $B\subseteq Q$ 至多计算一次,直到没有新的 $B\subseteq Q$ 出现为止:

$$\delta'(\{q_0\},a)=\delta(q_0,a)=\{q_0,q_1\}$$

$$\delta'(\{q_0,q_1\},a)=\delta(q_0,a)\cup\delta(q_1,a)=\{q_0,q_1\}\cup\varnothing=\{q_0,q_1\}$$

其余的计算过程不一一列出。

由表 10-11 看出,可以取

$$Q'=\{\{q_0\},\{q_0,q_1\},\{q_1,q_2\},\{q_2,q_3\},\varnothing\}$$

而

$$F'=\{B\in Q'\mid B\cap F\neq\varnothing\}=\{\{q_2,q_3\}\}$$

DFA M'的状态转移图如图 10-12 所示。

表　10-11

δ'	a	b	c
$\{q_0\}$	$\{q_0, q_1\}$	$\varnothing$	$\varnothing$
$\{q_0, q_1\}$	$\{q_0, q_1\}$	$\{q_1, q_2\}$	$\varnothing$
$\{q_1, q_2\}$	$\varnothing$	$\{q_1, q_2\}$	$\{q_2, q_3\}$
$\{q_2, q_3\}$	$\{q_0\}$	$\varnothing$	$\{q_2, q_3\}$
$\varnothing$	$\varnothing$	$\varnothing$	$\varnothing$

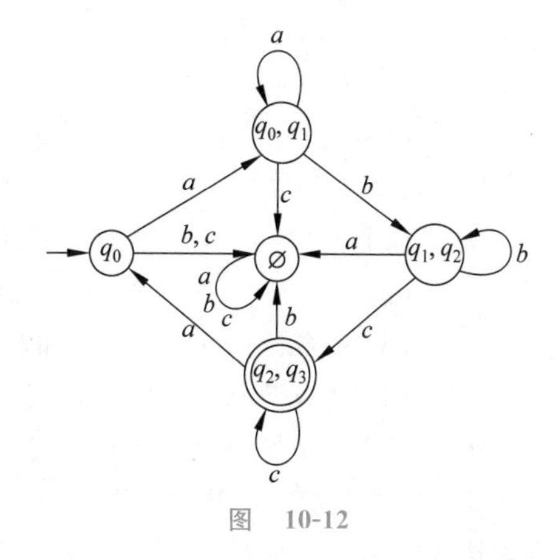

图　10-12

10.14　带 ε 转移的 NFA M 由图 10-1 给出。要求给出与 M 等价的不带 ε 转移的 NFA M'。《离散数学(第六版)》中定理 10.3 给出用不带 ε 转移的 NFA 模拟带 ε 转移的 NFA 的方法。

M'的状态集、输入字母表和初始状态与 M 的相同。

首先求 M 的 ε-closure,对每个 q,ε-closure(q)等于从 q 经过若干次(包括 0 次)ε 转移可以达到的所有状态。注意必有 $q \in \varepsilon\text{-closure}(q)$。在这里,由图 10-1,有

$$\varepsilon\text{-closure}(q_0) = \{q_0, q_1, q_2\}$$
$$\varepsilon\text{-closure}(q_1) = \{q_1, q_2\}$$
$$\varepsilon\text{-closure}(q_2) = \{q_2\}$$

由于 $\varepsilon\text{-closure}(q_0) \cap F = \{q_2\}$,非空,故

$$F' = F \cup \{q_0\} = \{q_0, q_2\}$$

对每个状态 q 和输入符号 a,$\delta'(q,a)$等于从 q 经过若干次 ε 转移,然后读符号 a 转移,再经过若干次 ε 转移可以达到的所有状态,即

$$\delta'(q,a) = \bigcup_{p \in \varepsilon\text{-closure}(q)} \varepsilon\text{-closure}(\delta(p,a))$$

实际上,当不太复杂时,容易从状态转移图直接观察得到 δ',δ'如表 10-12 所示。

综上所述,

$$M' = \{\{q_0, q_1, q_2\}, \{0,1,2\}, \delta', q_0, F'\}$$

其中,$F' = \{q_0, q_2\}$,δ'见表 10-12。状态转移图如图 10-13 所示。

表　10-12

δ'	0	1	2
q_0	$\{q_0, q_1, q_2\}$	$\{q_1, q_2\}$	$\{q_2\}$
q_1	$\varnothing$	$\{q_1, q_2\}$	$\{q_2\}$
q_2	$\varnothing$	$\varnothing$	$\{q_2\}$

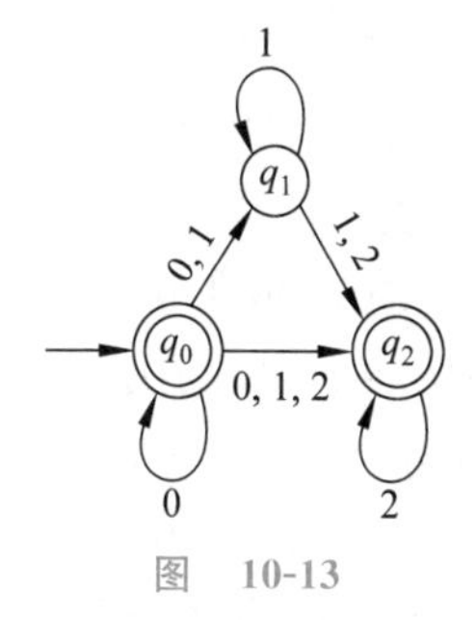

图　10-13

10.15 (1) $(0+1)^*010(0+1)^*$。

(2) $(0+1)^*000$。

(3) $(00^*1+11^*0)(0+1)^*$。

(4) $1^*(01^*01^*0)^*1^*$。

10.16 (1) $<10^*1>$:首尾为1,中间都是0的0,1串。

(2) $<0^*+1^*>$:全部是0或者全部是1的0,1串。

(3) $<(aa+bb)^*>$: a 和 b 都成双出现的 a,b 串。

(4) $<(a+ba)^*(b+\varepsilon)>$: 不含子串 bb 的 a,b 串。

10.17 产生式: $S \to (S+S) \mid (S \cdot S) \mid (S^*) \mid a \mid b \mid \varepsilon \mid \varnothing$

10.18 《离散数学(第六版)》10.3节中图10.9和图10.10给出用带 ε 转移的NFA模拟正则表达式的方法。模拟10.16中4个正则表达式的带 ε 转移的NFA分别如图10.14～图10.17所示。

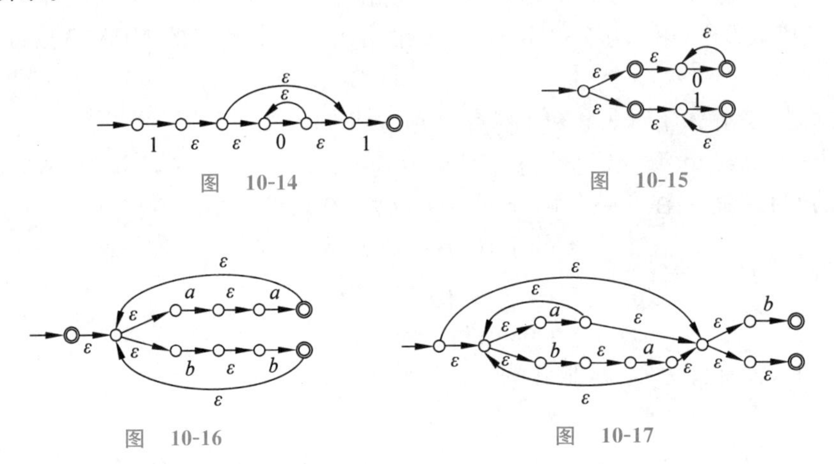

图 10-14　图 10-15　图 10-16　图 10-17

10.19 为方便起见,将TM M 的动作函数 δ 重写一遍,列于表10-13中,M 是确定型的。

表 10-13

δ	0	1	B	δ	0	1	B
q_0	$(0,R,q_0)$	$(1,R,q_0)$	(B,L,q_1)	q_2	(B,R,q_3)	—	—
q_1	(B,L,q_2)	$(1,R,q_0)$	(B,R,q_0)	q_3	—	—	—

(1) $q_0 11010 \vdash 1q_0 1010 \vdash 11q_0 010 \vdash 110q_0 10 \vdash 1101q_0 0 \vdash 11010q_0 B \vdash 1101q_1 0B \vdash 110q_2 1BB$。

(2) $q_0 01100 \vdash 0q_0 1100 \vdash 01q_0 100 \vdash 011q_0 00 \vdash 0110q_0 0 \vdash 01100q_0 B \vdash 0110q_1 0B \vdash 011q_2 0BB \vdash 011Bq_3 BB$。

(3) $q_0 01011 \vdash 0q_0 1011 \vdash 01q_0 011 \vdash 010q_0 11 \vdash 0101q_0 1 \vdash 01011q_0 B \vdash 0101q_1 1B \vdash 01011q_0 B \vdash 0101q_1 1B \cdots$,计算在最后两个格局中永不休止地交替进行。

10.20 (1) 构造TM M 接受所有0和1个数相同的0、1串。基本思想是,读写头左右来回运动，每次从左向右删去一个 0 和一个 1 后返回到左端。如果这样能把输入串 ω 删去，则说明 ω 中 0 和 1 的个数相等，接受 ω。

为使 M 简单一些，引入辅助符号 x，用来代替被删去的 0 和 1。每次计算 M 都是从初始状态 q_0、读写头位于初始位置开始，读写头向右跳过已被删去的 0 和 1(即 x)，找到第 1 个尚未被删去的 0 或 1。若是 0，则把它改写成 x，转移到状态 q_1，右移一格；若是 1，则把它改写成 x，转移到状态 q_2，右移一格。如果在状态 q_0 下向右找不到 0 和 1(跳过所有 x 后读到 B)，则停机并且接受 ω。

在状态 q_1 下向右找 1(跳过 0 和 x)。若找到 1，则把它改写成 x，转移到状态 q_3，左移一格。然后在状态 q_3 下，向左跳过 x 和 0(不会有 1)找到 B，右移一格并且回到状态 q_0。这就完成了一次计算(删去一个 0 和一个 1)，并且回到初始状态和读写头的初始位置，为下一次计算做好了准备。在状态 q_1 下只要还没有找到 1，就一直向右找下去。若一直读到 B 还没有找到 1，这表明 ω 中 0 比 1 多，M 继续向右找下去，永不停机。

类似地，在状态 q_2 下向右找 0(跳过 1 和 x)。若找到 0，则把它改写成 x，也转移到 q_3，左移一格。然后在 q_3 下向左跳过 x 和 1(不会有 0)找到 B，右移一格并且回到状态 q_0。若在状态 q_2 下找不到 0，M 就一直向右找下去，永不停机。

TM M 的形式描述如下：

$$M=<Q,\Sigma,\Gamma,\delta,q_0,B,A>$$

其中，$Q=\{q_i \mid i=0,1,2,3\}$，$\Sigma=\{0,1\}$，$\Gamma=\{0,1,x,B\}$，$A=\{q_0\}$，δ 如表 10-14 所示。

表　10-14

δ	0	1	x	B	δ	0	1	x	B
q_0	(x,R,q_1)	(x,R,q_2)	(x,R,q_0)	—	q_2	(x,L,q_3)	$(1,R,q_2)$	(x,R,q_2)	(B,R,q_2)
q_1	$(0,R,q_1)$	(x,L,q_3)	(x,R,q_1)	(B,R,q_1)	q_3	$(0,L,q_3)$	$(1,L,q_3)$	(x,L,q_3)	(B,R,q_0)

(2) 构造 TM M 接受语言

$$\{\omega\omega^{\mathrm{T}} \mid \omega \in \{0,1\}^*\}$$

基本思想是，读写头左右来回运动查看两端的符号是否相同。若相同则把它们删去，继续进行。如果这样能把输入串 x 全部删去，则表明 x 形如 $\omega\omega^{\mathrm{T}}$，$M$ 接受 x。如果在某一步发现两端的符号不相同，或者 x 的长度为奇数，则 M 拒绝 x。

q_0 删去左端第一个符号。若这个符号是 0 则转移到 q_1，若是 1 则转移到 q_2。在 q_1 和 q_2 下，向右搜索到 B 后分别转移到 q_3 和 q_4，并且左移一格到右端第一个符号。若 q_3 读到 0，则删去这个 0 且转移到 q_5；若 q_4 读到 1，则删去这个 1 且转移到 q_5。q_5 左移到左端后返回到 q_0。重复上述计算。否则，即 q_3 读到 1 或 q_4 读到 0(这表明 x 左右不对称)，或者 q_3 和 q_4 读到 B(这表明 x 的长度为奇数)，则 M 永不停机。如果 q_0 读到 B，这表明已左右对称地把 x 删尽，M 停机，接受 x。

$$M=<Q,\Sigma,\Gamma,\delta,q_0,B,A>$$

其中，$Q=\{q_i \mid i=0,1,2,3,4,5\}$，$\Sigma=\{0,1\}$，$\Gamma=\{0,1,B\}$，$A=\{q_0\}$，$\delta$ 如表 10-15 所示。

表 10-15

δ	0	1	B	δ	0	1	B
q_0	(B,R,q_1)	(B,R,q_2)	—	q_3	(B,L,q_5)	$(1,R,q_3)$	(B,R,q_3)
q_1	$(0,R,q_1)$	$(1,R,q_1)$	(B,L,q_3)	q_4	$(0,R,q_4)$	(B,L,q_5)	(B,R,q_4)
q_2	$(0,R,q_2)$	$(1,R,q_2)$	(B,L,q_4)	q_5	$(0,L,q_5)$	$(1,L,q_5)$	(B,R,q_0)

10.21 先用四元图灵机模拟五元图灵机。设五元图灵机

$$M=\langle Q,\Sigma,\Gamma,\delta,q_0,B\rangle$$

要构造四元图灵机 M'模拟 M。

对于五元组 $qss'Rq'$，M 要做 3 件事：把 s 改写成 s'、右移一格、转移到 q'。M'不能同时完成改写和右移，必须分成两个动作。为了在改写后能记住应转移到的状态 q'，引入新的状态 q'_R。先用四元组 $qss'q'_R$ 把 s 改写成 s'，暂时转移到 q'_R。而 q'_R 不管读到什么符号都右移且转移到状态 q'。类似地，为了模拟 $qss'Lq'$，M'引入新状态 q'_L。q'_L 表示要左移和转移到 q'。

$$M'=\langle Q',\Sigma,\Gamma,\delta',q_0,B\rangle$$

其中

$$Q'=\{q,q_R,q_L \mid q\in Q\}$$

对 M 的每个 $qss'Rq'$，M'有 $qss'q'_R$；对 M 的每个 $qss'Lq'$，M'有 $qss'q'_L$。另外，对每个 $q\in Q$ 和 $s\in\Gamma$，M'有

$$q_RsRq,\quad q_LsLq$$

反过来，用五元图灵机模拟四元图灵机。设四元图灵机

$$M=\langle Q,\Sigma,\Gamma,\delta,q_0,B\rangle$$

要构造五元图灵机 M'模拟 M。

对于 M 的四元组 $qsRq'$，显然五元组 $qssRq'$ 的作用与它相同。同样地，$qssLq'$ 与 $qsLq'$ 的作用相同。对于四元组 $qss'q'$，M 只改写符号，读写头不移动，而 M'的每步读写头必须移动(向左或向右)，因此只好先向左、再向右移回原处。与前面类似，对每个状态 $q\in Q$，M'引入新的状态 q_R。q_R 表示要右移一格且转移到 q。

$$M'=\langle Q',\Sigma,\Gamma,\delta',q_0,B\rangle$$

其中

$$Q'=\{q,q_R \mid q\in Q\}$$

对 M 的每个 $qsRq'$，M'有 $qssRq'$；对 M 的每个 $qsLq'$，M'有 $qssLq'$；对 M 的每个 $qss'q'$，M'有 $qss'Lq'_R$。另外，对每个 $q\in Q$ 和 $s\in\Gamma$，有 q_RsRq。

10.22 答案

(1) A：④；　B：①；　C：②；　D：①。

(2) A：③；　B：①；　C：②；　D：②。

(3) A：②；　B：①；　C：①；　D：②。

(4) A：③；　B：②；　C：①；　D：①。

分析　(1) P：① $S\to 0A$；　② $S\to 1B$；

③ $B \to 1B$；　④ $B \to 0A$；

⑤ $A \to 0B$；　⑥ $A \to 1A$；

⑦ $A \to 0$；　⑧ $B \to 1$。

G 是右线性文法。

G 能派生出 00010，派生过程如下：

$$S \overset{(1)}{\Rightarrow} 0A \overset{(5)}{\Rightarrow} 00B \overset{(4)}{\Rightarrow} 000A \overset{(6)}{\Rightarrow} 0001A \overset{(7)}{\Rightarrow} 00010$$

G 派生出 10000 的过程如下：

$$S \overset{(2)}{\Rightarrow} 1B \overset{(4)}{\Rightarrow} 10A \overset{(5)}{\Rightarrow} 100B \overset{(4)}{\Rightarrow} 1000A \overset{(7)}{\Rightarrow} 10000$$

G 不能派生出 01001。因为要得到这个 0、1 串，前 4 步必须是

$$S \overset{(1)}{\Rightarrow} 0A \overset{(6)}{\Rightarrow} 01A \overset{(5)}{\Rightarrow} 010B \overset{(4)}{\Rightarrow} 0100A$$

最后一步只能使用 $A \to 0$，得不到 01001。

(2) P：① $S \to 0BA$；　② $B \to A10$；

③ $A \to 1A$；　④ $A \to 0$。

G 是 2 型文法，即上下文无关文法。

G 能派生出 00101110，派生过程如下：

$$S \overset{(1)}{\Rightarrow} 0BA \overset{(2)}{\Rightarrow} 0A10A \overset{(4)}{\Rightarrow} 0010A \overset{(3)}{\Rightarrow} 00101A \overset{(3)}{\Rightarrow} 001011A \overset{(3)}{\Rightarrow} 0010111A \overset{(4)}{\Rightarrow} 00101110$$

不能派生出 00010 和 01010。事实上，要得到 0、1 串，必须使用产生式①和②，

$$S \Rightarrow 0BA \Rightarrow 0A10A$$

可见能得到的 0、1 串的长度不小于 5，并且只有再使用两次 $A \to 0$，才能得到长度为 5 的 0、1 串。所以，G 只能派生出唯一的一个长度为 5 的 0、1 串 00100。

(3) P：①$S \to 0ABA$；　② $AB \to A0B$；

③ $BA \to B1A$；　④ $A \to 1B$；

⑤ $B \to 0A$；　⑥ $A \to 0$；

⑦ $B \to 1$。

G 是 1 型文法，即上下文有关文法。

G 能派生出 0101110，派生过程如下：

$$S \overset{(1)}{\Rightarrow} 0ABA \overset{(4)}{\Rightarrow} 01BBA \overset{(5)}{\Rightarrow} 010ABA \overset{(4)}{\Rightarrow} 0101BBA \overset{(7)}{\Rightarrow} 01011BA \overset{(7)}{\Rightarrow} 010111A \overset{(6)}{\Rightarrow} 0101110$$

G 派生出 00010 的过程如下：

$$S \overset{(1)}{\Rightarrow} 0ABA \overset{(2)}{\Rightarrow} 0A0BA \overset{(6)}{\Rightarrow} 000BA \overset{(7)}{\Rightarrow} 0001A \overset{(6)}{\Rightarrow} 00010$$

G 不能派生出 01010。事实上，第一步必须使用产生式①，得到 $0ABA$。要想得到长度为 5 的 0、1 串，必须且只能使用产生式②、③、④、⑤中的一个进行一次派生。而为了得到前缀 01，只能使用产生式④，得到 $01BBA$。显然，继续下去不可能得到 01010。

(4) P：① $S \to 0SAB$；　② $S \to BA$；

③ $A \to 0A$；　④ $A \to 0$；

⑤ $B \to 1$。

G 是 2 型文法,即上下文无关文法。

G 能派生出 01001,派生过程如下:

$$S\overset{(1)}{\Rightarrow}0SAB\overset{(2)}{\Rightarrow}0BAAB\overset{(5)}{\Rightarrow}01AAB\overset{(4)}{\Rightarrow}010AB\overset{(4)}{\Rightarrow}0100B\overset{(5)}{\Rightarrow}01001$$

G 能派生出 10000,派生过程如下:

$$S\overset{(2)}{\Rightarrow}BA\overset{(5)}{\Rightarrow}1A\overset{(3)}{\Rightarrow}10A\overset{(3)}{\Rightarrow}100A\overset{(3)}{\Rightarrow}1000A\overset{(4)}{\Rightarrow}10000$$

G 不能派生出 00010。事实上,第一步只能使用产生式①或②。不难发现,从 $0SAB$ 只能派生出以 0 开头、以 1 结尾的 0、1 串,从 BA 只能派生出以 1 开头、以 0 结尾的 0、1 串。因此,G 只能派生出首尾不同的 0、1 串。

10.23　答案

(a) A:①;　B:⑧;　C:⑪;　D:②;　E:④。

(b) A:①;　B:①;　C:②;　D:①;　E:④。

(c) A:②;　B:④;　C:④;　D:②;　E:④。

(d) A:⑨;　B:⑯;　C:⑭;　D:②;　E:③。

分析　(1) M_1 是 NFA,q_2 是接受状态,δ_1 如表 10-16 所示。

表　10-16

δ_1	0	1	δ_1	0	1
q_0	$\{q_0\}$	$\{q_0,q_1\}$	q_2	$\{q_0,q_2\}$	$\{q_2\}$
q_1	$\{q_1\}$	$\{q_1,q_2\}$			

由表 10-16,

$$\delta_1(q_0,0)=\{q_0\}$$

$$\delta_1(q_1,1)=\{q_1,q_2\}$$

M_1 关于输入 01101 的计算如图 10-18 所示。M_1 读完 01101 后的状态集为

$$\hat{\delta}_1(q_0,01101)=\{q_0,q_1,q_2\}$$

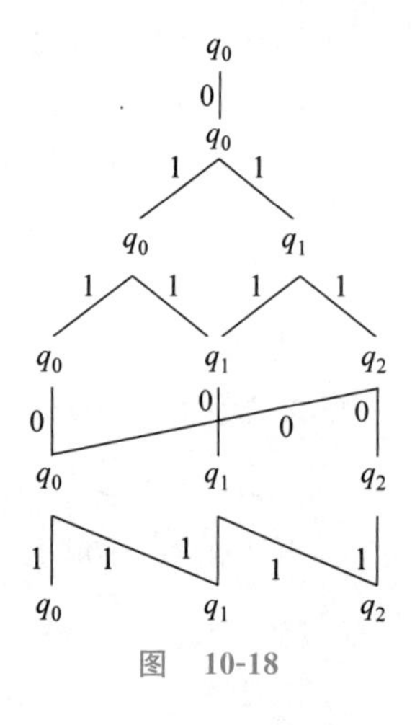

图　10-18

用同样的方法可以求得

$$\hat{\delta}_1(q_0,000000)=\{q_0\}$$

$$\hat{\delta}_1(q_0,101010)=\{q_0,q_1,q_2\}$$

$$\hat{\delta}_1(q_0,00010)=\{q_0,q_1\}$$

$$\hat{\delta}_1(q_0,1001)=\{q_0,q_1,q_2\}$$

由于 q_2 是接受状态,M_1 接受 101010 和 1001。

(2) M_2 是 DFA,q_0 是接受状态,δ_2 如表 10-17 所示。

表　10-17

δ_2	0	1	δ_2	0	1
q_0	q_1	q_2	q_2	q_3	q_0
q_1	q_0	q_3	q_3	q_2	q_1

由表 10-17，

$$\delta_2(q_1,0)=q_0$$
$$\delta_2(q_2,1)=q_0$$

M_2 关于输入 01010 的计算如下：

$$q_0 \xrightarrow{0} q_1 \xrightarrow{1} q_3 \xrightarrow{0} q_2 \xrightarrow{1} q_0 \xrightarrow{0} q_1$$

故 M_2 读完 01010 后的状态为

$$\hat{\delta}_2(q_0,01010)=q_1$$

用同样的方法可以求得

$$\hat{\delta}_2(q_0,000000)=q_0$$
$$\hat{\delta}_2(q_0,101010)=q_3$$
$$\hat{\delta}_2(q_0,00010)=q_2$$
$$\hat{\delta}_2(q_0,1001)=q_0$$

由于 q_0 是接受状态，M_2 接受 000000 和 1001。

(3) M_3 是 DFA，q_0 是接受状态，δ_3 如表 10-18 所示。

表　10-18

δ_3	0	1	δ_3	0	1
q_0	q_1	q_2	q_2	q_0	q_3
q_1	q_3	q_0	q_3	q_3	q_3

由表 10-18，

$$\delta_3(q_0,0)=q_1$$
$$\delta_3(q_3,1)=q_3$$

M_3 关于输入 11001 的计算如下：

$$q_0 \xrightarrow{1} q_2 \xrightarrow{1} q_3 \xrightarrow{0} q_3 \xrightarrow{0} q_3 \xrightarrow{1} q_3$$

故 M_3 读完 11001 后的状态为

$$\hat{\delta}_3(q_0,11001)=q_3$$

用同样的方法可以求得

$$\hat{\delta}_3(q_0,000000)=q_3$$
$$\hat{\delta}_3(q_0,101010)=q_0$$
$$\hat{\delta}_3(q_0,00010)=q_3$$

$$\hat{\delta}_3(q_0,1001)=q_0$$

由于 q_0 是接受状态,故 M_3 接受 101010 和 1001。

(4) M_4 是 NFA,q_2 是接受状态,δ_4 如表 10-19 所示。

表 10-19

δ_4	0	1	δ_4	0	1
q_0	$\{q_1,q_2\}$	$\{q_1\}$	q_2	$\varnothing$	$\{q_0\}$
q_1	$\{q_3\}$	$\{q_1,q_3\}$	q_3	$\{q_2\}$	$\{q_0\}$

由表 10-19,

$$\delta_4(q_1,1)=\{q_1,q_3\}$$

$$\delta_4(q_2,0)=\varnothing$$

M_4 关于输入 01010 的计算如图 10-19 所示。故 M_4 读完 01010 后的状态集为

$$\hat{\delta}_4(q_0,01010)=\{q_1,q_2,q_3\}$$

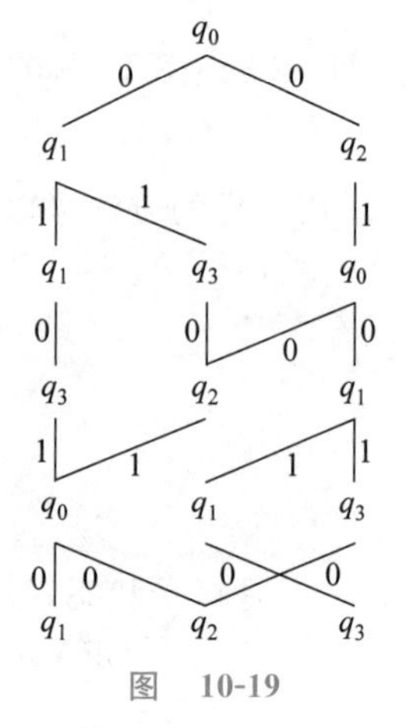

图 10-19

用同样的方法可求得

$$\hat{\delta}_4(q_0,000000)=\varnothing$$

$$\hat{\delta}_4(q_0,101010)=\{q_1,q_2,q_3\}$$

$$\hat{\delta}_4(q_0,00010)=\{q_1,q_2\}$$

$$\hat{\delta}_4(q_0,1001)=\{q_0\}$$

由于 q_2 是接受状态,M_4 接受 101010 和 00010。

10.24 答案

(1) A:⑥;　B:①。

(2) A:⑥;　B:①。

(3) A:⑦;　B:②。

(4) A:⑥;　B:①。

(5) A:⑦;　B:②。

(6) A:④;　B:②。

分析　为方便起见,将 TM M 的动作函数 δ 重列于表 10-20 中。

表 10-20

δ	0	1	B	δ	0	1	B
q_0	$(0,R,q_0)$	$(1,R,q_0)$	(B,L,q_1)	q_3	$(0,L,q_4)$	$(1,L,q_4)$	—
q_1	$(1,L,q_3)$	$(0,L,q_2)$	—	q_4	$(1,L,q_4)$	$(0,L,q_5)$	(B,L,q_4)
q_2	$(1,L,q_4)$	$(0,L,q_5)$	—	q_5	—	—	—

(1) M 关于 $\omega=10111$ 的计算如下：

$q_0 10111 \vdash 1q_0 0111 \vdash 10q_0 111 \vdash 101q_0 11 \vdash 1011q_0 1 \vdash 10111q_0 B \vdash 1011q_1 1B \vdash 101q_2 10B \vdash 10q_5 100B$

M 停机在状态 q_5，接受 $\omega=10111$。

(2) M 关于 $\omega=10110$ 的计算如下：

$$q_0 10110 \overset{*}{\vdash} 10110q_0 B \vdash 1011q_1 0B \vdash 101q_3 11B \vdash 10q_4 111B \vdash 1q_5 0011B$$

M 停机在状态 q_5，接受 $\omega=10110$。

(3) M 关于 $\omega=10$ 的计算如下：

$$q_0 10 \overset{*}{\vdash} 10q_0 B \vdash 1q_1 0B \vdash q_3 11B \vdash q_4 B11B \vdash q_4 BB11B \vdash \cdots$$

M 在状态 q_4 下不停地左移，永不停机，拒绝 $\omega=10$。

(4) M 关于 $\omega=10000$ 的计算如下：

$q_0 10000 \overset{*}{\vdash} 10000q_0 B \vdash 1000q_1 0B \vdash 100q_3 01B \vdash 10q_4 001B \vdash 1q_4 0101B \vdash q_4 11101B \vdash q_5 B01101B$

M 停机在 q_5，接受 $\omega=10000$。

(5) M 关于 $\omega=00001$ 的计算如下：

$q_0 00001 \overset{*}{\vdash} 00001q_0 B \vdash 0000q_1 1B \vdash 000q_2 00B \vdash 00q_4 010B \vdash 0q_4 0110B \vdash q_4 01110B \vdash q_4 B11110B \vdash q_4 BB11110B \cdots$

M 在状态 q_4 下不停地左移，永不停机，拒绝 $\omega=00001$。

(6) M 关于 $\omega=0$ 的计算如下：

$$q_0 0 \vdash 0q_0 B \vdash q_1 0B \vdash q_3 B1B$$

M 停机在 q_3。由于 q_3 不是接受状态，故 M 拒绝 $\omega=0$。